Forschung und Praxis

Band 113

Berichte aus dem
Fraunhofer-Institut für Produktionstechnik
und Automatisierung (IPA), Stuttgart,
Fraunhofer-Institut für Arbeitswirtschaft
und Organisation (IAO), Stuttgart, und
Institut für Industrielle Fertigung und
Fabrikbetrieb der Universität Stuttgart

Herausgeber: H. J. Warnecke und H.-J. Bullinger

Volker Korndörfer

Qualifizierung an Industrierobotern

Ziele, Inhalte und Methoden

Mit 100 Abbildungen

Springer-Verlag
Berlin Heidelberg New York
London Paris Tokyo 1987

Dipl.-Ing. Dipl.-Gwl. Volker Korndörfer

Fraunhofer-Institut für Arbeitswirtschaft und Organisation (IAO), Stuttgart

Dr.-Ing. H. J. Warnecke

o. Professor an der Universität Stuttgart
Fraunhofer-Institut für Produktionstechnik und Automatisierung (IPA), Stuttgart

Dr.-Ing. habil. H.-J. Bullinger

o. Professor an der Universität Stuttgart
Fraunhofer-Institut für Arbeitswirtschaft und Organisation (IAO), Stuttgart

D 93

ISBN-13: 978-3-540-18618-2   e-ISBN-13: 978-3-642-83299-4
DOI: 10.1007/978-3-642-83299-4

Gesamtherstellung: Copydruck GmbH, Heimsheim
2362/3020—543210

<u>Geleitwort der Herausgeber</u>

Futuristische Bilder werden heute entworfen:

o Roboter bauen Roboter,

o Breitbandinformationssysteme transferieren riesige Datenmengen in
  Sekunden um die ganze Welt.

Von der "menschenleeren Fabrik" wird da gesprochen und vom "papierlo-
sen Büro". Wörtlich genommen muß man beides als Utopie bezeichnen,
aber der Entwicklungstrend geht sicher zur "automatischen Fertigung"
und zum "rechnerunterstützten Büro". Forschung bedarf der Perspektive,
Forschung benötigt aber auch die Rückkopplung zur Praxis - insbesondere im Bereich der Produktionstechnik und der Arbeitswissenschaft.

Für eine Industriegesellschaft hat die Produktionstechnik eine Schlüs-
selstellung. Mechanisierung und Automatisierung haben es uns in den
letzten Jahren erlaubt, die Produktivität unserer Wirtschaft ständig
zu verbessern. In der Vergangenheit stand dabei die Leistungssteigerung
einzelner Maschinen und Verfahren im Vordergrund. Heute wissen wir, daß
wir das Zusammenspiel der verschiedenen Unternehmensbereiche stärker
beachten müssen. In der Fertigung selbst konzipieren wir flexible Fer-
tigungssysteme, die viele verkettete Einzelmaschinen beinhalten. Dort,
wo es Produkt und Produktionsprogramm zulassen, denken wir intensiv
über die Verknüpfung von Konstruktion, Arbeitsvorbereitung, Fertigung
und Qualitätskontrolle nach. Rechnerunterstützte Informationssysteme
helfen dabei und sollen zum CIM (Computer Integrated Manufacturing)
führen und CAD (Computer Aided Design) und CAM (Computer Aided Manufacturing) vereinen. Auch die Büroarbeit wird neu durchdacht und mit
Hilfe vernetzter Computersysteme teilweise automatisiert und mit den
anderen Unternehmensfunktionen verbunden. Information ist zu einem
Produktionsfaktor geworden, und die Art und Weise, wie man damit umgeht,
wird mit über den Unternehmenserfolg entscheiden.

Der Erfolg in unseren Unternehmen hängt auch in der Zukunft entscheidend von den dort arbeitenden Menschen ab. Rationalisierung und Automatisierung müssen deshalb im Zusammenhang mit Fragen der Arbeitsgestaltung betrieben werden, unter Berücksichtigung der Bedürfnisse der Mitarbeiter und unter Beachtung der erforderlichen Qualifikationen. Investitionen in Maschinen und Anlagen müssen deshalb in der Produktion wie
im Büro durch Investitionen in die Qualifikation der Mitarbeiter be-
gleitet werden. Bereits im Planungsstadium müssen Technik, Organisation
und Soziales integrativ betrachtet und mit gleichrangigen Gestaltungs-
zielen belegt werden.

Von wissenschaftlicher Seite muß dieses Bemühen durch die Entwicklung
von Methoden und Vorgehensweisen zur systematischen Analyse und Verbesserung des Systems Produktionsbetrieb einschließlich der erforderlichen Dienstleistungsfunktionen unterstützt werden. Die Ingenieure
sind hier gefordert, in enger Zusammenarbeit mit anderen Disziplinen,
z. B. der Informatik, der Wirtschaftswissenschaften und der Arbeitswissenschaft, Lösungen zu erarbeiten, die den veränderten Randbedingungen
Rechnung tragen.

Beispielhaft sei hier an den großen Bereich der Informationsverarbeitung im Betrieb erinnert, der von der Angebotserstellung über Konstruktion und Arbeitsvorbereitung, bis hin zur Fertigungssteuerung und Qualitätskontrolle reicht. Beim Materialfluß geht es um die richtige Aus-

wahl und den Einsatz von Fördermitteln sowie Anordnung und Ausstattung
von Lagern. Große Aufmerksamkeit wird in nächster Zukunft auch der
weiteren Automatisierung der Handhabung von Werkstücken und Werkzeugen sowie der Montage von Produkten geschenkt werden.

Von der Forschung muß in diesem Zusammenhang ein Beitrag zum Einsatz
fortschrittlicher intelligenter Computersysteme erfolgen. Planungs-
prozesse müssen durch Softwaresysteme unterstützt und Arbeitsbedingun-
gen wissenschaftlich analysiert und neu gestaltet werden.

Die von den Herausgebern geleiteten Institute, das

- Institut für Industrielle Fertigung und Fabrikbetrieb der Universität
  Stuttgart (IFF),

- Fraunhofer-Institut für Produktionstechnik und Automatisierung (IPA),

- Fraunhofer-Institut für Arbeitswirtschaft und Organisation (IAO)

arbeiten in grundlegender und angewandter Forschung intensiv an den
oben aufgezeigten Entwicklungen mit. Die Ausstattung der Labors und
die Qualifikation der Mitarbeiter haben bereits in der Vergangenheit
zu Forschungsergebnissen geführt, die für die Praxis von großem
Wert waren. Zur Umsetzung gewonnener Erkenntnisse wird die Schriftenreihe "IPA-IAO - Forschung und Praxis" herausgegeben. Der vorliegende
Band setzt diese Reihe fort. Eine Übersicht über bisher erschienene
Titel wird am Schluß dieses Buches gegeben.

Dem Verfasser sei für die geleistete Arbeit gedankt, dem Springer-
Verlag für die Aufnahme dieser Schriftenreihe in seine Angebotspa-
lette und der Druckerei für saubere und zügige Ausführung. Möge das
Buch von der Fachwelt gut aufgenommen werden.

H. J. Warnecke · H.-J. Bullinger

<u>Vorwort</u>

Die vorliegende Dissertation entstand neben meiner Tätigkeit
als Leiter der Abteilung Personalwirtschaft des Fraunhofer-Instituts für Arbeitswirtschaft und Organisation (IAO) in
Stuttgart. Die Arbeit verdankt den Erfahrungen aus dieser Tätigkeit und ihrem Umfeld sehr viel, so daß ich zu danken habe:

Für ihre wohlwollende Unterstützung und großzügige Förderung
der Arbeit danke ich

o   Herrn Prof. Dr.-Ing. habil. H.-J. Bullinger, dem Leiter des
    Lehrstuhls für Arbeitswissenschaft an der Universität
    Stuttgart und Leiter des Fraunhofer-Instituts für Arbeits-
    wirtschaft und Organisation (IAO),
o   Herrn Prof. Dr.-Ing. H.J. Warnecke, dem Direktor des Insti-
    tuts für Industrielle Fertigung und Fabrikbetrieb der Uni-
    versität Stuttgart und Leiter des Fraunhofer-Instituts für
    Produktionstechnik und Automatisierung (IPA) und
o   Herrn Prof. Dr. rer. pol. K.-H. Sommer, dem Direktor des
    Instituts für Berufs- und Wirtschaftspädagogik der Univer-
    sität Stuttgart.

Für vielfältige Anregungen danke ich den Kollegen und Freunden,
die sich der Mühe einer eingehenden Durchsicht und Diskussion
der Arbeit unterzogen haben, allen voran Volker Volkholz. Danken möchte ich auch Frau Anna Bott, die mit großem Einsatz das
Manuskript in seine endgültige Fassung brachte und Herrn cand.
oec. Reinhard Layer, der mich bei der Erstellung der Bildvorla-
gen sehr unterstützt hat.

Danken möchte ich schließlich besonders meiner Frau Helga und
meinem Sohn Johann, die während dieser fast zwei Jahre die fa-
miliären Belastungen, die ein Promotionsverfahren zusätzlich
zum Beruf mit sich bringt, mit Geduld und großem Verständnis
ertragen haben.

Stuttgart, im August 1987   Volker Korndörfer

INHALTSVERZEICHNIS Seite

Abkürzungen und Formelzeichen

A 1 bis A 5   Anhang 1 bis 5
A, B, C   Boole'sche Variable
AET   Arbeitswissenschaftliches Erhebungsverfahren
                zur Tätigkeitsanalyse /254/
Anm.   Anmerkung

B I   B I-Prüfung: Grundlegende Prüfung für
                Schweißer des DVS
BASIC   Problemorientierte Programmiersprache

CAD   Computer Aided Design
CAM   Computer Aided Manufacturing
CAP   Computer Aided Planning
CIM   Computer Integrated Manufacturing
CIRP   Conseil International de la Recherche
                de la Production
CLAUS   CNC-Lernen Arbeit und Sprache /11/
CNC   Computerized Numerical Control
CP   continous path: Bahnsteuerung beim
                Industrieroboter

DIHT   Deutscher Industrie- und Handelstag
DVS   Deutscher Verband für Schweißtechnik

FAA   Fragebogen zur Arbeitsanalyse /255/
FFS   Flexibles Fertigungssystem
FhG   Fraunhofer-Gesellschaft zur Förderung
                der angewandten Forschung e.V., München
FIZ   Fachinformationszentrum

HPG   Handprogrammiergerät

I   Elektrischer Strom
IAB   Institut für Arbeitsmarkt- und Berufs-
                forschung der Bundesanstalt für
                Arbeit, Nürnberg

IR   Industrieroboter

JDS   Job Deskription Survey /253/

lt.   laut
LTT   Leistungsbestimmende Teiltätigkeiten /50/

MAG   Metall-Aktiv-Gas-Schweißen
MIG   Metall-Inert-Gas-Schweißen
MP   multi point: Vielpunkt-Steuerung, beim
                 Industrieroboter

NC   Numerical Control

OAS   Operatives Abbildsystem /50/

PASCAL   Problemorientierte Programmiersprache
PC   Personal Computer
PHG   Programmier-Handgerät
PPS   Produktions-Planungs-Systeme
PTP   point-to-point: Punkt-zu-Punkt-Steuerung
                 beim Industrieroboter

QIR   Qualifizierung an Industrierobotern, Kurztitel
                 des Projektes "Entwicklung und Erprobung von
                 Schulungsmaßnahmen für Bedien- und Programmiertä-
                 tigkeiten beim Lichtbogenschweißen mit IR vor al-
                 lem für an- und ungelernte Schweißer". /32/

R   Ohm'scher Widerstand
RCM   Bezeichnung der IR-Steuerung der Firma Siemens

s.o.   siehe oben
SAA   Subjektive Arbeitsanalyse /252/
SLV   Schweißtechnische Lehr- und Versuchsanstalt
SPS   Speicherprogrammierbare Steuerung

TBS	Tätigkeitsbewertungssystem /259/
TCP	tool center point: roboterinterne Koordinate der Werkzeugspitze
TOTE	Test-Operate-Test-Exit /269/
u.a.	unter anderem
u.U.	unter Umständen
U	Elektrische Spannung
vgl.	vergleiche
VVR	Vergleich-Veränderung-Rückkopplungs-Einheit /269/
v.a.	vor allem
$\bar{x}$	arithmetischer Mittelwert
x, y, z	1. Achsen im kartesischen Koordinatensystem 2. Bezeichnung der Hauptachsen eines Industrieroboters und der zugehörigen Bedienelemente zum Verfahren dieser Achsen

Die vorliegende Arbeit befaßt sich in ihrem praktischen Aspekt
mit den Zielen, Inhalten und Methoden der Qualifizierung an Industrierobotern; in ihren theoretischen und methodischen Aspekten
mit der Verbindung von Kognition und Aktion. Hintergrund der the-
matischen Fragestellung ist, daß Qualifikation - und damit Qualifizierung - mit zunehmender Komplexität der technischen Produktionssysteme immer stärker als notwendiger Systembestandteil zu
betrachten ist. Dieser Ansatz begründet sich wie folgt:

Das Produzieren von Gütern bedarf der menschlichen Arbeitstätigkeit, die von der Arbeitsperson individuell erlernt werden muß.
Diese sehr allgemeine Überlegung gilt auch für die automatisierte
Produktion. Die Schlüsseltechnologie Mikroelektronik macht zwar
zunehmend mehr Produktionsabläufe auch unter den Flexibilitätsanforderungen der Marktökonomie einer Automatisierung zugänglich,
es gibt aber strukturelle und praktische Grenzen der Automati-
sierbarkeit. Die realistische Perspektive der Automatisierung
liegt deshalb für die meisten Betriebe auf absehbare Zeit nicht
in der "mannlosen Fabrik", sondern in einer flexiblen Automatisierung mit qualifiziertem Personaleinsatz.[1] (Anm. s.S. 173 ff)

Für einen effizienten Betrieb von automatisierten Anlagen sind
neben produktionsunterstützenden Tätigkeiten wie z.B. dem Einle-
gen vor allem funktionserhaltende und funktionsanpassende Tätigkeiten bedeutsam. Bei Betriebsmitteln der flexiblen Automatisierung beinhalten Funktionsanpassungen der Betriebsmittel an andere
Werkstücke neben dem mechanischen Umrüsten als wesentliche neue
Tätigkeitsart die Programmierung. Programmiertätigkeiten bringen
für die Werkstatt und ihre traditionelle Qualifikationsstruktur -
Meister, Facharbeiter, Angelernte - eine neuartige qualifikatorische Anforderung mit sich, auf die die berufliche Grundbildung
erst seit kurzer Zeit und nur in geringem Maße eingegangen ist.
Betriebliche Umstellungen auf frei programmierbare Betriebsmittel
erfordern also Maßnahmen der Qualifizierung, die mit Personalaus-
tausch oder mit technischen oder arbeitsorganisatorischen Maßnahmen nur begrenzt umgangen werden können.[2]

Die spezifische Problematik der Qualifizierung für Programmiertätigkeiten in der Produktion sei am Beispiel der erforderlichen Kenntnisse kurz angedeutet:

Die Programmierung einer Bearbeitungsmaschine erfordert - wie zu zeigen sein wird - die verbundene Anwendung von Wissen unterschiedlicher Art und unterschiedlichen Inhaltes: Es ist zunächst Wissen über die Programmiersprache und das Programmiersystem erforderlich. Solches Wissen ist als eher formal-abstrakt zu charakterisieren. Dazuhin ist Wissen über das Werkstück, den Bearbeitungsprozeß und die Bearbeitungsmittel erforderlich, das in seiner Differenziertheit und Exaktheit i.a. über das eher anschauungsgebundene Erfahrungswissen aus der Arbeit an und mit konventionellen Maschinen hinausgeht.
Am Beispiel: Die sachgerechte Programmierung z.B. einer CNC-Maschine oder eines Industrieroboters (IR) für die Bearbeitung eines Werkstückes
o   erfordert die Kenntnis der abstrakten Formalismen der Programmierung und der Algorithmisierung des Bearbeitungsablaufs;
o   es sind relativ exakte physikalisch-technische Kenntnisse über den Bearbeitungsprozeß erforderlich, um die Prozeßparameter vorgeben zu können,
o   es ist Erfahrungswissen zur Programmoptimierung erforderlich.
Die Verbindung unterschiedlicher Wissensbestände in der praktischen Anwendung erfordert zusätzlich Denkleistungen, die ebenfalls zu erlernen sind.

Die angedeutete "verbundene" Anforderungsstruktur beim Programmieren (vgl./1/) hat Konsequenzen für das Erlernen solcher Tätigkeiten, speziell, wenn man die historisch gewachsene Zuweisung der Formen des Lernens und der dahinterstehenden Lerntheorien bedenkt: Der Angelernte lernt durch Vormachen-Nachmachen, der Facharbeiter über eher fallbezogenes Regel- und Erfahrungswissen, der Akademiker über Begriffe, Theorien und Kalküle. Eine solche Trennung ist bei den Anforderungsstrukturen der Programmierung nicht mehr funktional. Andererseits ist aber eine organisatorische Aufteilung der Programmieraufgaben nur bedingt möglich und effektiv, wie aus der Diskussion um die Werkstattprogrammierung bekannt ist /3,4/. Insbesondere für schwach arbeitsteilige Formen der Arbeitsorganisation und bei hohen Flexibilitätsanforderungen an die Produktion ist also eine Art und Weise der Qualifizierung erforderlich, die dieser verbundenen Anforderungsstruktur Rechnung trägt. Auf diese Aufgabe hat sich, wie zu zeigen sein wird, die praktische und die wissenschaftliche Pädagogik bisher nur bruchstückhaft eingestellt. Dies gilt insbesondere für Zielgruppen aus der Werkstatt mit ihrer eher anschauungsgebundenen, konkret-gegenständlich orientierten Lern- und Arbeitserfahrung.

Die funktionalen, betrieblichen Folgen unzureichender Qualifizierung können gravierend sein: Schweißbetriebe berichten von Anlaufzeiten für IR von bis zu zwei Jahren /5/, Kfz-Hersteller von der Gefährdung von Produktanläufen /6, 7/, CNC-Anwender von Existenzgefährdung /8/. Zu berücksichtigen ist, daß vor allem automatisierungsunerfahrene Betriebe Qualifizierungsprobleme unterschätzen /9/ und daß betriebliche Probleme eher der Arbeitspolitik oder Bezahlung als der Qualifizierung zugeschrieben werden /10/. Die sozialen, personellen Folgen liegen in Zuschreibungen von Qualifizierungsfähigkeit und -würdigkeit, die sich in der Teilnehmerauswahl für Weiterbildungsmaßnahmen niederschlagen. So wird z.B. für die meisten CNC-Grundlagenausbildungen unnötigerweise der Facharbeiterbrief vorausgesetzt /11/.

Qualifikation ist deshalb in der flexibel automatisierten Produktion als Systembestandteil zu betrachten, der als ein wichtiger betrieblicher Effizienzfaktor zu werten ist: Fehlhandlungen und Fehlleistungen des Menschen können sich in ihren Auswirkungen durch eine Art Hebelwirkung der Technik verstärken, da die Technik Fehler des Menschen vielfach eher wiederholt und verstärkt als kompensiert. Über die individuelle Arbeitsplatzzuweisung wird Qualifikation aber auch zu einem sozialen Selektions- und Differenzierungsfaktor, da sie den sozialen Status, die Arbeitssituation und die Lebenschancen des Arbeitnehmers maßgeblich bestimmt. Die Ausprägungen dieses doppelt wirkenden Faktors sind aber nicht technik-gegeben. Sie hängen u.a. von den Einschätzungen über den Qualifizierungsbedarf und von den Zuschreibungen der individuellen Qualifizierungswürdigkeit seitens des Planungs- und Leitungspersonals ab.

Wenn man, wie vielfach gefordert, die Produktion als System betrachtet, erscheint es demnach unter funktionalen, ökonomischen und sozialen Gesichtspunkten erforderlich, Konzepte, Methoden und Verfahren zu entwickeln, die es gestatten, die für relevante Tätigkeiten in der flexibel automatisierten Produktion erforderlichen Qualifikationen lehr- und lernbar zu machen. Dazu möchte die vorliegende Arbeit einen Beitrag leisten. Sie untersucht Methoden und Inhalte der Qualifizierung für Bedien- und Programmiertätigkeiten beim Lichtbogenschweißen mit Industrierobotern. Der Akzent wird dabei stärker auf die Entwicklung neuer, erfolgversprechender und praktikabler Konzepte als auf die Bilanzierung früherer Erfahrungen gelegt. Die behandelte Qualifizierungsaufgabe steht exemplarisch für Fälle mit einem großen Sprung im Automatisierungsgrad, für relativ komplexe Qualifikationsanforderungen und für Zielgruppen mit eher manuell geprägter Arbeitserfahrung.

Zur Veranschaulichung zeigt <u>Bild 1.1</u> eine vereinfachende Strukturierung des Gegenstandes: Untersucht wird der Zusammenhang von Arbeiten, Lernen und Lehren. Die Produktion, speziell die Produktionstechnik und die Arbeitsorganisation, wirkt im Sinne einer Zielvorgabe für den engeren Untersuchungsgegenstand, der zudem im Spannungsfeld gesellschaftlicher Prozesse steht.

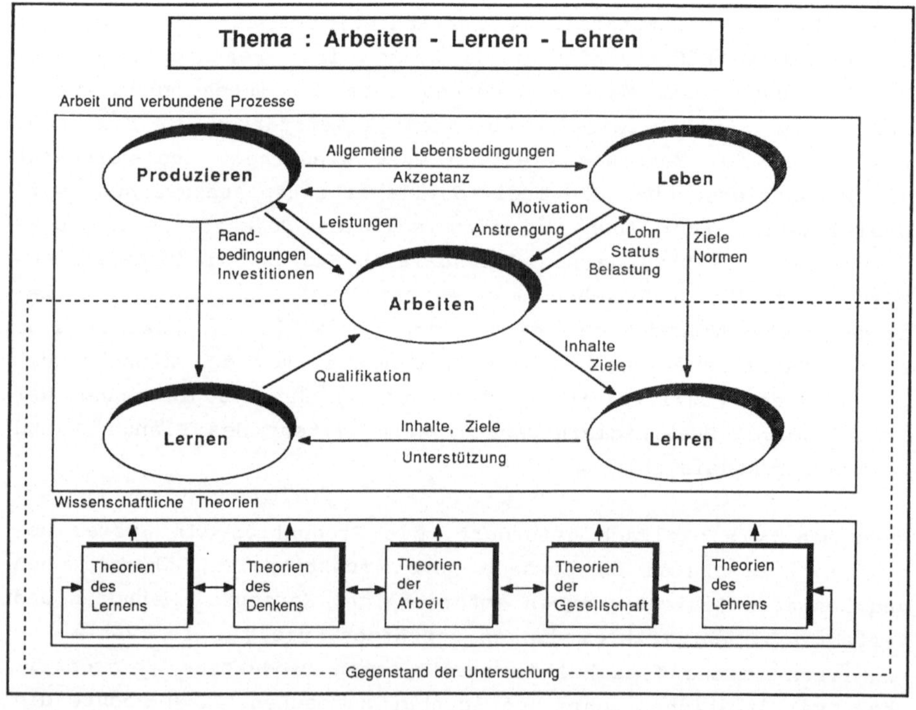

<u>Bild 1.1</u>:   Schematisierte Abgrenzung des Untersuchungsgegenstandes

Die Art des Gegenstandes - Lehren und Lernen der Arbeit an einer komplexen Produktionstechnologie - und der Fragestellungen - Ziele, Inhalte und Methoden von Qualifizierungsmaßnahmen sowie die Methodik zu deren Bestimmung - lassen eine Bearbeitung aus einem einzelnen Begründungszusammenhang heraus nicht geraten erscheinen. Dies würde eine voreilige Reduktion der realen Komplexität bedeuten. Erforderlich ist vielmehr die Heranziehung mehrerer Theorieansätze auf unterschiedlichen Bearbeitungsebenen. Es ergibt sich somit eine Matrixstruktur mit den Dimensionen "Bearbeitungsebene" und "Gegenstand-Methode-Theorie". Die Arbeit ist deshalb so aufgebaut, daß nach dieser ersten Einführung in die Thematik eine Darstellung der Problemlagen, des theoretischen Hintergrundes der Bearbeitung und der genauen Zielstellung und Anlage der Arbeit erfolgt. Bild 1.2 gibt einen ersten Überblick über Ziele und Gliederung der Arbeit.

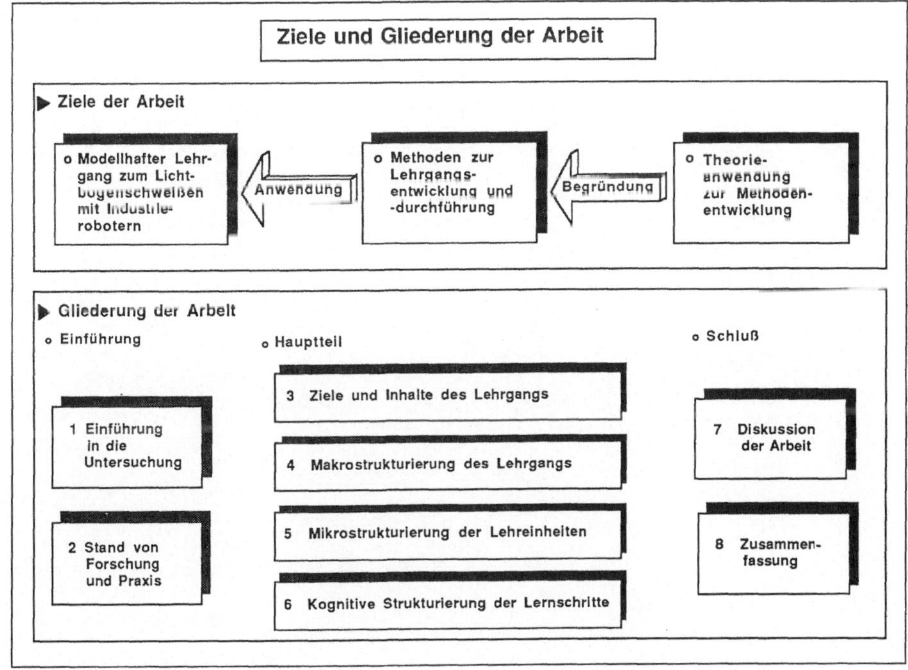

Bild 1.2: Erster Überblick über Ziele und Gliederung
der Arbeit

Das erste Ziel der Arbeit ist es, einen modellhaften Kurs zum Lichtbogenschweißen mit Industrierobotern zu entwickeln. Als Voraussetzung dafür sind Methoden zur Entwicklung eines derartigen Lehrganges zu erarbeiten und exemplarisch anzuwenden. Diese Methodenentwicklung und -anwendung ist das zweite Ziel der Arbeit. Sie soll durch entsprechende Theorieanwendung begründet sein. Deshalb ist eine problembezogene, strukturierte Kombination und Anwendung von geeigneten Theorieansätzen das dritte Ziel der Arbeit.

Der gliederungstechnische Aufbau des Hauptteils der Arbeit ist aus der Problemlage und dem theoretischen Konzept begründet, wie im folgenden Kapitel 2 dargelegt werden wird.

In diesem Kapitel wird zunächst untersucht, welcher Stand der Qualifizierung für Bedien- und Programmiertätigkeiten an Industrierobotern erreicht ist. Die Darstellung erfolgt vor allem auf der Basis umfangreicher Literaturauswertungen /12, 13/ in drei Schritten: 1. betriebliche Qualifizierungspraxis, 2. grundlegende Theorien zur Qualifizierung, 3. die Verarbeitung von beidem in der angewandten Qualifizierungsforschung. Eine Strukturierung der Problemstellung führt zur Präzisierung der Zielstellung der Arbeit.

2.1   Arbeit an IR und Qualifizierungspraxis

2.1.1   Arbeitstätigkeiten in Produktionssystemen mit IR-Einsatz

Die Mehrzahl (ca. 70 %) der Industrieroboter ist in der Werkzeughandhabung eingesetzt /14/. Sofern nicht wie in einigen Punktschweißstraßen der Automobilindustrie eine starre Einzweckautomatisierung ersetzt wurde, bedeutete die Umstellung auf Industrieroboter im allgemeinen den Ersatz einer Bearbeitung mit handgeführten Werkzeugen. Da IR gerade in den fügenden Verfahren der Werkzeughandhabung auf absehbare Zeit weitgehend manuell programmiert werden müssen, ist von einer Verschiebung der Funktion des Menschen zum Bearbeitungsprozeß auszugehen: Anstelle der unmittelbar manuellen, sich wiederholenden Führung des Werkzeuges tritt die einmalige Programmierung der Führung des Werkzeuges durch den IR. Für diese Programmierung sind die Geometrie, die zeitlichen Abläufe und die Prozeßparameter des Bearbeitungsvorgangs in einem Formalismus zu transformieren, den der IR "versteht". Zusätzlich ist es erforderlich, den Bearbeitungsprozeß präziser und zum Teil mit anderen Ausprägungen der Prozeßgrößen zu beschreiben als bei manueller Bearbeitung.

Damit sind folgende Anforderungen an die Qualifikation des Programmierers erkennbar:

1. Verbundene Anwendung unterschiedlichen Wissens:

    In der Arbeitsausführung ist Wissen
    - über unterschiedliche Gegenstände (nämlich Betriebsmittel, Programmiersystem, Produkt und Bearbeitungsprozeß)
    - mit unterschiedlichen Abstraktionsgraden (von der Programmiersprache bis hin zur Sichtprüfung)

- in unterschiedlichem Verbindlichkeitsgrad (von der Strikt-
  heit der Syntaxregeln bis zu den Erfahrungsregeln der Parameterwahl)
  bereitzustellen und mit seinen Wechselbezügen anzuwenden.

2. Konzeptionelles und problemlösendes Denken:

    Aus der Analyse der Vorgaben der Bearbeitung ist der Bearbei-
    tungsablauf zu entwickeln, zu formalisieren und zu optimie-
    ren. Dies bedeutet eine Verbindung von analytischem und kon-
    zeptionellem Denken in einer Anzahl von Schritten, um von der
    z.T. recht offen gehaltenen Aufgabenstellung zu der optimalen
    Lösung zu gelangen.

3. Methodik des Vorgehens

    Die in 1. und 2. absehbare Komplexität der Aufgabenstellung
    und der Denkleistungen macht sehr viel mehr als die manuelle
    Bearbeitung ein methodisches Vorgehen erforderlich.

2.1.2   <u>Praxis der Qualifizierung an IR</u>

In der Diskussion um neue Technologien in der Produktion wird
Qualifikation als zentraler Faktor diskutiert, der in Wechselwirkung mit Ökonomie, Technikentwicklung und -einsatz sowie Arbeits-
kräfteeinsatz steht. Auffallend an dieser Diskussion ist eine
Diskrepanz von Anspruch und Wirklichkeit. Exemplarisch läßt sich
diese an einem Befund einer Literaturrecherche des Verfassers zum
Themenkreis "Automatisierung und Qualifizierung" festmachen: lediglich 4 % der lt. Deskriptoren interessanten Quellen aus Daten-
banken waren themenbezogen auswertbar, der Rest (ca. 600) be-
schränkte sich auf globale Aussagen und Forderungen.[3] Eine
ähnliche Diskrepanz zum Anspruch spiegelt der finanzielle Mittel-
einsatz für die betriebliche Weiterbildung: "Qualifizierungsof-
fensive" mit durchschnittlich DM 1.334.- für Führungskräfte, DM
843.- für Techniker, DM 26.- für An- und Ungelernte pro Jahr
/15/??

Entsprechend zeigen sich in der Praxis der Qualifizierung für
programmierbare Betriebsmittel Probleme. Die Berichte aus der
Praxis der Qualifizierung für Bedien- und Programmiertätigkeiten
an Industrierobotern ergaben folgende Aussagen /13/:

o   Die <u>Lehrinhalte</u> sind vorwiegend gerätebezogen und program-
    mierzentriert /16/; speziell zum Schweißen /17, 18/ werden
    aber auch Verfahrenskenntnisse gefordert.

o   Die <u>Zielgruppen</u> variieren sehr stark nach Anzahl pro einge-
    setztem IR und nach Vorbildung /6, 7/.

o   Die <u>Kursdauern</u> variieren stark (eine bis 30 Wochen) und sind
    kaum vergleichbar.

o   <u>Didaktik und Methodik</u> werden soweit überhaupt eher formal,
    ablaufbezogen /19/ oder lehrmittelbezogen /20, 22/ erörtert
    und z.T. als nachrangig betrachtet /23/. Didaktische Konzep-
    te, sofern formuliert, beschränken sich z.T. auf formale und
    graphische Anordnungsprinzipien /20/ und entsprechen z.T. den
    Anforderungen der Zielgruppe nicht /24/. Es gibt Probleme in
    der Kommunikation der Trainer, meist technischen Experten,
    mit den Zielgruppen /25, 26/. Die Trainer haben im allgemei-
    nen keine pädagogische Vorbildung /27/.

o   Von Anwenderseite gibt es deutliche <u>Kritik</u> an der Qualifizie-
    rungspraxis der IR-Hersteller /28 bis 31/.

Ein ähnliches Bild ergaben Kursteilnahmen und Expertengespräche,
im Projekt "Qualifizierung an Industrierobotern" (QIR) (vgl.
Anhang 5):

Nahezu alle IR-Hersteller bieten Bedien- und Programmierkurse an,
meist von 3 bis 5 Tagen Dauer. Die Lehrinhalte sind programmier-
zentriert; lediglich einzelne Spezialanbieter haben verfahrensbe-
zogene Elemente in ihre Kurse einbezogen. Basis der Kurse sind
technische Beschreibungen und Bedienungsanleitungen in einer
strikten Sachlogik. Eine nähere pädagogische Aufbereitung gemäß
dem zu erzielenden Lernfortschritt oder Lernhilfen sind kaum gegeben. Die Unterlagen enthalten z.T. sachliche, begriffliche und
logische Fehler. Außer bei einem Hersteller wurde keine didaktisch-methodische Konzeption angetroffen. Der Ablauf erfolgt im
allgemeinen nach dem Schema Einführung, Theorieteil, Praxisteil,
Vertiefung. Der Kurs wird lediglich in Phasen der Kenntnisdarbietung ("Theorie") und der Übung ("Praxis") gegliedert. Diese stehen im wesentlichen unverbunden nebeneinander (um nicht zu sagen
gegeneinander) und sind in sich nicht weiter strukturiert. Mangels pädagogischer Sachkenntnis wird dies als "praxisnah" oder
"pragmatisch" ausgegeben. Die Feinstruktur der Vermittlung ist
dem Verhältnis von Lerngegenstand und Lernvoraussetzungen häufig
nicht angemessen. Bevorzugt werden Referieren statt Förderung der
Eigenaktivität der Lernenden, Vormachen/Nachmachen statt erklä-
rendem Heranführen an die Aufgabe, begriffliches Definieren statt
problem- oder funktionsbezogenem Entwickeln eines Gegenstandes.
Außer in einem Fall hatten die Trainer keine pädagogische Vorbil-
dung /32/. Zur Illustration ein typischer Fehler: nur die "besten" Teilnehmer dürfen ans Gerät.

Obwohl für die Schulung an CNC-Maschinen eine wesentlich größere
Erfahrung vorliegt als für die an IR, scheint die Situation ähnlich zu sein: Marktgängige Ausbildungsmaterialien legen Frontal-
unterricht und strikte Theorie-Praxistrennung nahe /11/, so daß
selbst Facharbeiter Schwierigkeiten mit diesen Kursen haben /8,

1/. Entsprechend wird - wegen der benannten Folgen (s.o.) - Kritik geäußert /33, 34/.

Bei aller Vorsicht angesichts der verfügbaren Empirie darf demnach davon ausgegangen werden, daß in der Praxis erhebliche Probleme der Qualifizierung an IR, vor allem der Didaktik und Methodik, bestehen. Insbesondere scheinen zwei Punkte nicht hinreichend verstanden zu sein:

1. Der Zusammenhang von Lernen und Arbeiten (Lernen dient ja dem Erwerb der Qualifikation für das Arbeiten) wird nicht hinreichend berücksichtigt.

    Dies zeigt sich vor allem an der Einschränkung der Lehrinhalte auf das Betriebsmittel und dessen Programmierung unter Vernachlässigung der Aspekte der Nutzung dieses Betriebsmittels für eine bestimmte Bearbeitungsaufgabe. Dies führt zu den bekannten "Anlaufproblemen", da die IR-spezifischen Besonderheiten des Prozesses in der betrieblichen Praxis erprobt werden müssen.

2. Der Unterschied zwischen Lernlogik und Sachlogik wird vernachlässigt.

    Der Experte strukturiert ein Sachgebiet anders als ein lernender Anfänger, dem Überblick, Umfeldwissen, Erfahrung und Terminologie noch fehlen. Der Lerner muß über eine Lernlogik an die Sachlogik, wie sie der Könner kennt, herangeführt werden. Geschieht dies nicht, treten Verständnisprobleme und Lerndefizite auf, die im Verlauf einer Maßnahme aufgrund jeweils defizitären Vorwissens kumulieren und den Lernerfolg gefährden. Dies führt dazu, daß der Lernende seine Sachlogik zu einem gut Teil in der betrieblichen Praxis erwirbt, durch Versuch und Irrtum an einer kapitalintensiven Anlage. Am Alltagsbeispiel: Die wissenschaftliche Sachlogik des Professors für Kfz-Wesen ist eine andere als die praktische Sachlogik des Fahrlehrers, der die Dinge wiederum anders sieht als der Fahrschüler in seiner Lernlogik.

2.1.3   Technische Entwicklung von IR und
         Qualifizierung

Die weitere technische Entwicklung läßt nicht erwarten, daß die Problematik der Programmierung von IR und damit die entsprechende Qualifizierung in absehbarer Zeit entfällt oder per off-line-Programmierung völlig aus der Werkstatt heraus verlagert werden könnte. Zum einen geht die notwendige Standardisierung der Schnittstellen nur schleppend voran /35 bis 37/; zum zweiten ist

die off-line-Programmierung wegen Genauigkeits- und Geometriebe-
schreibungsproblemen derzeit nur in Einzelfällen praxisrelevant
/36/. "Fehlermodelle, die die Abweichung zwischen Planungs- und
realen Daten beschreiben, existieren nicht." "Die dargestellte
Problematik zeigt, daß off-line erstellte Anwenderprogramme am
realen System korrigiert werden müssen." /38/ Speziell beim IR-
Lichtbogenschweißen mit seinen hohen Zuwachsraten /39/ "treten
die Probleme mit der Prozeßanpassung, die ja stets on-line erfolgen muß, in den Vordergrund" /40/. Die Zeiten für Erstprogrammie-
rung und Programm-Prozeß-Optimierung verhalten sich hier wie 1:3
bis 1:4 (ebd.). Die Schweißparameter sind derzeit mathematisch
nicht faßbar /41/, so daß der Schweißer nach wie vor "dem Roboter
das Schweißen beibringen muß" /42/.

Eine Verbesserung der Bedienerschnittstellen ist zwar positiv zu
bewerten, löst aber das Problem nicht: für die adäquate Nutzung
des programmierbaren Betriebsmittels bleibt nach wie vor die Verbindung von prozeßbezogenem und betriebsmittelbezogenem Fachwissen mit effektiven Arbeitsmethoden ausschlaggebend /43/. Anwen-
dungsorientierte Programmiersprachen für IR verlangen aufgrund
ihres leistungsfähigeren Befehlssatzes eine höhere Qualifikation
als die üblichen IR-Sprachen /44/. Auch in Japan sind derzeit
keine weiterreichenden Entwicklungen erkennbar /45/. Im übrigen
mehren sich die Stimmen, die gerade für CIM (Computer Integrated
Manufacturing) eine erhöhte Qualifikation des Werkstattpersonals
prognostizieren bzw. fordern.

2.2 Theorieansätze zur Qualifizierung

Jedes praktische Handeln fußt - mehr oder minder dezidiert und
differenziert - auf einer geistigen Vorstellung von der Realität,
in der gehandelt wird und von den möglichen Wirkungen der Handlung. Die wissenschaftlich systematisierte Form solcher geistigen
Vorstellungen ist die Theorie. Für die Bearbeitung des Praxisproblems der Schulung an IR gibt es meines Wissens keine spezifische
Theorie. Eine erste Strukturierung des Problems (s.o.) ließ erkennen, daß drei Komponenten mit ihren Wechselwirkungen wesentlich sein dürften, nämlich die auszuführende Arbeitstätigkeit,
das Erlernen der erforderlichen Kompetenz für diese Arbeitstätig-

keit und schließlich das Lehren als Anleitung und Unterstützung
des Lernprozesses.

Im folgenden werden Ergebnisse einer problembezogenen, systemati-
sierenden Aufarbeitung von Theorieansätzen zu den Feldern Arbeiten, Lernen und Lehren vorgestellt, die auch der nachfolgenden
Bearbeitung des Themas zugrunde liegt /12/. Eine solche relativ
breite, disziplinen-übergreifende Aufarbeitung war erforderlich,
weil die meisten der vorgefundenen Theorieansätze sehr spezielle
Fragestellungen relativ isoliert behandeln, während es hier um
eine durchgängige, ganzheitliche Problemstrukturierung und -bear-
beitung geht. Daher gibt es zwei generelle Probleme im Theoriebe-
zug: zum einen die Frage einer angemessenen Reduktion der Komplexität der Betrachtung des Gegenstandes im Verhältnis zu einer
einfachen Handhabbarkeit von Lösungen, zum anderen die Frage der
Systematisierung, problemadäquaten Auswahl und Verbindung mehrerer Theorieansätze.

2.2.1 <u>Pädagogische Theorie der Lernziele und Lehrinhalte</u>

Die Frage, welche Lernziele und Lehrinhalte mit einer Qualifizierungsmaßnahme zu vermitteln sind, ist Gegenstand der Didaktik.
Die Didaktik ist gekennzeichnet durch eine kaum mehr überschaubare Fülle von Ansätzen /46/. Nicht zuletzt aufgrund der Be-
grenztheit anderer wesentlicher didaktischer Ansätze (vgl. Bild
2.1) erscheint der "lerntheoretischen" Ansatz der Berliner Schule
/47/ hier besonders geeignet (vgl. <u>Bild 2.1</u>).

Im Kern lehrt dieser Ansatz lediglich, die richtigen Fragen zu
stellen. Er gibt aber keine Antworten vor, die u.U. dem speziellen Gegenstand unangemessen sein könnten. Diese Fragen werden in
vier Entscheidungsfeldern gestellt (vgl. <u>Bild 2.2</u>). Die Entscheidungsfelder sind nicht unabhängig voneinander; zudem sind zwei
Bedingungsfelder zu berücksichtigen.

Der Vergleich dieses Ansatzes mit der Frage der Qualifizierung an
IR macht einerseits nochmal Defizite der Praxis deutlich. Er
zeigt zum andern aber auf, in welcher Richtung die weiteren Untersuchungen auszurichten sind. Als nächstes Theoriefeld wird

Didaktische Ansätze

Ansatz	Normative Didaktik	Bildungstheoret. Didaktik	Informationstheoret. Didaktik	Lerntheoretische Didaktik	Handlungstheoret. Didaktik
Anspruch	o Lückenlose Deduktion von Lernzielen	o Personwerdung des zu Erziehenden	o Optimierung der Lehrmethode unabhängig vom Inhalt	o Objektive Kontrolle aller Fakten von Unterricht	o Persönlichkeitsförderlichkeit
Kritik	o weder logisch noch praktisch realisierbar o versteckte Normsetzungen	o idealistische Global-Entwürfe ohne methodische Umsetzung	o Methodik ohne Inhaltsbezug o Anspruch überzieht die Möglichkeiten formaler Modelle	o Systematik zur Klassifizierung v. Entscheidungen, aber kein Entscheidungssystem o Unrealistische Annahme : umfassende Rationalität	o keine Didaktik, lediglich Methodenauswahl für bestimmte Intentionalität des Untererichts

Bild 2.1:   Zusammenfassende Würdigung didaktischer Ansätze (nach /47/)

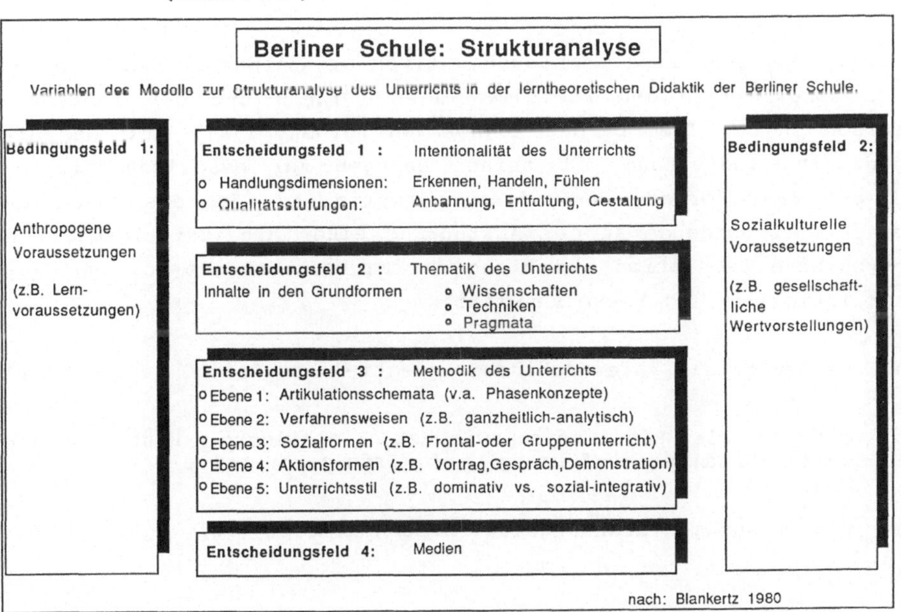

Bild 2.2:   Entscheidungsfelder im lerntheoretischen Ansatz der Berliner Schule (nach /47/)

deshalb die Theorie der Arbeit diskutiert, da diese die Grundlage
für die Bestimmung der Qualifikationsanforderungen aus der Arbeit
ist, die wiederum eine wesentliche Voraussetzung für die Bestimmung der Lernziele und Lehrinhalte sind.

2.2.2   Psychologische Theorie der Arbeit

Thema des vorliegenden Textes ist die Optimierung von Lehr-Lern-
prozessen im Hinblick auf bestimmte Arbeitstätigkeiten. Eine geeignete Theorie der Arbeit muß also den Bezug zum Lernen herstellen und darf den Gegenstand nicht einseitig reduzieren, wie dies
z.B. in den subjekt- oder umweltorientierten Ansätzen (näheres
vgl. /12/ oder /48/) oder in Versuchen einer Arithmetisierung
menschlicher Arbeit (z.B. /49/) geschieht. Erforderlich ist vielmehr ein Theorieansatz, der die psychische Binnenstruktur der Arbeitstätigkeiten näher aufklärt. Insofern erscheint die psychologische Theorie der Handlungsregulation nach Hacker /50/ geeignet,
zumal schon positive Erfahrungen mit abgeleiteten Verfahren des
industriellen Anlernens vorliegen /54/.

Die Handlungstheorie beinhaltet ein bestimmtes Menschenbild: anstelle des reaktiven oder auch aktiven Organismus in den Theorien
des assoziativen und instrumentellen Lernens und der reaktiven
Person in der Theorie des kognitiven Lernens tritt hier das ei-
genaktive Individuum mit seinen Bezügen zur gesellschaftlichen
Umwelt /55/. Grundgedanke dieser Theorie ist, daß das psychologisch Entscheidende an der Ausführung einer Arbeitstätigkeit die
psychische Regulation und nicht der zu beobachtende Vollzug dieser Tätigkeit ist. Diese Regulation

o   verläuft als hierarchisch-sequentieller Prozeß (vgl. Bild
     2.3),

o   erfolgt als Regelkreis zwischen Zielbildung, Handlungsent-
     wurf, Handlungsausführung und Erfolgskontrolle (vgl. Bild
     2.4) und

o   findet auf mehreren Regulationsebenen statt (vgl. Bild 2.5).

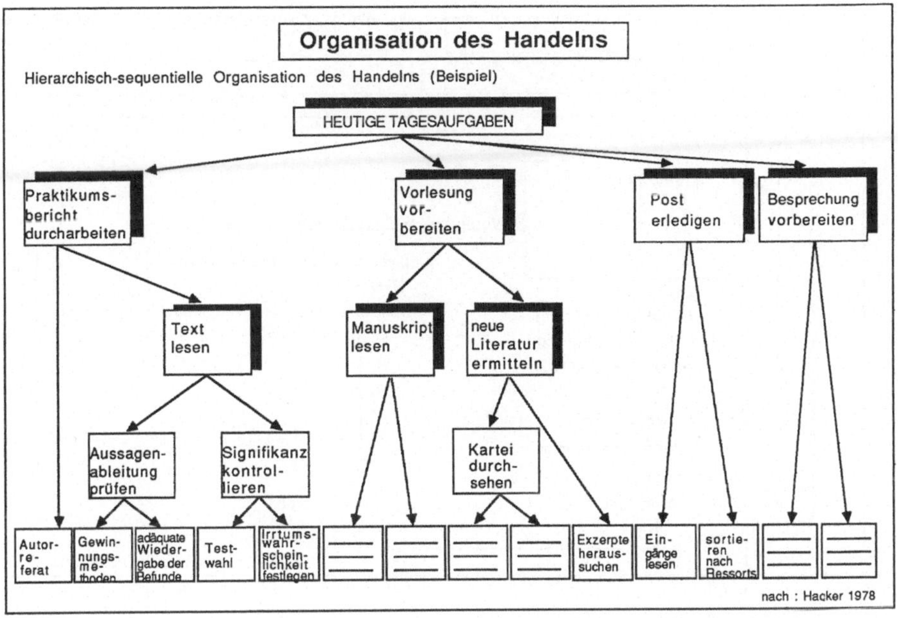

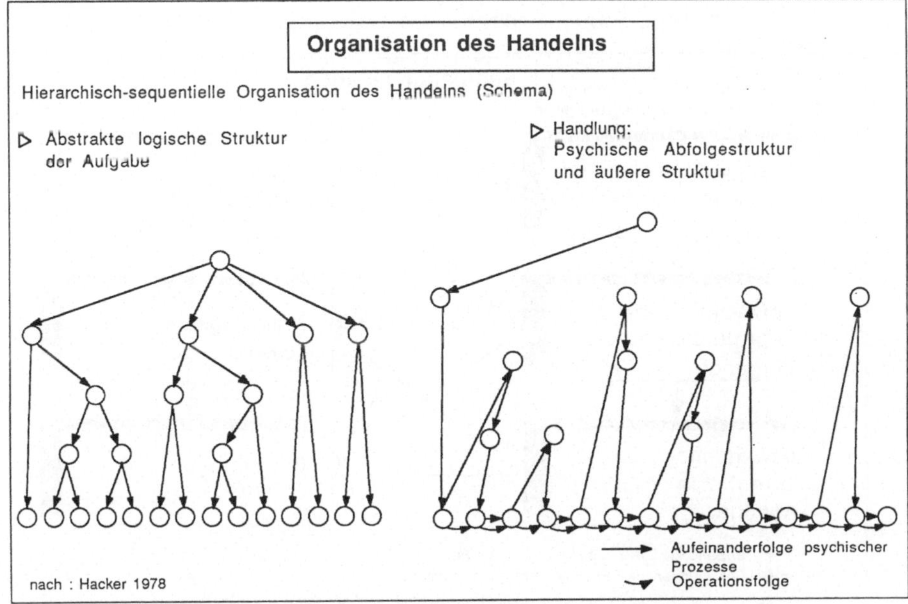

Bild 2.3: Hierarchisch-sequentielle Organisation des Handelns, am Beispiel und schematisiert (nach /51/)

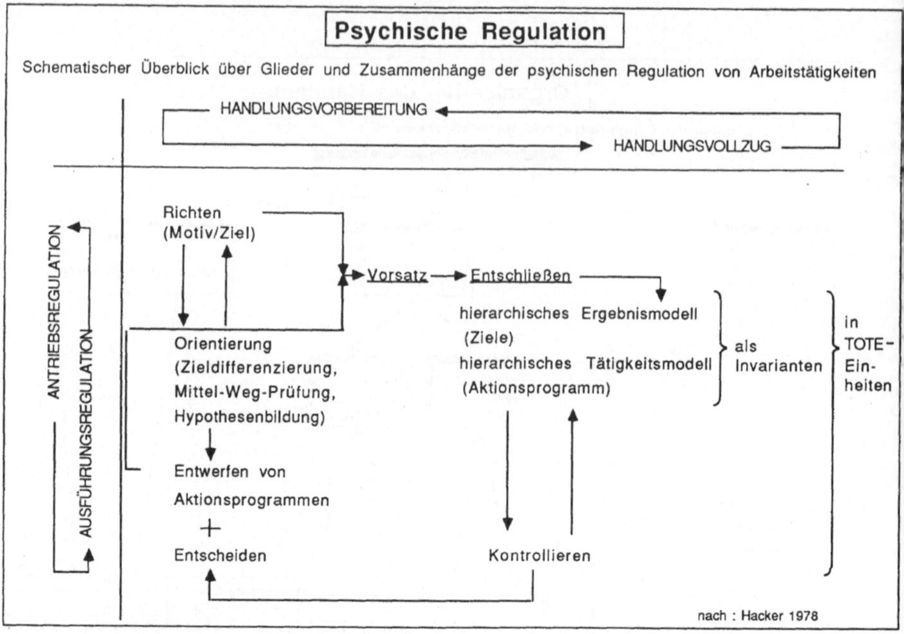

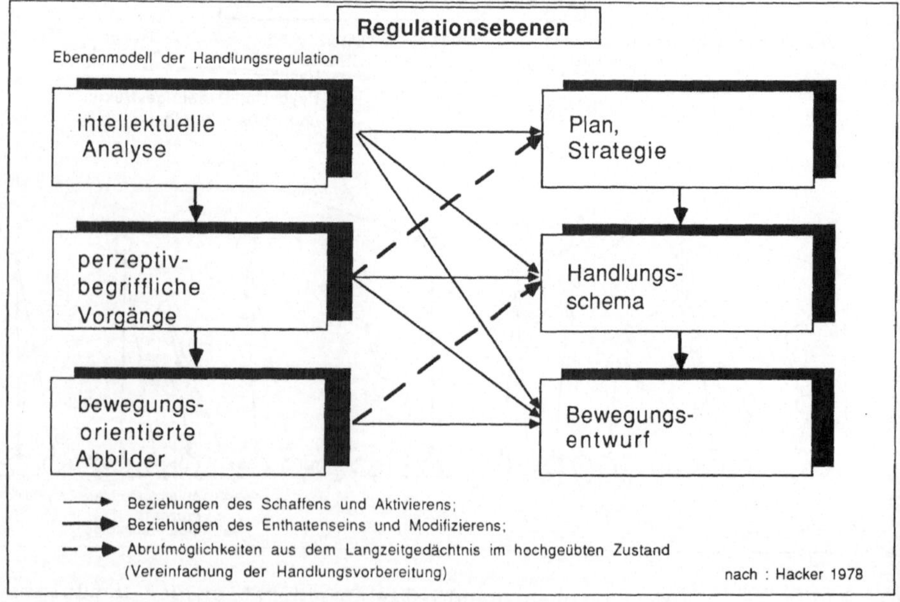

Bild 2.4: Schematisierter Überblick über Glieder und Zusammenhänge der psychischen Regulation von Arbeitstätigkeiten /52/ ("TOTE": vgl. Anhang, S. 246)

Bild 2.5: Ebenenmodell der Handlungsregulation (nach /53/)

Die psychologische Theorie des Arbeitshandelns ist im Kern eine Theorie der individuellen Ausführungsregulation. Sie zeigt aber Verbindungen auf zur kollektiven Handlungsregulation, zur betrieblichen Organisation und zum Lernen. <u>Bild 2.6</u> deutet schematisiert die Zusammenhänge an.

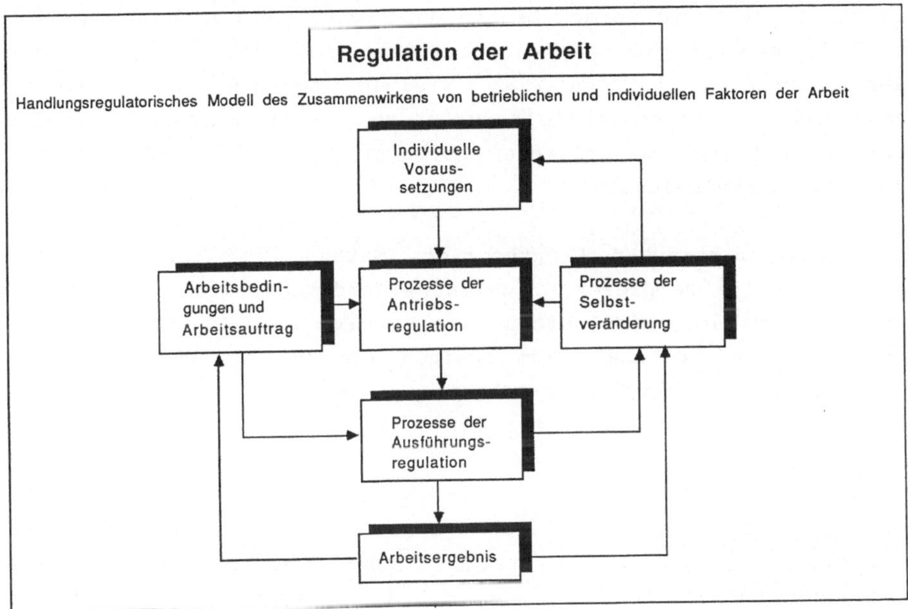

<u>Bild 2.6</u>: Handlungsregulatorisches Modell des Zusammenwirkens von betrieblichen und individuellen Faktoren der Arbeit

Lernen ist hier zu interpretieren als Prozeß der Selbstveränderung, der die individuellen Voraussetzungen zur Bewältigung der Arbeitsaufgabe verbessert. Dies beinhaltet insbesondere eine Verbesserung der Komponenten und Abläufe der psychischen Regulation entsprechend Bild 2.4 und der zugrundeliegenden Wissensbasen und Denkoperatoren. Genau zu diesem Punkt jedoch leistet die psychologische Theorie der Handlungsregulation lediglich globale Strukturierungshilfe, aber keine nähere Differenzierung. Speziell werden "alle höheren kognitiven Prozesse wie abstraktbegriffliche Denkformen" (die ja hier besonders interessant wären) ausgeblendet oder unter die breite Kategorie "intellektuelle Regulation" subsumiert /56/. Auch gibt es keine Forschungen über die Prozesse

der Aneignung von Wissen in das "operative Abbildsystem" (OAS)
/57/. Es sind also Ergänzungen und Differenzierungen erforderlich.

2.2.3   Psychologische Theorie des Denkens und Lernens

In der Psychologie werden Denken und Lernen häufig gemeinsam behandelt, dennoch gibt es keine durchgängige, einheitliche Theorie
des Denkens und Lernens /58/. Vielmehr behandelt jeder Ansatz
oder jede Schule spezielle Aspekte, so daß auf Eignung zu prüfen
war. Dies führte zu folgenden Aussagen (vgl. /12/, dort finden
sich die Einzelbelege):

Die behavioristischen Lerntheorien (Watson /59/, Skinner /60/)
erscheinen für komplexes, Einsicht erforderndes Lernen nicht geeignet. Zum einen sind nicht alle Verhaltensalternativen vorher-
sehbar und trainierbar, zum zweiten ist zu bezweifeln, ob das
ausschließliche Bekräftigungslernen zu dem flexiblen, eigenstän-
digen Handeln führt, das an modernen Betriebsmitteln erforderlich
ist.

Die psychologisch orientierte Informationsverarbeitungstheorie
(Klix /62, 63/) und die Problemlösungsforschung (Dörner /64/)
versuchen Denkprozesse mathematisch bzw. algorithmisiert zu beschreiben. Die Disziplin schätzt ihren Stand wie folgt ein: Aufgrund der immensen methodischen Probleme existiert eine Vielzahl
von Einzelergebnissen (vgl. Anhang A 4.2), die wegen ihrer "zu
geringen Verallgemeinerungsfähigkeit unbefriedigend" bleiben /65/.

Entsprechend gilt die Abbildung von Lernvorgängen (z.B. im proba-
bilistischen Automatenmodell) als "unzureichend" /66/. Es können
dort nur spezielle Arten von Aufgaben behandelt werden /67/. Auch
fortgeschrittene Ansätze erscheinen "weder theoretisch ausreichend fundiert noch didaktisch wirklich interessant" /68/. Abgeleitete Ansätze einer "informationstheoretisch-kybernetisch in-
spirierten "Didaktik erwiesen sich in der Praxis" als zu eng"
/69/.

Die lernpsychologischen Ansätze (Ausubel /70/, Bruner /71/, Bandura /72/) geben Lerntypen oder allgemeine Prinzipien des Lernens

an, von denen lediglich Ausubels Begriffslernen hier bedeutsam erscheint /73/.

Vor allem für den schulischen Unterricht von Kindern spielen <u>entwicklungspsychologische Ansätze</u> eine Rolle, da sie die altersgemäßen Möglichkeiten des Lernens erklären. Bedeutsam sind hier vor allem die Arbeiten von Piaget. Die teilweise versuchte Uminterpretation der dort üblichen, altersbezogenen Entwicklungsstufen des Lernens in Stufen des einzelnen Lernprozesses beim Erwachsenen /74/ muß m. E. aber als äußerst problematisch und beweisbedürftig gelten.

Der ebenfalls aus einem entwicklungspsychologischen Ansatz (Wygotsky /75/) abgeleitete <u>tätigkeitspsychologische Ansatz</u> des Lernens von Galperin /76, 77/ wurde in letzter Zeit vermehrt rezipiert. Galperin geht davon aus, daß beim Lernen die äußere, materielle Welt in mehreren Etappen in das "innere Sprechen" (d.h.: in unbewußtes Denken) "interiorisiert" wird. So wichtig und praktikabel Galperin's Hinweise auf die Rolle der Sprache beim Lernen und ihr Verhältnis zum praktischen Handeln sind, sollte der Ansatz doch nicht überstrapaziert werden. Neben Kritik am Anspruch und an der theoretischen und empirischen Fundierung des Ansatzes und seiner Übertragbarkeit auf das Erlernen informationsbestimmter Tätigkeiten durch Erwachsene ist vor allem anzumerken, daß Galperin das Konzept des Spracheinsatzes nicht ausdifferenziert. Es ist aber nicht der Einsatz von Sprache als solcher wichtig, sondern die Inhalte und Strukturen, die für den und mittels des Spracheinsatzes aufgebaut werden.

In seinem <u>kognitionspsychologischen Ansatz</u> hat Gagné /78/ verschiedene Forschungsergebnisse und Alltagserfahrungen in acht aufeinander aufbauende Lernarten - vom Signallernen bis zum Problemlösen - systematisiert. Aus ihm leitet er das Konzept der Lernhierarchie ab: der Unterricht muß strikt so aufgebaut sein, daß für jeden Lernschritt jeweils alle erforderlichen Voraussetzungen (z.B. Begriffe oder Fertigkeiten) vorher erworben sind /79/. So einleuchtend der Ansatz ist, so problematisch ist seine Anwendung: die strikte, operationale Anwendung des Ansatzes im Detail wird sehr aufwendig /80, 81/, der Ansatz selbst gibt keine

Regeln zur Konstruktion von Lernhierarchien vor, er bleibt analytisch.

Weil, wie ersichtlich, die geschlossenen Theorieansätze des Denkens und Lernens höchstens punktuell fruchtbar für das hier vorliegende Problem sind, waren zusätzlich Einzelergebnisse heranzuziehen.

2.2.4 Psychologische Empirie des Denkens und Lernens

Die Ergebnisse der Denk- und Lernpsychologie werden vor allem in Laborsituationen anhand von Aufgaben nach Art von Denksportaufgaben gewonnen; dies erklärt die häufig sehr singulären Aussagen. Hier von Interesse sind Fragen der Begriffsbildung, des Verhältnisses von Begriffsbildung und Sprache, des Problemlösens und der Lehr-Lernstrategien. Ein kurzer Abriß ausgewählter Ergebnisse befindet sich im Anhang A 4.2. Ein wesentlicher Befund soll hier kurz erwähnt werden: Der (semantischen) Gedächtnisstruktur scheinen zwei allgemeine Prinzipien zugrunde zu liegen: Hierarchiebildungen auf der Basis von Teilmengenrelationen von Einheiten und Zuordnungen von Eigenschaften zu den Einheiten /82/.

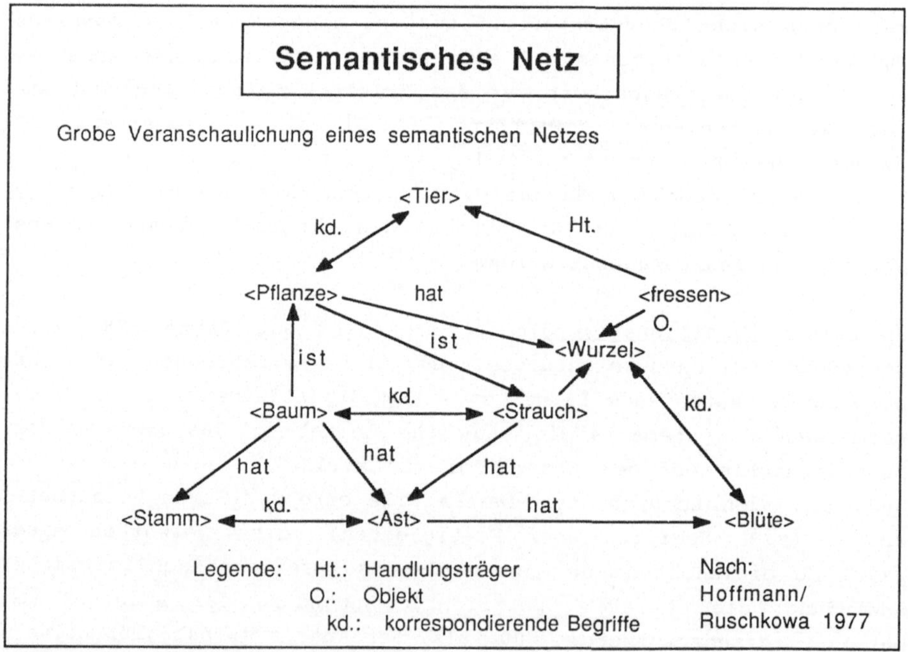

Bild 2.7: Darstellung eines semantischen Netzes /85/

<u>Bild 2.7</u> zeigt ein solcherart aufgebautes "semantisches Netz". Zusammenhänge zum Strukturlernen, zur Begriffsbildung und zum Problemlösen sind zumindest punktuell aufzeigbar /84/. Damit deuten sich Möglichkeiten an, den Begriff des operativen Abbildsystems bei Hacker (s. 2.2.2) für Zwecke des Lehrens und Lernens faßbarer zu machen.

2.2.5 <u>Denk- und Lernmotivation</u>

Die Bedeutung der Motivation für Lernprozesse ist unbestritten, sollte aber nicht überschätzt werden. Zur Frage der Motivierung beim Erwachsenenlernen soll hier deshalb auf zwei grundsätzliche Probleme hingewiesen werden, die die Bedeutung elaborierter Motivierungstechniken relativieren: Es wäre zu prüfen, ob eine extensive Betonung von Techniken der Motivierung für erwachsene Lerner nicht daher rührt, daß wesentliche Teile der an sich von den Trainern zu leistenden pädagogischen Arbeit auf die Teilnehmer verlagert werden sollen. Zum zweiten scheint es so zu sein, daß hyper-motivierendes Lernen z.B. per Fernsehsendung die Behaltensleistungen sogar eher zurückgehen läßt, da dem Lerner anders als bei der Lektüre keine Schlußfolgerungen und keine geistige Anstrengung abverlangt werden /87/.

2.2.6 <u>Pädagogische-psychologische Theorien des Lehrens</u>

"Lehren ist die Erleichterung des Lernens." /88/ Entsprechend den verschiedenen Theorien des Lernens gibt es verschiedene An- sätze (aber keine Theorie) des Lehrens, die jeweils wiederum spezielle Aspekte betrachten.

Die Ansätze einer "handlungsorientierten Didaktik" (z.B. /89/) leiten sich aus der psychologischen Handlungstheorie ab und betonen bestimmte Unterrichtsmethoden und -formen, die ein eigenständiges Handeln der Schüler mit unterschiedlicher Reichweite fördern. Aus dem gleichen theoretischen Umkreis stammen die psychoregulativ akzentuierten und die kognitiven Trainingsverfahren (/54/, vgl. <u>Bild 2.8</u>). Diese Ansätze zielen auf die Art und Weise der praktischen Durchführung des Unterrichtes ab, lassen aber die Frage der Strukturierung und Sequenzierung der Lehrinhalte offen.

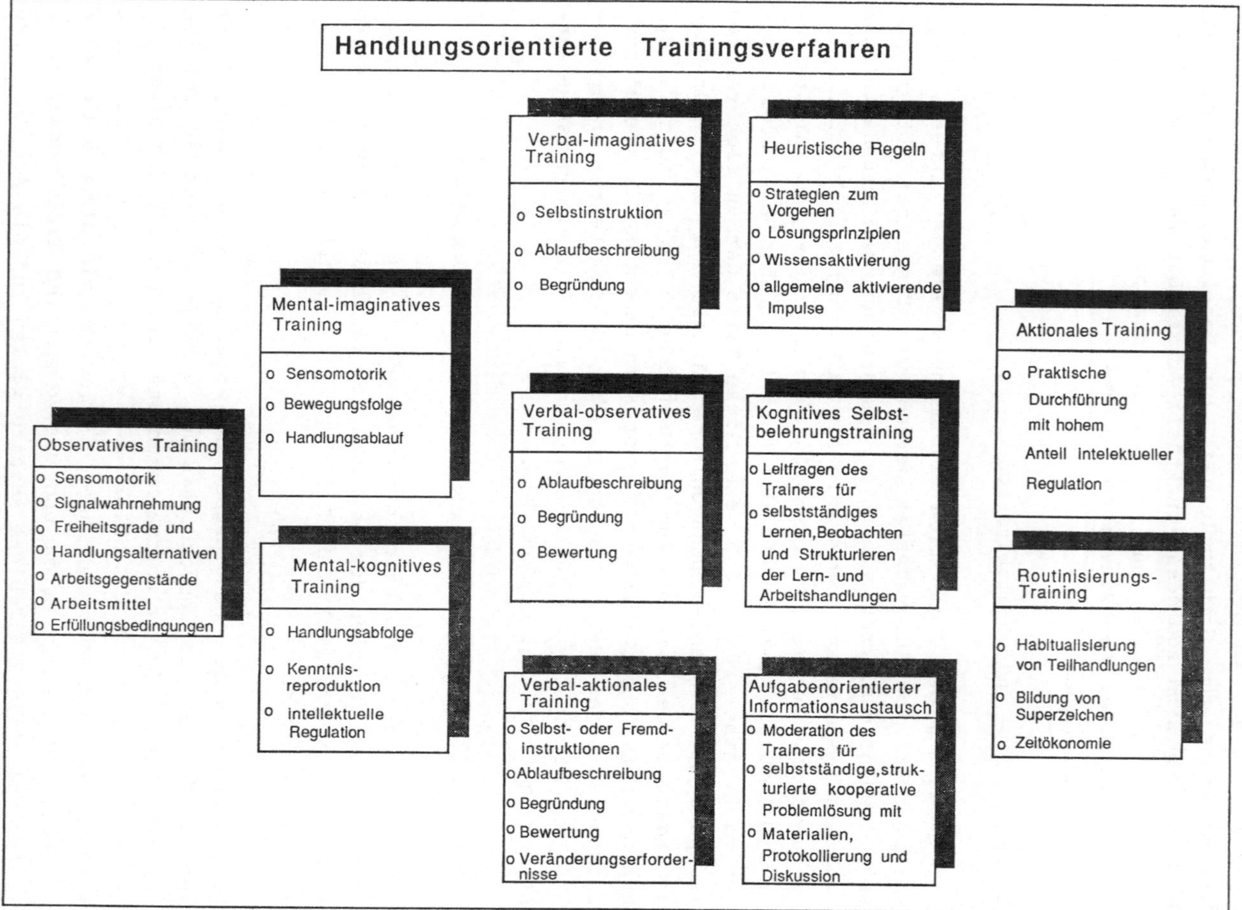

Bild 2.8: Psychoregulative und kognitive Trainingsverfahren

Anbindend an die Frage der Lernzielfindung (s. 2.2.2) wird die Frage der Lernzieloperationalisierung und -taxonomisierung kontrovers diskutiert /12/. Zur Bildung sinnvoller Abfolgen der verschiedenen Lehreinheiten, also der Sequenzierung von Lehrinhalten, gibt es allenfalls allgemeine methodische Hinweise (z.B. Gagné, s.o.) oder Versuche mit allgemein bekannten Methoden wie der Netzplantechnik /90/. Algorithmisierungen (vgl. z.B. /91/) sind problematisch und äußerst aufwendig. Zur Untergliederung einzelner Lehreinheiten gibt es eine Anzahl von Stufenkonzepten mit sehr unterschiedlichen theoretischen und empirischen Fundierungen und Verbindlichkeiten /92/.

2.2.7 Resümee

Die Vielzahl der Theorieansätze mit ihren jeweiligen Einzelaussagen zeigt auf, daß die Problematik der Optimierung von Qualifizierung wesentlich vielschichtiger ist, als die Berichte aus der Praxis dies erkennen lassen. Ein einzelner Theorieansatz wird der gestellten vielschichtigen Problemstellung nicht gerecht, so daß verschiedene Ansätze in einem gemeinsamen Konzept zusammenzuführen sind.

2.3 Angewandte Forschung zur Qualifizierung an programmierbaren Betriebsmitteln

Die gezeigten Diskrepanzen von Arbeitsanforderung und Lernstoff, von Lernanforderungen und pädagogischer Methodik sowie von Praxis und Theorie der Qualifizierung sind in Projekten der angewandten Qualifizierungsforschung teilweise aufgearbeitet worden.

2.3.1 Qualifizierung an IR

Recherchen in /93 bis 100/ (vgl. /13/) ergaben keine Hinweise auf einschlägige Forschungsarbeiten außerhalb des Vorhabens "Qualifizierung an IR" (QIR) /32/. Unter Leitung des Verfassers wurde in diesem Projekt unter anderem ein Lehrgang entwickelt und erprobt, in dem An- und Ungelernte in drei Wochen das Lichtbogenschweißen mit Industrierobotern zweier Fabrikate analog der BI-Prüfung des Deutschen Verbandes für Schweißtechnik (DVS) erlernten /101, 102/.

Der Lösungsansatz des Projektes beruht auf drei Grundgedanken: 1. Ausbildung im Hinblick auf die gesamte Arbeitsaufgabe, nicht nur auf die Programmierung, 2. enge Verknüpfung von theoretischem Wissen und praktischem Handeln und 3. Nutzung der lernförderlichen Funktionen des Spracheinsatzes. Theoretische Grundlage dieser Arbeiten war ein handlungs- und tätigkeitspsychologischer Ansatz auf Basis der Arbeiten von Hacker und Galperin. Trainingsmethodisch wurde starker Wert auf die Anwendung psychoregulativer und kognitiver Trainingsverfahren gelegt, insbesondere des verbalen Trainings.

Die Arbeiten und Ergebnisse des Projektes haben gezeigt, daß der eingeschlagene Weg des handlungsorientierten Trainings mit Spracheinsatz auch für programmierbare Betriebsmittel nutzbringend und richtig ist, haben aber auch neue Fragen der theoretischen Fundierung und Durchgängigkeit und der methodischen Faßbarkeit des Ansatzes aufgeworfen, insbesondere:

o   Das Verhältnis der Hacker'schen Handlungsregulationstheorie und der Galperin'schen Tätigkeitstheorie zu didaktischen Theorien, zur Denk- und Lernpsychologie sowie zur Problemlösungsforschung, ist klärungsbedürftig.
o   Lernförderliche Strukturmerkmale des Spracheinsatzes und der heuristischen Regeln sind herauszuarbeiten.
o   Die Vorgehensweise im Projekt QIR ist zu systematisieren und zu präzisieren.

2.3.2   <u>Qualifizierung an CNC-Maschinen</u>

Ergänzend ist kurz auf ein verwandtes Gebiet der Qualifizierung für Neue Technologien einzugehen, nämlich die CNC-Schulung.

Der fortgeschrittenste methodische Stand dürfte im Projekt CLAUS (<u>C</u>NC-<u>L</u>ernen <u>A</u>rbeit <u>u</u>nd <u>S</u>prache) erreicht sein, das ebenfalls im Verantwortungsbereich des Verfassers durchgeführt wurde /11/. Ziel des Projektes war die Entwicklung sprachgestützter Lehr- und Lernmethoden. In einem Kurs, der inhaltlich und zeitlich den DIHT-Richtlinien /103/ entsprach, wurde An- und Ungelernten CNC-Fräsen vermittelt. Der grundsätzliche Lösungsansatz war der gleiche wie in QIR, jedoch wurde hier stärker auf die Interiorisationstheorie von Galperin zurückgegriffen. Betont wurde die sorgfältige Stufung von Lernaufgaben, der Einsatz von heuristischen Regeln und die schrittweise Verkürzung von Handlungsanleitungen auf sogenannten Lernkarten. Ähnlich wie bei QIR tun sich auch hier neue Fragen auf, so vor allem die der stärkeren methodischen Faßbarkeit und Nachvollziehbarkeit der pädagogischen Vorgehensweise und der breiteren theoretischen Fundierung.

2.4 Analyse der Problemlage der Qualifizierung an IR

2.4.1 Resümee zum Stand in Forschung und Praxis

Zusammenfassend läßt sich das Resümee zum Stand in Forschung und Praxis der Qualifizierung für Bedien- und Programmiertätigkeiten an IR recht einfach ziehen: Eine Bearbeitung des Themas ist sachlich geboten, wird allseits gefordert und ist bisher nicht in einer Art und Weise geleistet, als daß das Thema als abgeschlossen gelten könnte.

Im Einzelnen:

1. Es besteht ein Bedarf an Qualifikation für die Arbeit an programmierbaren Betriebsmitteln, speziell für Industrieroboter.

2. Die technische Entwicklung der Industrieroboter-Technik wird diesen Qualifikationsbedarf modifizieren oder verlagern, aber nicht aufheben, eher sogar verstärken.

3. Die gegenwärtige Schulungspraxis beinhaltet ein hohes Risiko, daß es in der Wechselwirkung von betrieblichen Qualifikationsanforderungen, Lernvoraussetzungen der Zielgruppen und Inhalt und Methodik der Schulung zu funktionalen und sozialen Friktionen kommt.

4. Kernprobleme der Schulungspraxis sind eine Zielbildung für die Schulungsmaßnahmen und deren Umsetzung in eine pädagogische Methodik, die den Besonderheiten der Arbeit an programmierbaren Betriebsmitteln, speziell an IR, und der Zielgruppe adäquat sind.

5. Das verwirrend vielfältige Theorieinventar aus Pädagogik und
   Psychologie ist auch nicht annähernd im Hinblick auf diese
   Problemstellung integrierend oder spezifizierend aufgearbei-
   tet.

6. Die Problemstruktur der Qualifizierung an IR ist nur ansatzweise aufgearbeitet. Es besteht somit ein praxisbezogener und
   ein theoriebezogener konzeptioneller Bearbeitungsbedarf.

2.4.2 Strukturierung der Problemlage

In Anlehnung an die Entscheidungsfelder der Berliner Schule (s.
o., Bild 2.2) werden vier Bearbeitungsebenen des Gegenstandes
"Qualifizierung an Industrierobotern" eingeführt. Dabei beinhaltet die erste Bearbeitungsebene die Entscheidungsfelder 1 "Intentionalität" und 2 "Thematik". Das Entscheidungsfeld 3 "Methodik"
wird aus praktischen und theoretischen Gründen auf drei Aggregationsebenen behandelt. Somit ergeben sich folgende Bearbeitungsebenen:

1. Zielbildung für einen Lehrgang: Was soll vermittelt werden?
2. Aufbau eines Lehrgangs: Wie ist der Lehrgang aufgebaut?
3. Aufbau von Lehreinheiten: Wie verlaufen die einzelnen
   Lehreinheiten?
4. Aufbau von Lernschritten: Wie wird der Lernprozeß im Detail
   unterstützt?

Für die Problemanalyse werden zusätzlich ebenenübergreifende Fragen untersucht.

Auf jeder Bearbeitungsebene werden drei Problembereiche unterschieden:

1. Gegenstandsbezogene Probleme ("Was beinhaltet der Kurs, wie
   läuft er ab?"); sie werden spezifisch für die Qualifizierung
   an Industrierobotern behandelt.
2. Methodenbezogene Probleme ("Mit welchen Verfahren können derartige Kurse entwickelt werden?"); sie werden exemplarisch
   anhand der Qualifizierung an Industrierobotern für die Konzeption von Lehrgängen an frei programmierbaren Betriebsmitteln behandelt.

3. Theoriebezogene Probleme ("Wie sind diese Verfahren begründet?"); sie werden exemplarisch anhand der Methodenentwicklung für Fragen der Theoriekombination behandelt.

2.4.3   Problemfelder der Qualifizierung an IR

Die zweidimensionale Darstellung der Problemlage in Bild 2.9 wird
im folgenden zeilenweise erörtert; dabei ist zu bedenken, daß
nicht jedes Problem in jedem Schulungskurs auftreten muß.

Übergreifend bestehen zwei wesentliche Defizite der Schulungspraxis: 1. reichen die Lehrinhalte für die Arbeitspraxis nicht
aus, 2. ist die Methodik der Vermittlung für die Lernvoraussetzungen der Teilnehmer wenig geeignet. Es besteht also das Problem, Kurse der IR-Schulung nach Ziel und Inhalt sowie nach Aufbau und Ablauf so zu gestalten, daß sie der Arbeitspraxis der
Zielgruppe adäquat sind. Nicht zuletzt wegen der Hersteller- und
Anwenderspezifika der zu vermittelnden technischen Lehrinhalte
(vor allem der IR-Steuerungen und Produktionsverfahren) ist ein
breiter anwendbare Methodik zur Lösung dieses Praxisproblems zu
entwickeln. Diese Methodik wäre aber nicht nur spezifisch für die
IR-Technologie, sie wäre auch übertragbar auf Qualifizierungsmaßnahmen für andere frei programmierbare Betriebsmittel. Ein wesentliches Problem einer solchen Methodenentwicklung ist ihre
theoretische Begründung, da es keine durchgängige Theorie des Arbeitens, Lernens und Lehrens gibt, lediglich eine Vielzahl einzelner Ansätze unterschiedlichster Thematik, Reichweite und Fun-
diertheit. Die hier entwickelte Problemstrukturierung ist als ein
erster Schritt für ein Konzept zur problembezogenen Kombination
solcher Ansätze im Sinne eines "besonnen operierenden Eklektizismus" /104/[4) zu sehen. Grundidee des Konzeptes ist es, die
Theorie der Handlungsregulation als Theorie des Arbeitens einerseits in didaktische Fragestellungen einzubetten, andererseits
durch Lern- und Lehrtheorien zu ergänzen.

Auf der Bearbeitungsebene 1 - Zielbildung - kann das Problem des
Anwendungsbezuges der Schulung deswegen nicht als positiv gelöst
gewertet werden, weil häufig anstelle einer Anwendungsschulung
nur eine geräte- und programmierzentrierte Produktschulung ohne
Einbezug des jeweiligen Produktionsverfahrens durchgeführt wird.

	Probleme		
Bearbeitungs-ebene	Gegenstandsbezogene Probleme, spezifisch für die Schulung an IR	Methodenbezogene Probleme, exemplarisch an der Schulung an IR	Theoriebezogene Probleme, exemplarisch an der Schulung am IR
Ebenen-übergreifend	o Lehrinhalte für Arbeitspraxis unzureichend o Lernvoraussetzungen kaum berücksichtigt	o Verfahren zur Entwicklung - arbeitsbezogen und - zielgruppenbezogen adäquater Kurse der Anpaß-qualifizierung an programmgesteuerten Betriebsmitteln erforderlich	o Keine durchgängige, praktisch nutzbare Theorie des Arbeitens, Lernens und Lehrens verfügbar o Konzept der Kombination punktueller Ansätze erforderlich
1. Zielbildung für einen Lehrgang	o Produkt- statt Anwendungs-schulung o Partialisierter Anwendungs-bezug o keine extrafunktio-nalen Qualifikationen	o Verfahren zur Bestimmung der Lernziele und Lehrinhalte aus den Anforderungen - der Arbeit am IR und - der Zielgruppe erforderlich	o qualifizierungsbezogene Anforderungsanalyse o praxisrelevante Bestimmung von Lernvoraussetzungen o Verbindung verschiedener Theorieansätze
2. Aufbau eines Lehrgangs	o vom didaktisch-methodischen Konzept her unzureichend o Darstellung nur nach Sachlogik o Kenntnisdarbietung mit Übungen kaum verknüpft	o Verfahren zum Aufbau eines Lehrgangs - Vorgehensweise - Kriterien, Prinzipien - Bildung und Sequenzier-ung von Lehreinheiten erforderlich	o Konzept zur Umsetzung von Sachlogik und Lernlogik o Regeln zur Synthese und Sequenzierung von Lehreinheiten
3. Aufbau von Lehreinheiten	o Vermittlungsmethodik dem Thema nicht adäquat o Teilnehmeraktivierung zu gering o Kenntnisdarbietung mit Übungen kaum verknüpft	o Verfahren zum Aufbau von Lehreinheiten - Vorgehensweisen - Kriterien, Prinzipien - Instrumente (Verfahrenswei-sen, Phasenkonzepte etc.) erforderlich	o Konzept zur Entwicklung problemlösendem praktischen Handelns
4 . Aufbau von Lernschritten	o Verständigungsprobleme Trainer/Lerner o Lernhilfen unzureichend o Übungen aktiver Kenntnisse zu wenig	o Hilfsmittel zur - Diagnose von Lerndefiziten - Anregung von Lernpro-zessen - Verbindung von handelnd-pragmatischen und kognitiven Lernschritten erforderlich o Regeln zum Trainerverhalten erforderlich	o Konzept des Lernprozesses o Konzept des Verhältnisses von Kognition und Aktion

Bild 2.9: Übersicht über die Problemfelder der Qualifizierung an IR

Verbunden mit diesem eingegrenzten Anwendungsbezug ist häufig eine starke Konzentration auf die unmittelbare Anwendung von Programmierbefehlen, anstatt durchgängige Aufgabenstellungen (etwa: von der Zeichnung zum Werkstück) bearbeiten zu lassen. Damit wird aber der Erwerb funktionsübergreifender Qualifikationen (z.B. eines systematisch-vorbedenkenden Arbeitsstils) wenig gefördert. Problemstellung ist also die Bestimmung von Zielen und Inhalten der Schulung, die den Anforderungen der Arbeitstätigkeit und der Zielgruppe gerecht wird. Methodisch gesehen ist die Entwicklung eines Verfahrens erforderlich, mit dem die Lernziele und Lehrinhalte aus den funktionalen Anforderungen aus der Arbeitstätigkeit und aus den personenbezogenen Anforderungen der Zielgruppe bestimmt werden können. Dies erfordert die Entwicklung eines Verfahrens der qualifizierungsbezogenen Anforderungsanalyse, die Beurteilung der Lernvoraussetzungen der Zielgruppe und die Entwicklung einer Vorgehensweise zur Festlegung der Lernziele und Lehrinhalte aus den obigen Punkten und aus eventuell zusätzlichen normativ gesetzten Zielen wie z.B. Persönlichkeitsförderlichkeit. Neben den eher instrumentellen Fragen der Beurteilung von Lernvoraussetzungen und der Anforderungsanalyse zeigt sich hier das Problem der Kombination unterschiedlicher Theorieansätze: Didaktische, arbeitswissenschaftliche, psychologische und soziologische Aspekte sind angesprochen. Zusätzlich sind Norm- und Wertvorstellungen außerhalb des Wissenschaftssystems berührt.

Die Umsetzung von Lernzielen und Lehrinhalten in einen adäquaten Aufbau und Ablauf eines Lehrganges (<u>Bearbeitungsebene 3</u>) ist in der Praxis nur unzureichend gelöst. Das didaktisch-methodische Konzept geht dort kaum auf Besonderheiten des Lehrstoffs und der Zielgruppe ein; die Darbietung erfolgt im wesentlichen entlang einer technisch-wissenschaftlichen Stoffsystematik ("Sachlogik") entgegen den Lernvoraussetzungen der Zielgruppe ("Lernlogik") und beinhaltet z.T. fachliche Defizite und Fehler, aber auch unnötige Begriffe und Inhalte. Insbesondere scheinen Kenntnisdarbietung und praktische Übungen relativ unverbunden zu sein. Problemstellung ist also der Aufbau einer adäquaten Kursstruktur. Erforderlich ist ein Verfahren zur Entwicklung derartiger Lehrgänge, daß neben den Schritten einer Vorgehensweise noch Kriterien, Prinzipien oder Empfehlungen zum Aufbau und Ablauf des Kurses enthält.

Wichtig erscheint insbesondere die sach- und lernlogisch korrekte Bildung und Sequenzierung von Lehreinheiten zu sein, die Wissensdarbietung und praktisches Handeln schon auf der Ebene des Aufbaues des gesamten Lehrganges verknüpfen. Für die Fundierung eines solchen Verfahrens ist ein Theorieansatz vonnöten, der sowohl Arbeits- als auch Lernhandeln reflektiert, da das Lernen im Kurs einerseits auf die Arbeitstätigkeit auszurichten ist, andererseits aber die Umsetzung der arbeitsbezogenen "Sachlogik" in eine "Lernlogik" erforderlich ist.

Die genannten Probleme beim Aufbau eines Lehrganges als Ganzes wiederholen sich im Prinzip auf der darunter liegenden Aggregations- und Bearbeitungsebene 3: die Vermittlungsmethodik (tendenziell Vormachen/Nachmachen) ist dem Lerngegenstand nicht angemessen, die Teilnehmer werden über begriffliches Definieren und Referieren eher desaktiviert, in Übungsphasen dominiert das schlichte Probieren und Nachmachen vor der gezielten Aktivierung und Nutzung von Kenntnissen. Problemstellung ist also die Bereitstellung einer pädagogischen Methodik, die den Besonderheiten des Lerngegenstandes und der Zielgruppe angemessen ist. Erforderlich sind demnach Vorgehensweisen und Instrumente zum Aufbau der einzelnen Lehreinheiten, mit denen dem Lerngegenstand und der Zielgruppe angemessene pädagogische Methoden und Instrumente entwickelt und eingesetzt werden können. Theoretische Grundlage für eine solche Methodik müßte ein Konzept des problemlösenden Handelns sein, das erstens die kognitive mit der pragmatischen Seite des Unterrichts verbindet und das zweitens die Komponenten der intellektuellen Handlungsregulation differenzierter faßt als die Handlungsregulationstheorie selber dies tut.

Auf der Bearbeitungsebene 4, dem Aufbau einzelner Lernschritte, sind Verständigungsprobleme festzustellen, da die Trainer eine eher produktorientierte, technikzentrierte Sichtweise haben und nur bedingt auf die anwendungsorientierten und z.T. inadäquaten Fragen der Zielgruppe eingehen können. Es besteht also das Problem der Förderung des Lernprozesses und der Diagnose und Behebung von Lerndefiziten im Detail, auf der Ebene einzelner Lernschritte. Methodisch gesehen besteht also das Problem, Methoden oder Hilfsmittel zur Diagnose von Lerndefiziten, zur Anregung von Lernprozessen und zur Aktivierung gelernten Wissens in praktischen Übungen bereit zu stellen. Dazu ist es erforderlich, die vorhandenen Trainingskonzepte, vor allem das verbale Training und die heuristischen Regeln, zu präzisieren und weiter zu entwickeln. Theoretischer Hintergrund einer solchen Methodenentwicklung müßte eine differenziertere Vorstellung von der Struktur des operativen Abbildsystems und der Regulation der Handlungsausführung auf der intellektuellen Regulationsebene sein als die Handlungsregulationstheorie sie bietet.

2.5 Ziel und Anlage der Arbeit

2.5.1 Zielstellung der Arbeit

Ziel der Arbeit ist es, ein ganzheitliches Konzept der Qualifizierung an Industrierobotern zu entwickeln, das sowohl der Arbeitstätigkeit am Industrieroboter als auch den Lernvoraussetzungen der Zielgruppe adäquat ist. Als Gegenstandsbereich wird exemplarisch das Lichtbogenschweißen (MIG/MAG) mit Industrierobotern in Organisationsformen der Werkstattprogrammierung bei relativ hohen Flexibilitätsanforderungen zugrunde gelegt. Entsprechend der Matrix der Problemfelder (Bild 2.9) wird das Gesamtziel in Teilziele gegliedert (vgl. Bild 2.10).

Gegenstandsbezogen soll ein exemplarisches und modellhaftes Konzept für die Qualifizierung zum Industrieroboter-Lichtbogenschweißen entwickelt worden, das auf andere IR Schulungskurse übertragbar ist. Spezifisch ist die Art und besondere Komplexität des gewählten Produktionsverfahrens. Das Konzept soll Aussagen und Empfehlungen zu
- Zielen und Inhalten des Kurses,
- Aufbau und Ablauf des Kurses in Lehreinheiten sowie zu
- den einzusetzenden pädagogischen Methoden
enthalten. Dieses Teilziel ist spezifisch für die IR-Technologie.

Es sollen Methoden erarbeitet werden, mit denen 1. die o.a. gegenstandsbezogenen Empfehlungen abgeleitet und begründet werden können und 2. andere Kurse zur Schulung an IR, aber auch an anderen programmgesteuerten Betriebsmitteln entwickelt werden können.

Ziele

Bearbeitungs-ebene	Entwicklung eines Kurses zum IR-Lichtbogen-schweißen	Entwicklung von Methoden	Anwendung und Kombination von Theorie und Empirie
1 Zielbildung für einen Lehrgang	o Qualifikationsanforderungen der Arbeit am IR o Übergreifende Lernziele am IR o Lernvoraussetzungen der Zielguppe o Lernziele und Lehrinhalte	o qualifizierungsbezogene Anforderungsanalyse o Normative Setzungen o Empfehlungen zur Einschätzung der Lernvoraussetzungen o Vorgehensweisen und Empfehlungen	o Handlungsregulationstheorie, Technikwissen über IR und Produktionsverfahren o Gesellschaftliche Normen, Handlungsregulationstheorie o Untersuchungen von Schleicher und Kohn/Schooler o Berliner Schule
2 Aufbau eines Lehrgangs	o Lernaufgaben am IR o Lehreinheiten am IR o Ablauf des Lehrgangs	o Prinzipien und Vorgehensweisen zur Bildung von Lernaufgaben o Prinzipien und Vorgehensweise zur Bildung von Lehreinheiten o Prinzipien der Sequenzierung, Anwendung des Vorranggraphen	o Handlungsregulationstheorie Problemlösungsforschung o Handlungsregulationstheorie Kognitionspsychologie o Lernhierarchie nach Gagné
3 Aufbau von Lehr-einheiten	o Aufbau der Lehreinheiten o Einsatz pädagogischer Methodik	o Typisierung von Lernanforderungen o Phasenkonzept, differenziert nach Lernanforderungen o Empfehlungen zum Einsatz von Aktions- und Trainingsformen	o Problemlösungsforschung Kognitionspsychologie o Problemlösungsforschung Handlungsregulationstheorie o Handlungs- und tätigkeitspsychologisch begründete Trainingsformen
4 Aufbau von Lern-schritten	o Unterstützung von Lern-schritten und Diagnose von Lerndefiziten	o Prinzipien und Hilfsmittel der kognitiven Strukturierung	o Heuristische Regeln, Kognitionspsychologie, Problemlösungsforschung

<u>Bild 2.10</u>: Überblick über die Zielstellung der Arbeit

Es sollen Vorgehensweisen und allgemeinere Empfehlungen, Kriterien und Prinzipien entwickelt werden zur
- qualifizierungsbezogenen Arbeitsanalyse als Beitrag zur Bestimmung von Lernzielen und Lehrinhalten,
- Bildung und Sequenzierung von Lehreinheiten und
- zum Einsatz pädagogischer Methoden.

Dieses Teilziel ist spezifisch für die Entwicklung von Lehrgängen und programmierbaren Betriebsmitteln, es wird exemplarisch am Lerngegenstand IR-Lichtbogenschweißen bearbeitet.

Zur <u>theoretischen Ableitung</u> und Begründung dieser Methoden soll ein Vorschlag zu einer problembezogenen Integration verschiedener Theorieansätze entsprechend Heimanns Ansatz eines "besonnen operierenden Eklektizismus" /104/ entwickelt werden. Dabei soll einerseits die psychologische Handlungsregulationstheorie in didaktische Fragestellungen eingebettet werden, um den Bezug zwischen Lehr-Lernsituation und Arbeitssituation herzustellen, andererseits soll die handlungstheoretisch orientierte pädagogische Methodik durch kognitionspsychologische Ergänzungen erweitert und präzisiert werden. Dieses Teilziel wird exemplarisch anhand der Fragen der Methodenentwicklung bearbeitet.

Der _Anspruch_ der Arbeit ist es, ein mögliches durchgängiges, theoretisch begründetes Konzept mit praktischer Anwendbarkeit zu entwickeln. Die Arbeit baut u.a. auf dem vom Verfasser geleiteten Projekt "Qualifizierung an Industrierobotern" (vgl. Anhang 5) auf und versucht, die dort erarbeiteten Ergebnisse, Erfahrungen und Fragestellungen weiter zu entwickeln.

2.5.2   Bearbeitungskonzept

Die Bearbeitung der Zielstellung baut zum ersten auf der Erfahrung aus einer Anzahl von Forschungsprojekten auf, die im Verantwortungsbereich des Verfassers durchgeführt wurden /11, 109 bis 113/, speziell auf dem von ihm geleiteten Vorhaben "Qualifizierung an Industrierobotern" /32/. Bei all diesen Vorhaben stellte sich das Problem, ob und wie der jeweilige Qualifizierungserfolg über Personen oder über Methoden besser übertragbar gemacht werden kann. Der hier eingeschlagene Weg über die Methodik führt auf die Frage, inwieweit diese Methodik auf Spezifika sich beschränken kann oder eine Vollständigkeit anzustreben hat. Im Hinblick auf die defizitäre Qualifizierungspraxis in diesem Feld erscheint es durchaus zweckmäßig, kompensatorisch auch Dinge anzusprechen, die andernorts selbstverständlich sein mögen. Es wird also nicht zuletzt im Hinblick auf eine praktische Anwendbarkeit versucht, ein möglichst durchgängiges Konzept zu entwickeln.

Die Bearbeitung der Zielstellung baut zum zweiten auf einer strukturierten Schichtung von Theorieansätzen auf, die sich je für sich schon bewährt haben. Es soll damit ein voreiliger Theoriemonismus vermieden werden, wie er z.T. auch in den o.a. Forschungsprojekten anzutreffen ist. Die Schichtung der Theorieansätze erfolgt nach den erwähnten vier Bearbeitungsebenen auf Basis des Konzeptes der Berliner Schule (vgl. _Bild 2.11_). Als Leittheorie wird die psychologische Handlungsregulationstheorie herangezogen. Auf der Ebene der Ziele und Inhalte wird sie zur Be-

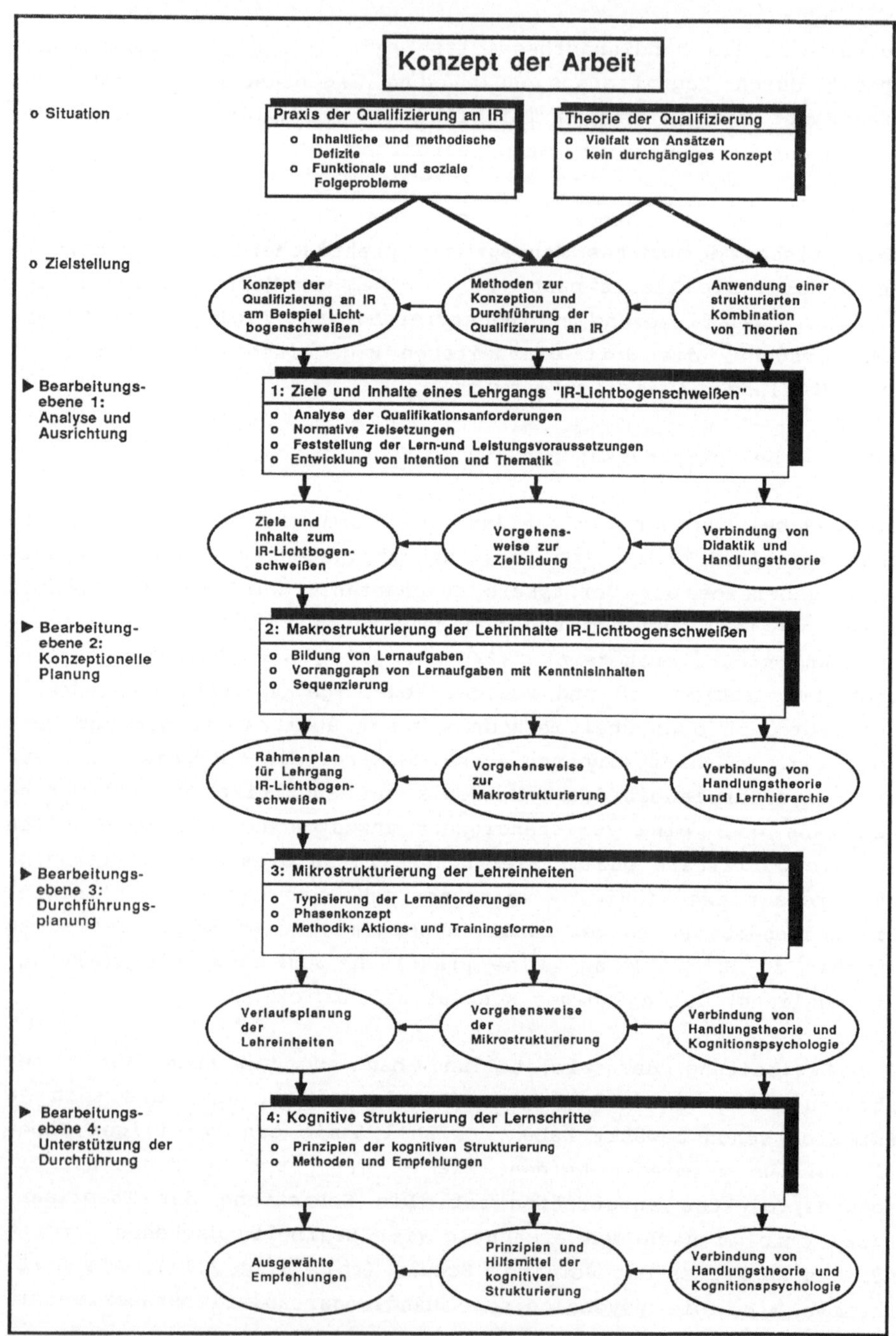

Bild 2.11: Überblick über das Bearbeitungskonzept der Untersuchung

stimmung der Intentionalität und Thematik des Lehrgangs herangezogen. Auf der Ebene der Kursstrukturierung wird sie in Verbindung mit Gagnés Idee der Lernhierarchie zur Bildung und Sequenzierung von Lernaufgaben und Lehreinheiten genutzt.

Auf der Ebene der einzelnen Lehreinheiten werden diese durch
handlungsregulatorisch und kognitionspsychologisch begründete Ansätze ausdifferenziert.

Auf der Ebene der Lernschritte schließlich wird das in der Handlungsregulationstheorie kaum ausdifferenzierte Konzept des operativen Abbildsystemes und der intellektuellen Regulation unter
Heranziehung von Ergebnissen der kognitivistischen Denk-, Lern-
und Problemlösungsforschung näher gefaßt. Daraus werden operative
Empfehlungen zur Unterstützung von Lernschritten abgeleitet.

Das theoretische Konzept fußt somit auf zwei Grundgedanken: 1.
ein durchgängiges Konzept des Arbeitens, Lernens und Lehrens und
2. eine Verbindung der psychologischen Handlungsregulationsthoe-
rie mit Ergebnissen und Ansätzen verschiedener Zweige der Kognitionspsychologie anzustreben, mit dem die Verbindung von Kognition und Aktion besser lehr- und lernbar wird.

Die Bearbeitung der Zielstellung erfolgt zum dritten auf den vier
angeführten Bearbeitungsebenen. Dabei wird ein top-down Ansatz
verfolgt, der schon eine Vorgehensweise zur Kursentwicklung impliziert.

Die Bearbeitung erfolgt weiter im Wechselbezug von konkreten,
technologiespezifischen Empfehlungen, von Methodenentwicklung und
Methodenanwendung sowie von Theorieanwendung und Begriffsbildung.
Der Bezug zur Industrieroboter-Technik ist vor allem auf den Bearbeitungsebenen 1 und 2 ausgeprägt, der Bezug zu den angespro-
chenen Theorieansätzen vor allem auf der Bearbeitungsebene 4.

2.5.3   Gliederungstechnischer Aufbau der Arbeit

Der gliederungstechnische Aufbau der Arbeit orientiert sich im Kern an den vier Bearbeitungsebenen:

o   Kapitel 1 führt in das Thema ein, Kapitel 2 entfaltet die Struktur des Themas und die Zielstellung.

o   Kapitel 3 bis 6 als Kern der Arbeit entsprechen den vier Bearbeitungsebenen:

  - Kapitel 3: Bestimmung der Ziele und Inhalte des Lehrganges,
  - Kapitel 4: Makrostrukturierung der Lehrinhalte,
  - Kapitel 5: Mikrostrukturierung der Lehreinheiten,
  - Kapitel 6: Kognitive Strukturierung der Lernschritte,

o   Kapitel 7 verortet die Arbeit, Kapitel 8 faßt sie zusammen.

In diesem Kapitel wird auf der Bearbeitungsebene 1 eine Vorgehensweise zur Bestimmung von Zielen und Inhalten der Qualifizierung vor allem aus der Arbeitstätigkeit vorgeschlagen. Ziele und Inhalte werden beispielhaft mit dieser Vorgehensweise entwickelt.

3.1 Zielbildung für die Anpassqualifizierung

3.1.1 Arbeitsaufgabe und Lernziele

Das Lernziel einer Anpassqualifizierung könnte einfach als "Beherrschung des Arbeitsablaufs" festgelegt werden. Bei näherer Prüfung eines solchen "Lernziels" stellt sich aber sehr schnell die Frage, inwieweit neben der operativen Arbeitsausführung auch Kenntnisse über Produkt, Betriebsmittel oder Arbeitsorganisation oder gar Arbeitstugenden wie z.B. Verantwortungsbewußtsein mit gemeint sind. Diese kurze Überlegung zur funktionalen Seite der Lernzielbestimmung führt auf die Diskussion der Ableitung, Legitimation, Formulierung und Überprüfung von Lehr-/Lernzielen (vgl. z.B. /115, 116/).

Für die berufliche Bildung wurde diese Diskussion dahingehend aufgegriffen, inwieweit "die Anforderungen der Arbeitswelt Ableitungsvoraussetzung für die Maßgaben der Berufserziehung sein können" /117/. Es werden vor allem zwei Gegenargumente angeführt: 1. Allein "aus der Feststellung oder Beschreibung von Sachverhalten können nach den geltenden Regeln der Logik keinerlei Normen oder Direktiven abgeleitet werden" (nach: /118/), 2.: Das Bildungssystem ist "höchstwahrscheinlich außerstande, Qualifikationen genau der Kombination und Stückelung" (zu genau den gewünschten Zeitpunkten! V.K.) "bereitzustellen, wie sie tatsächlich in Arbeitsprozessen eingesetzt werden." /119/

Für die Anpaßqualifizierung an neuen Technologien dürften solche Argumente im Analogieschluß ebenfalls gelten. Zusätzlich zur funktionalen Seite der Lernzielbestimmung ist v.a. die personale zu sehen: wegen der hohen Bedeutung von Qualifikation als sozialer Selektions- und Differenzierungsfaktor haben die Arbeitspersonen ein eigenständiges Interesse an einer breiter verwertbaren Qualifizierung bzw. Qualifikation. Die Arbeitstätigkeit ist deshalb zwar als notwendiger, aber nicht unbedingt als hinreichender Bestandteil der Lernzielbildung zu verstehen. Wenn im folgenden dennoch die funktionale, arbeitsbezogene Seite der Zielbildung betont wird, so geschieht dies in der Erwartung, daß erstens funktionale Zielbildungen den Defiziten der Schulungspraxis angemessener sind als kaum operationalisierbare personalorientierte (wie z.B. "Sozialkompetenz" /120/) und daß zweitens die reale Komplexität ganzheitlicher Arbeitsaufgaben an komplexen Betriebsmitteln einen guten Teil jener extrafunktionalen Qualifikationsanforderungen mit sich bringt, die ansonsten separat gefordert werden müssen.

3.1.2 Zur Formulierung von Lernzielen

In der Frage, wie Lernziele im Einzelnen zu formulieren sind, gibt es zwei polare Positionen: Während normativ und qualitativ-anthropologisch bestimmte Didaktik-Konzepte sehr globale Fähigkeitspostulate wie "Mündigkeit" oder "Vernunft" aufstellen, zielen behavioristisch begründete zieltaxonomische Verfahren (wie z.B. Bloom /121/) auf strikte Operationalisier- und Überprüfbarkeit (/122/, vgl. auch /123/), deren "praktische(r) Nutzen und theoretische(r) Gewinn immer auch fraglich bleibt"./124/ Aufgrund des gewählten theoretischen Ansatzes und praktischer Überlegungen wird hier eine Lernzielformulierung vorgezogen,

- die sich weder an globalen, kaum überprüfbaren Postulaten
- noch an endlosen Aufzählungen von Wissens- und Verhaltensdetails orientiert, sondern
- die statt dessen an der geforderten Arbeitstätigkeit ausgerichtet ist, in der die zu erlernenden Kenntnisse und Fähigkeiten ganzheitlich problembezogen anzuwenden sind.

3.1.3 Vorgehen zur Bestimmung der Ziele und Inhalte

Als Kern der Lernzielbestimmung soll hier eine ganzheitliche Arbeitstätigkeit zugrunde gelegt werden. Für das Lichtbogenschweißen mit Industrierobotern ist dies das Programmieren und Schweißen eines oder mehrerer Werkstücke, die für die jeweilige Produktion typisch sind. Es wird also bewußt eine Produktion mit einer wenig arbeitsteiligen Organisationsform und relativ hohen Flexibilitätsanforderungen unterstellt. Dies nicht zuletzt deshalb, weil für eine selbständige Arbeitstätigkeit unter derartigen Anforderungen eine Reihe von normativen, personalen Zielsetzungen (z.B. "Persönlichkeitsförderlichkeit" bei Hacker) auch unter rein funktionalen Aspekten nicht nur integrierbar, sondern sogar notwendig werden.

Das vorgeschlagene Vorgehen zur Bestimmung der Ziele und Inhalte der Qualifizierung beinhaltet im Kern einen Vorschlag für eine Vorgehensweise zur qualifizierungsbezogenen Analyse der Arbeitstätigkeit. Die Vorgehensweise (Abschnitt 3.3) und ihre beispielhafte Anwendung (Abschnitt 3.4) bauen auf Analyseergebnissen, Expertengesprächen, Selbstqualifizierung und Erfahrungen im Rahmen des erwähnten Projektes QIR auf /32/.

3.2 Lern- und Leistungsvoraussetzungen der Zielgruppe

Die betriebliche Personalauswahl der IR-Anwender für die Teilnahme an IR-Kursen zielt für das Lichtbogenschweißen vor allem auf Schweißer mit bisher guten Arbeitsergebnissen /125/. Dies kommt der Erfordernis von Schweißkenntnissen beim Programmieren entgegen und scheint auch Vorteile für die konzentrative Belastbarkeit zu bringen /126/. Aufgrund dieser Personaleinsatzstrategie und aufgrund förderpolitischer Vorgaben im zugrundegelegten Projekt QIR werden für das folgende als hauptsächliche Zielgruppe "an- - und ungelernte Schweißer" definiert.

Die Lern- und Leistungsvoraussetzungen der Zielgruppe sind für einen offen angebotenen Kurs vorab nicht exakt bestimmbar, was wegen der notwendigen Übertragbarkeit solcher Kurse allerdings kein allzu gravierendes Problem darstellt. Vom Einsatz psychologischer Testverfahren zur Bestimmung der individuellen Lernvoraussetzungen wird aufgrund der Erfahrungen im QIR abgeraten, da dem erforderlichen Aufwand beim Einsatz und bei der Interpretation kaum konkret nutzbare Ansätze für die Gestaltung oder Modifikation von Inhalt oder Methodik des Kurses gegenüberstünden. Für die Konzeptentwicklung des Kurses wird deshalb von den folgenden Überlegungen zur Einschätzung der Voraussetzungen der potentiellen Teilnehmer ausgegangen:

Die relativ wenigen Untersuchungen über den Zusammenhang von Arbeit und intellektueller Entwicklung /127, 128/ legen nahe, daß "das Niveau der intellektuellen Anforderungen der beruflichen Arbeitstätigkeit im Durchschnitt einen proportionalen Einfluß auf die Höhe der allgemeinen intellektuellen Leistungsfähigkeit, auf die berufsbezogenen Lernfähigkeiten und die Qualifikation" hat /129/. Dies gilt differenziert je nach Beanspruchung der jeweili-

gen Bereiche der intellektuellen Leistung (ebd.). Die Längs-
schnittstudie von Kohn und Schooler (1978, 1979, 1981) /131/
weist kausalanalytisch nach, daß "die allgemeine geistige Beweglichkeit" von der "inhaltlichen Komplexität der Arbeit" abhängt.
(/132/, vgl./133/). <u>Bild 3.1</u> zeigt ein Ergebnis einer Quer-
schnittstudie von Schleicher /134/, das darauf verweist, daß die
langfristige Ausübung unterqualifizierter Arbeit die intellektuelle Leistungsfähigkeit negativ beeinflußt. "... bei gleicher
Vorbildungsstufe wächst mit dem Lebens- und Arbeitstätigkeitsal-
ter der Unterschied in bestimmten geistigen Leistungen in Abhängigkeit vom Anforderungsniveau der Tätigkeit." /135/ "Schleicher
(1973) leitet daraus die Schlußfolgerung ab, daß die intellektuelle Entwicklung im Jugendalter wahrscheinlich stärker durch
die Bildungsbedingungen, im Erwachsenenalter stärker durch die
Tätigkeitsanforderungen bestimmt ist" /136/.

Es ist demnach davon auszugehen, daß sich die Zielgruppe - vor
allem bei langjähriger, gleichartiger Ausübung der Tätigkeit und

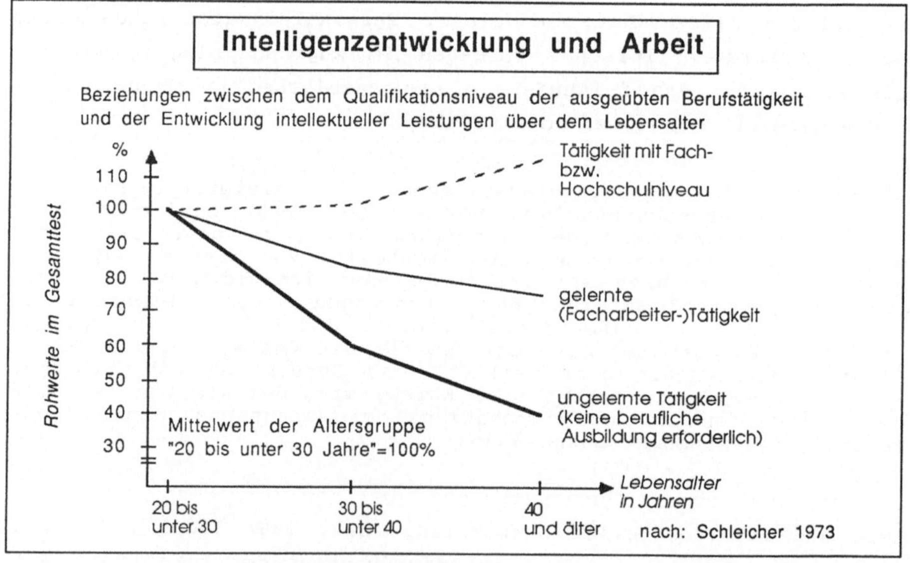

<u>Bild 3.1</u>: Beziehungen zwischen dem Qualifikationsniveau der
ausgeübten Berufstätigkeit und der Entwicklung
intellektueller Leistungen über dem Lebensalter
(Intelligenzstrukturtest IST nach Amthauer) /13/

im Falle fehlender Berufsausbildung - in ihren tätigkeitsbezoge-
nen Kenntnissen und intellektuellen Leistungen den Anforderungen
ihrer Tätigkeit Handschweißen tendenziell angleicht. D.h., es ist
u.a. von einer anschauungsorientierten Vorerfahrung vor allem an
konkret-gegenständlichen Objekten und einer eher pragmatischen,
an Versuch und Irrtum orientierten Arbeitsweise als von einem systematisch-vorbedenkenden Arbeitsstil auszugehen. Die Kenntnisse
werden sich - je nach abgelegten Schweißprüfungen und praktischer
Inanspruchnahme - auf die Technik des Handschweißens begrenzen.
An Tiefe und Exaktheit der Kenntnisse sollten keine überzogenen
Erwartungen gestellt werden. Auch bei Facharbeitern sollte von
Kenntnisdefiziten ausgegangen werden. Die Lernbereitschaft wird
aufgrund von Erfahrungen in anderen Qualifizierungsprojekten,
aufgrund der Faszination der Robotertechnologie und aufgrund der
allgemeinen Arbeitsmarktlage als grundsätzlich positiv eingeschätzt, sofern Arbeitsplatzängste /138/ abgebaut werden können.
Die Lernfähigkeit bzw. Lerngewohntheit wird bei jungen Facharbeitern, deren Lehre erst wenige Jahre zurückliegt, höher sein als
bei älteren Arbeitnehmern, da gewerbliche Arbeitnehmer, vor allem
An- und Ungelernte, in Maßnahmen der beruflichen Weiterbildung
nur sehr wenig vertreten sind. /15/

Diese zu unterstellende Struktur der Lern- und Leistungsvoraussetzungen der Zielgruppen - von der es durchaus Abweichungen geben kann - hat für die Zielbildung eines IR-Lehrgangs die Konsequenz, daß bei den Zielen, Inhalten und Methoden Kompensationser-
fordernisse zu beachten sein werden, wenn das Gesamtziel erreicht
werden soll.

3.3   Vorschlag für eine Vorgehensweise zur qualifizierungs-
        bezogenen Anforderungsanalyse

Zweck der zu entwickelnden Vorgehensweise ist die Analyse von kognitiv bestimmten Arbeitstätigkeiten an frei programmierbaren Betriebsmitteln, speziell von Bedien- und Programmiertätigkeiten an
Industrierobotern der Werkzeughandhabung, für die Bestimmung von
Zielen und Inhalten von Qualifizierungsmaßnahmen für diese Tätigkeiten. Eine Aufarbeitung von Primär- und Sekundärquellen zu Methoden der Arbeitsanalyse (vgl. Anhang A 3.1) hatte keinen Hin-

weis auf ein für den Analysezweck und den Analysegegenstand geeignetes Instrument ergeben. Es wurde deshalb ein eigener Vorschlag entwickelt. (Eine ausführliche Darstellung findet sich in Anhang A 3.)

Für eine qualifizierungsbezogene Arbeitsanalyse sind - im Unterschied etwa zu einer rein psychologischen Arbeitsanalyse - zwei Ausrichtungen erforderlich: neben allgemeinen Strukturmerkmalen der psychischen Anforderungen, die in allgemeinen, abstrakten Kategorien zu erfassen sind, sind die geforderten Kenntnisse, Fertigkeiten und Fähigkeiten konkret inhaltlich zu benennen. Die erste Ausrichtung dient primär der Festlegung übergreifender Lernziele sowie der Strukturierung der Lehrinhalte und Methoden der Vermittlung, die zweite dient primär der Auswahl und Festlegung der Lehrinhalte.

Es ist davon auszugehen, daß die Anforderungsstrukturen der zu untersuchenden Arbeitstätigkeiten durch die Anwendung vielfältigen Wissens, durch konzeptionelles und problemlösendes Denken und durch eine Methodik des Arbeitens gekennzeichnet sind (vgl. 2.1.1). Die zu entwickelnde Vorgehensweise sollte deshalb vor allem darauf ausgerichtet sein, die erforderlichen Wissensbestände und die intellektuelle Regulation des Arbeitshandelns zu differenzieren. Andererseits sollte das Verfahren für Praktiker der betrieblichen Weiterbildung anwendbar bleiben, also nicht zu aufwendig und komplex sein.

Es wird deshalb eine relativ einfache Vorgehensweise vorgeschlagen:
1. Festlegung und Erfassung der Arbeitstätigkeit,
2. Analyse der psychoregulativen Anforderungsstruktur und
3. Analyse der Kenntnisanforderungen.

3.3.1 Festlegung und Erfassung der Arbeitstätigkeit

Im allgemeinen können nicht alle in Frage kommenden Arbeitstätigkeiten vor einer Qualifizierungsmaßnahme analysiert werden. Speziell bei Umstellungen von Betriebsmitteln oder Produkten sind die Arbeitstätigkeiten in allen Einzelheiten noch gar nicht be-

kannt. Als Analysegegenstand soll deshalb eine möglichst typische
ganzheitliche Arbeitstätigkeit festgelegt werden. D.h.:

1. Die Analyse ist aufgabenorientiert, nicht objektorientiert,
   da die Qualifizierung sich auf das ganze Arbeitshandeln er-
   strecken soll und nicht nur auf das Betriebsmittel und seine
   Bedienung.
2. Diese Arbeitstätigkeit soll ganzheitlich sein, soll also
   - keine isolierte Teiltätigkeit, sondern
   - zu einem prüffähigen Arbeitsergebnis führen und soll
   - die Planung und Kontrolle der Arbeitsausführung ein-
     schließen.

Beide Gesichtspunkte begründen sich aus der Arbeitspraxis und der
Theorie der Handlungsregulation.

3. Die Arbeitstätigkeit soll typisch sein, soll also häufig vorkommen und eine mittlere Komplexität und Schwierigkeit aufweisen, damit einerseits alle wichtigen Anforderungen auftauchen und andererseits nicht sehr spezielle Fragen die Analyse belasten.

Die Randbedingungen der Arbeitsausführung, also vor allem technische Bedingungen wie Betriebsmittel (Typ, Zustand), Werkzeuge,
Meßzeuge etc. und organisatorische Bedingungen wie Zeiten, Ar-
beitsunterlagen, Kooperationsbeziehungen etc. sind mit zu erfassen.

Die festgelegte Arbeitstätigkeit - z.B. Programmieren der Bearbeitung eines bestimmten Werkstücks - wird in eine Folge von
nicht zu klein bemessenen Teilvorgängen oder Arbeitsschritten gegliedert, wobei weniger deren genaue Abfolge als vielmehr ihre
inhaltliche Abgeschlossenheit wichtig ist. Sofern Handlungsalternativen bestehen, sind die Entscheidungen als separate Arbeitsschritte mit aufzunehmen.

Ergebnis dieses ersten Schrittes der Analyse ist eine klare Abgrenzung des Untersuchungsgegenstandes. Diese Abgrenzung ist
durchaus auch im Rahmen einer Planung machbar, beinhaltet dann
aber u.U. gewisse Unsicherheiten. Eine derartige Beschreibung eines Arbeitsablaufes kann im übrigen durchaus ein sinnvolles Kor-
rektiv einer technischen Planung sein, da sie u.U. Schwachstellen
aufdeckt.

3.3.2   Entwicklung eines Kategorienschemas zur Analyse von qualifizierungsrelevanten Strukturmerkmalen der Arbeitstätigkeit

Qualifizierungsmaßnahmen für industrielles Arbeiten zielen darauf ab, die individuellen Leistungsvoraussetzungen für ein forderungsgerechtes Arbeitshandeln herzustellen oder zu verbessern.

Bei kraft- und geschicklichkeitsbetonten Tätigkeiten zielt die Qualifizierung eher auf den Erwerb von Fertigkeiten, bei kognitiv bestimmten Tätigkeiten zielt sie eher auf eine Verbesserung der psychischen Regulationsgrundlagen vor allem auf der intellektuellen, z.T. auf der perzeptiv-begrifflichen Regulationsebene ab. Hierfür ist ein geeignetes Kategorienschema zu entwickeln.
Dieses Kategorienschema zur Analyse von qualifizierungsrelevanten Strukturmerkmalen der Tätigkeit wird über ein differenzierteres Modell der psychischen Regulation begründet und an den verwendeten theoretischen Kontext angebunden:

In diesem differenzierten Modell der psychischen Regulation wird der in den VVR- bzw. TOTE-Einheiten (vgl. Anhang 3.3) wesentliche Vergleich differenziert in "Analyse und Diagnose" sowie "Entscheidung und Beurteilung", weil er realiter komplexer ist, als jene Modelle es nahelegen. Dies gilt v.a. für Problemlösungsaufgaben, bei denen die Analyse eine bestimmende Rolle einnimmt.

Das Modell (<u>Bild 3.2</u>) besagt im wesentlichen folgendes:
Das <u>Ziel</u> der Handlung entstammt der nächsthöheren Ebene der Zielhierarchie. Die psychische Regulation entwickelt unter Berücksichtigung der objektiven Erfüllungsbedingungen (also z.B. Betriebsmittel, Arbeitsorganisation), der individuellen Leistungsvoraussetzungen (Motivation, Kompetenz, Kraft, Geschicklichkeit) und vorausgegangener Handlungen einen Handlungsentwurf.
Dies geschieht durch eine Analyse der Sachlage, der Ziel-Mittel-Weg-Verhältnisse und der Identifikation von Rahmenbedingungen der Handlung (<u>"Analyse und Diagnose"</u> der vorgefundenen Sachlage). Dazu werden Wissensbestandteile über die Arbeit etc. aus dem OAS herangezogen. Aufgrund der Analyse werden im allgemeinen <u>Entscheidungen und Bewertungen</u> über Relevanz, Richtigkeit oder Merkmalsausprägungen von Elementen der Arbeit getroffen. Aufgrund dieser geistigen Strukturierung der vorgefundenen Sachverhalte im Hinblick auf die Zielsetzung wird - zunächst hypothetisch - die auszuführende <u>Handlung entworfen.</u> Diese wird im Vergleich mit den Wissenbestandsteilen aus dem OAS auf Machbarkeit, Zweckmäßigkeit, Risiken, Ökonomie und Notwendigkeit weiterer Detaillierung geprüft (<u>Analyse und Diagnose</u> des Handlungsentwurfs). Danach wird über die motorische Handlungsausführung <u>entschieden</u>, die dann

durchaus eine weitere Regulation auf der perzeptiv-begrifflichen
oder sensumotorischen Ebene enthalten kann.

In einfachen Fällen können durchaus Schritte dieses Ablaufs entfallen. Die übergeordnete Regulation, wie differenziert diese intellektuelle Regulation unmittelbar bevorstehender Handlungen nun
jeweils zu erfolgen hat, erfolgt im Prinzip nach einem gleichartigen Prozeß auf der nächsthöheren Ebene der hierarchisch-sequentiellen Handlungsregulation. Das Modell beinhaltet also eine
hierarchische Iteration, deren unterste Ebene durch die praktische, motorische Handlungsausführung bestimmt ist.

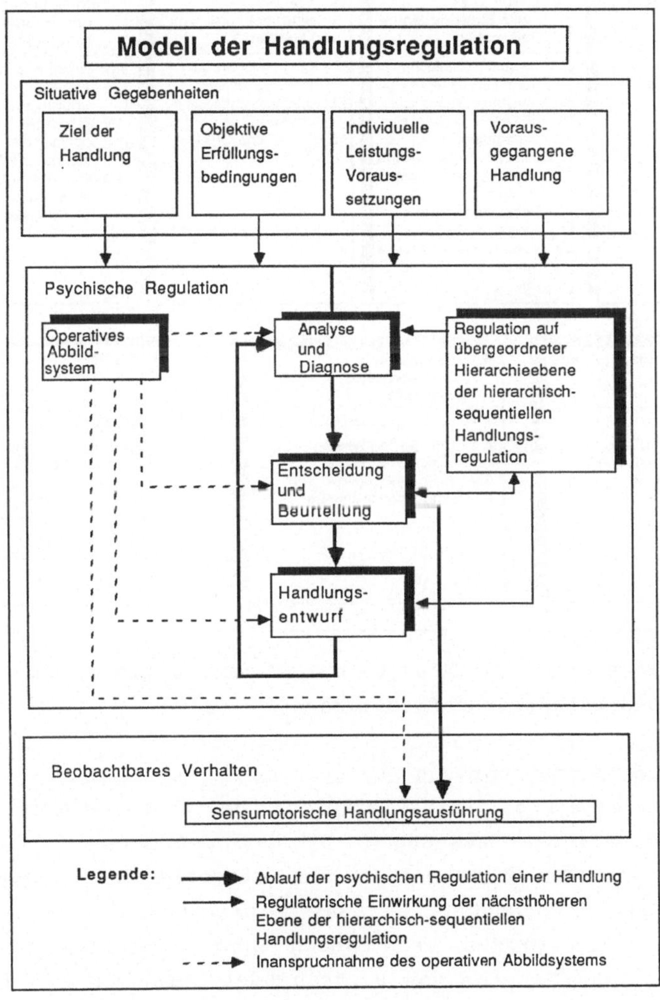

<u>Bild 3.2</u>: Vorschlag für erweitertes Modell der psychischen
Regulation

Ausgehend von dem vorgeschlagenen Modell wurde die erwähnte, relativ einfache Kategorisierung von Strukturmerkmalen der Handlungsregulation bei stärker kognitiv bestimmten Tätigkeiten entwickelt (Bild 3.3).

Bild 3.3: Kategorien zur Analyse der Strukturmerkmale von Qualifikationsanforderungen

1. Kategorie "Sensumotorische Leistungen"

Beobachtbare Äußerung der skizzierten geistigen Prozesse sind letztlich körperliche Bewegungen, die vom zentralen Nervensystem geregelt werden. Es wird deshalb die Kategorie der sensumotorischen Leistungen eingeführt. Da sensumotorische Leistungen am Industrieroboter im Großen und Ganzen wenig leistungsbestimmend sind - außer beim Teachen von Punkten oder bei Eingaben über Tastaturen - wird die Kategorie lediglich in drei Unterkategorien nach dem erforderlichen Grad an Kraft bzw. Geschicklichkeit differenziert.

2. <u>Kategorie "Behaltens- und Reproduktionsleistungen"</u>
Reproduktionsleistungen beinhalten das innere (gedachte) oder
äußere (sprachlich oder schriftliche) Präsentmachen von gelernten
Gedächtnisinhalten (im Unterschied zur Verarbeitungsleistungen,
wo vorhandene Gedächtnisinhalte zu neuen verknüpft werden).

3. <u>Kategorie "Analytisch-diagnostische Leistungen"</u>
Die analytisch-diagnostische Leistungen umfassen die Aufgliede-
rung eines Sachverhaltes in seine Bestandteile und deren Zusammenhänge sowie die Untersuchung, ob bestimmte erwünschte oder un-
erwünschte Merkmale vorliegen oder nicht. Sie können sich auf
konkret-gegenständliche Objekte wie z.B. Werkstücke, auf ab-
strakt-symbolische Objekte wie z.B. Programme oder auf Kombinationen von beiden beziehen wie z.B. bei der Analyse von Schweißfehlern.

4. <u>Kategorie "Entscheidungs- und Beurteilungsleistungen"</u>
Entscheidungs- und Beurteilungsleistungen beinhalten die Entscheidung für oder gegen eine Alternative aus mehreren bzw. die
Zuerkennung eines bestimmten Prädikats zu einem Sachverhalt. Sie
werden in zunächst zwei Unterkategorien aufgeteilt. Algorithmisierte Entscheidungs- und Beurteilungsleistungen sind gekennzeichnet durch vollständige Information und vollständige Regeln
der Entscheidungsfindung ohne leistungsdifferenzierende Freiheitsgrade. Sie treten typisch auf im Zusammenhang mit den formalen, syntaktischen Anforderungen der Programmierung. Bei qualitativen Entscheidungs- und Beurteilungsleistungen sind feste Regeln
nur begrenzt verfügbar, z.T. ist auch von fehlender Information
auszugehen. Es kommt deshalb auf geschickte Kombination der verfügbaren Information z.B. anhand von Erfahrungswissen und auf die
Würdigung gradueller Unterschiede an. Qualitative Entscheidungs-
und Beurteilungsleistungen treten typisch auf im Zusammenhang mit
der Beurteilung von Werkstücken. Da Kombinationen beider Kategorien - z.B. bei der Parameteroptimierung - besondere Anforderungen stellen, wird als dritte Unterkategorie die Kombination der
beiden obigen eingeführt.

5. Kategorie "Synthetisch-konzeptionelle Leistungen"

Die "synthetisch-konzeptionellen Leistungen" beinhalten die Erstellung einer neuen Struktur oder eines neuen Ablaufs, die sowohl als konkrete Problemlösung (z.B. Anpassung einer Vorrichtung) als auch als abstraktes Konzept (z.B. Unterprogrammstruktur) auftauchen kann. Beiden ist gemeinsam, daß Elemente und Beziehungen zwischen Elementen zielorientiert neu geschaffen oder zusammengefügt werden.

6. Kategorie "Systematisch-vorbedenkender Arbeitsstil"

Die Kategorie "Systematisch-vorbedenkender Arbeitsstil" beschreibt alle diejenigen Regulationsvorgänge auf den Ebenen oberhalb der unmittelbaren Handlungsregulation, also die "Meta-Regulation" oder die übergeordnete, weiterreichende Regulation im Modell der hierarchisch-sequentiellen Handlungsregulation.

7. Kategorie "Übergreifende Anforderungen"

Die nähere Betrachtung der Tätigkeiten am Industrieroboter hat gezeigt, daß neben den genannten allgemeinen Strukturmerkmalen der Qualifikationsanforderungen einige weitere, z.T. spezifischere Anforderungen bedeutsam sind. Sie werden in einer Restkategorie zusammengefaßt, die im Modell keine direkte Entsprechung hat und eher den individuellen Leistungsvoraussetzungen zuzuordnen ist.

Die einzelnen Anforderungen sind:

Das räumliche Vorstellungsvermögen beinhaltet die Strukturierung der visuellen Wahrnehmung und die geistige Vorstellung der räumlichen Lage, Orientierung und Bewegung von Objekten im dreidimensionalem Raum. Die Anforderungshöhe hängt unter anderem ab von der Anzahl der Objekte, der Art und Verbundenheit ihrer Bewegungen (Koordinatensystem und kinematische Kette) und den vorliegenden Sehgewohnheiten.

Der Umgang mit abstrakt-symbolischen Objekten beinhaltet die Benennung, Kommunikation, Nutzung und Manipulation von abstrakten und symbolischen Objekten wie Raumpunkten, Programmierbefehlen, Programmstrukturen.

Die Exaktheit im Umgang mit gegenständlich konkreten bzw. abstrakt-symbolischen Objekten wird danach eingestuft, inwieweit besondere Sorgfalt und Detailbeachtung erforderlich ist, um Fehler oder Mängeln im Arbeitsergebnis z.B. durch Nichteinhaltung von Toleranzen oder Syntaxvorschriften zu vermeiden.

Die **Integration** mehrerer Kenntnisgebiete beschreibt, inwieweit Wissensbestandteile aus unterschiedlichen, sachlich an sich unabhängigen Sachgebieten zur Analyse oder Problemlösung berücksichtigt oder aufeinander bezogen werden müssen.

3.3.3 Analyse der qualifizierungsrelevanten Strukturmerkmale

Die einzelnen Arbeitsschritte einer Arbeitsaufgabe werden nach Wichtigkeit in den benannten Kategorien bzw. Unterkategorien eingestuft. (Einzelheiten s. Anhang A 3.5.2 und A 3.5.3.) Die Einstufung gibt - zusammen mit den geforderten Kenntnissen - Hinweise darauf, welche Arbeitsschritte oder Teiltätigkeiten und welche Kenntnis- und Regulationsanforderungen besonders wichtig sind und deshalb in der Qualifizierung besonders sorgfältig beachtet werden müssen. Die Einstufung hat zusätzlich den Eigenwert, daß sie die differenzierte Auseinandersetzung des Analytikers mit dem Sachgebiet fördert.

3.3.4 Analyse der Kenntnisanforderungen

Zweck der Analyse der Kenntnisanforderungen ist die möglichst vollständige Sammlung und sachlogisch korrekte Strukturierung der für eine forderungsgerechte Arbeitsausführung erforderlichen Kenntnisinhalte. Die Analyse der Kenntnisanforderungen ist primär auf den Aufbau einer aufgabenbezogenen Sachlogik auszurichten. Für jeden einzelnen Arbeitsschritt wird geprüft, welche konkreten Kenntnisinhalte oder speziellen Fertigkeiten erforderlich sind. Dies geschieht durch Selbstbeobachtung der eigenen Arbeitsausführung oder in Beobachtungsinterviews bei fremder Arbeitsausführung. Eine Analyse in Planung befindlicher Arbeitsinhalte ist möglich, beinhaltet aber Unsicherheiten. Leitfragen sind Fehlermöglichkeiten, Ziele und Begründungszusammenhänge.

Die in Form einer Liste ermittelten Kenntnisinhalte pro Arbeitsschritt werden unter sachlogischen Gesichtspunkten systematisiert, z.B. in Form einer Dezimalgliederung. Erforderliche oder wünschenswerte Grundlagenkenntnisse (z.B. über den Aufbau des Betriebssystems) sind einzubeziehen, wobei selbstverständlich andere Informationsquellen wie z.B. Bedienungsanleitungen oder Lehrbücher zu nutzen sind.

3.4 Qualifikationsanforderungen beim Lichtbogenschweißen mit IR

3.4.1 Arbeitsschritte beim Lichtbogenschweißen mit IR

Im Rahmen des Projektes QIR wurden ca. 20 Arbeitsanalysen, dazu Expertengespräche und Selbstqualifizierungen durchgeführt /140/, auf denen hier aufgebaut wird. Eine erste, wesentliche Aussage ist, daß wegen der Werkstück- und Fabrikatsabhängigkeit der Tätigkeitsabläufe kein allgemeingültiger stringenter Algorithmus für die Programmierung beim IR-Schweißen festgelegt werden kann.

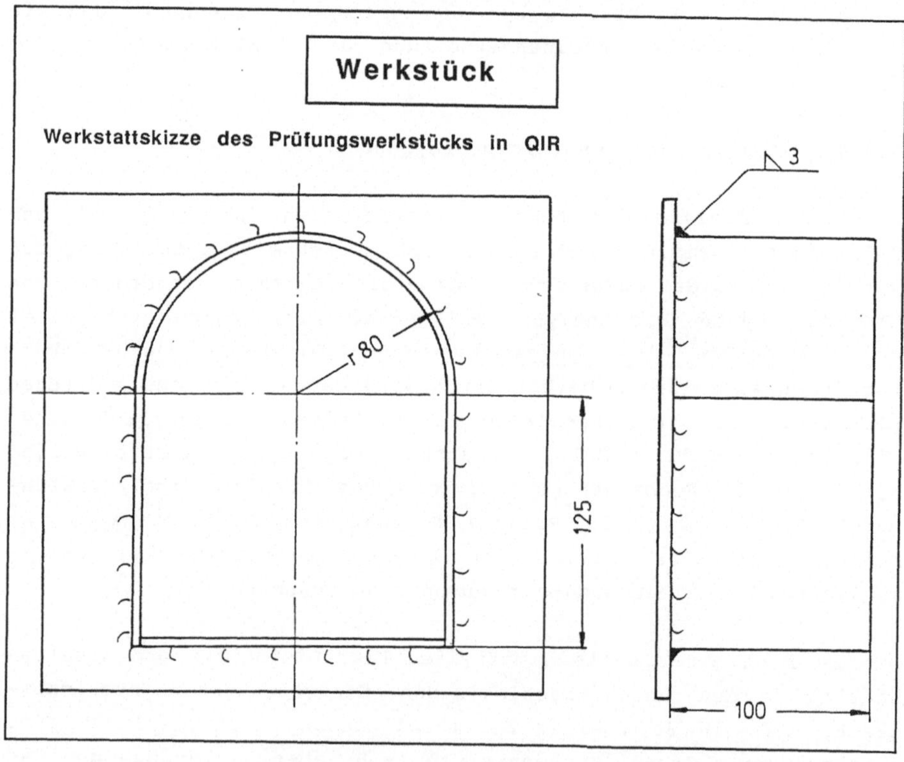

Bild 3.4: Werkstattskizze des Prüfungswerkstückes in QIR /141/

Es ist aber eine Reihe von typischen Arbeitsschritten identifizierbar, die bei derartigen Arbeitsaufgaben immer wieder auftreten. Für die Analyse kann es zweckmäßig sein, die Arbeitsschritte stärker zu differenzieren oder zu aggregieren, entsprechendes gilt für die eingesetzten Gerätetypen. So werden hier die Schritte 3.4 "Aufnehmen der Punkte" und 3.5 "Programmeingabe" getrennt ausgewiesen, erstens weil dies logisch unterschiedliche Schritte sind und zweitens weil in einigen IR-Systemen mit textueller oder off-line-Programmierung diese Vorgänge getrennt sind. Die weiteren Analysen und Konzeptionen beziehen sich, so nicht anders vermerkt, auf die in Bild 3.5 dargestellte typische Folge von Arbeitsschritten. Konkret zugrundegelegt für die folgende Analyse wird das Schweißen eines Werkstückes nach (vgl. Bild 3.4), wie es für die Abschlußprüfung im Projekt QIR verwandt wurde.

Kern der Tätigkeit ist das Erstellen des Verfahrprogramms in mehreren Arbeitsschritten und die Erweiterung dieses Verfahrprogramms durch die Einbeziehung der schweißspezifischen Parameter. Vorgelagert sind einige vorbereitende Tätigkeiten; nachgelagert ist die eigentliche Produktion im Automatikbetrieb. Das Bild zeigt einen idealtypischen Ablauf: die angegebene Reihenfolge ist nicht unbedingt zwingend (z.B. könnte das Anlegen der Schutzkleidung (1.1) durchaus erst vor dem Einstellen der Schweißanlage (4.4) erfolgen). Es sind auch nicht immer vorkommende Arbeitsschritte enthalten (z.B. 3.2 "Entwickeln des Bewegungsablaufs der Peripherie"). Mögliche Schleifen (z.B. nochmaliges Überprüfen der Schweißanlage (1.3) nach dem Schweißtest (4.5)) sind nicht separat ausgewiesen. Diese Dinge sind aber meines Erachtens hier nicht wesentlich, da es nicht um die Vorgabe einer speziellen "optimalen" Arbeitsvorschrift geht, sondern um die Bestimmung von Zielen und Inhalten für einen Grundkurs des Bahnschweißens mit IR.

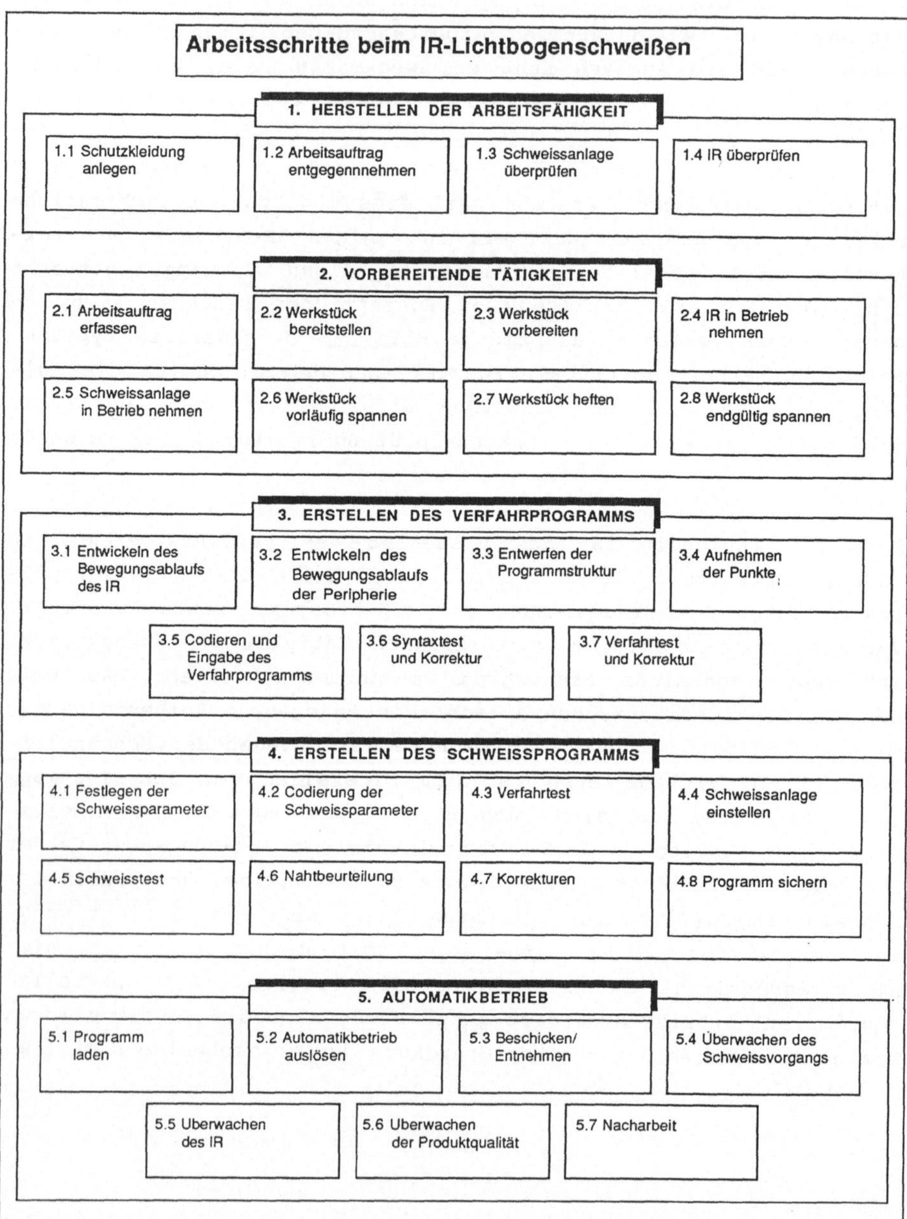

Bild 3.5: Typische Arbeitsschritte beim Lichtbogenschweißen mit IR

3.4.2 Anforderungen an die psychische Regulation

Die Anforderungen an die psychische Regulation wurden anhand des entwickelten Kategorienschemas (s. 3.3.2) eingestuft. Dazu wurde für jeden der Arbeitsschritte aus Bild 3.4 jede Dimension auf einer Skala 0 bis 5 anhand von Ankerbeispielen nach Anforderungshöhe eingestuft. Da für Qualifizierungsmaßnahmen schon das einmalige Auftreten einer Anforderung bedeutsam ist, wurde das Profil der pro Arbeitsfeld und insgesamt maximal auftretenden Anforderungen gebildet, in dem die Einzeleinstufungen über arithmetische Mittelwertbildungen auf einen Index 0 bis 10 normiert wurden. Zum Vergleich ist eine Analyse des Schweißens desselben Werkstückes von Hand mitaufgenommen (Einzelheiten vgl. A 3.6).

Folgende Merkmale der Anforderungen an die psychische Regulation sind aus Bild 3.6 erkennbar:

1. Die Anforderungen beim IR-Schweißen sind differenzierter und durchweg höher als beim Handschweißen. Dies rührt u.a. daher, daß nahezu alle Teiltätigkeiten des Handschweißens - zumindest bei manueller Nacharbeit - immer noch vorkommen, daß aber beim IR-Schweißen eine Reihe zusätzlicher Anforderungen gestellt sind.

2. Die Anforderungen konzentrieren sich auf die Verfahr- und Schweißprogrammierung; diese Arbeitsfelder prägen das Gesamtbild.

3. Die sensumotorischen Leistungen treten deutlich hinter den kognitiven zurück.

4. Prägend ist die Kombination
   - von Behaltens- und Reproduktionsleistungen von Wissenselementen unterschiedlicher Art;
   - analytisch-diagnostischen Leistungen an unterschiedlichen Objekten;
   - Entscheidungs- und Beurteilungsleistungen an unterschiedlichen Objekten.

Bild 3.6: Anforderungen an die psychische Regulation beim Lichtbogenschweißen mit Industrieroboter und von Hand
(siehe nächste Seite)

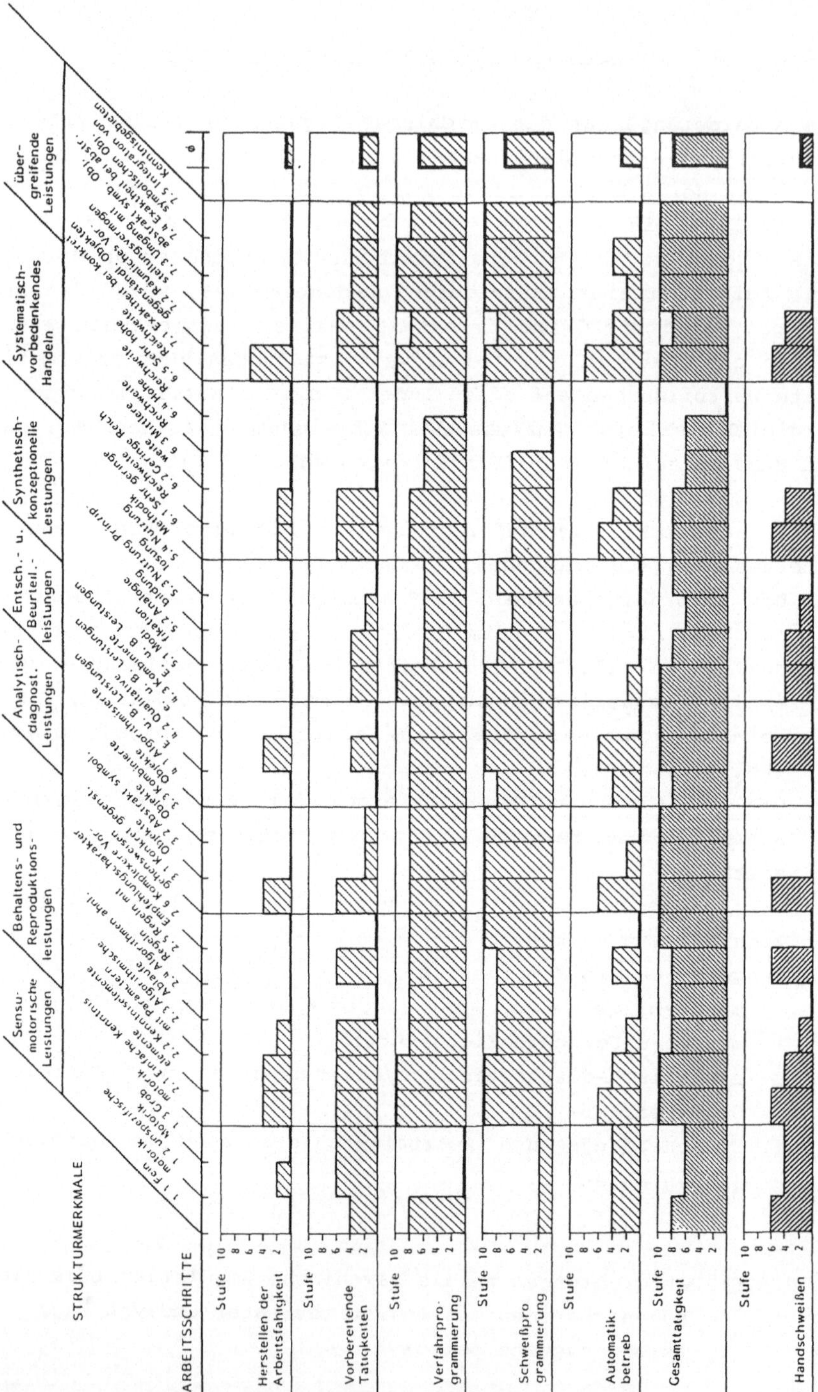

STRUKTURMERKMALE

ARBEITSSCHRITTE

Sensu-motorische Leistungen — Behaltens- und Reproduktions-leistungen — Analytisch-diagnost. Leistungen — Entsch.- u. Beurteil.-leistungen — Synthetisch-konzeptionelle Leistungen — Systematisch-vorbedenkendes Handeln — übergreifende Leistungen

1.1 Feinmotorik
1.2 unspezifische Motorik
1.3 Grobmotorik
2.1 Einfache Kenntniselemente
2.2 Kenntniselemente mit Parametern
2.3 Algorithmische Abläufe
2.4 Algorithmen ähnl.
2.5 Regeln mit Empfehlungscharakter
2.6 Komplexere Vorgehensweisen
3.1 Konkret gegenst. Objekte
3.2 Abstrakt symbol. Objekte
3.3 Kombinierte Objekte
4.1 Algorithmisierte E.- u. B.-Leistungen
4.2 Qualitative e.- u. B.-Leistungen
4.3 Kombinierte E.- u. B.-Leistungen
5.1 Modifikation
5.2 Analogiebildung
5.3 Nutzung Prinziplösung
5.4 Nutzung Methodik
6.1 Sehr geringe Reichweite
6.2 Geringe Reichweite
6.3 Mittlere Reichweite
6.4 Hohe Reichweite
6.5 Sehr hohe Reichweite
7.1 Exaktheit bei konkret gegenständl. Objekten
7.2 Räumliches Vorstellungsvermögen
7.3 Umgang mit abstrakt symb. Obj.
7.4 Exaktheit bei abstr. symbolischen Obj.
7.5 Integration von Kenntnisgebieten

ø

1. Herstellen der Arbeitsfähigkeit — Stufe 10 8 6 4 2
2. Vorbereitende Tätigkeiten — Stufe 10 8 6 4 2
3. Verfahrprogrammierung — Stufe 10 8 6 4 2
4. Schweißprogrammierung — Stufe 10 8 6 4 2
5. Automatikbetrieb — Stufe 10 8 6 4 2
• Gesamttätigkeit — Stufe 10 8 6 4 2
• Handschweißen — Stufe 10 8 6 4 2

5. Synthetisch-konzeptionelle Leistungen sind deutlich ausgeprägt. Ihre Höhe hängt stark ab vom subjektiven Neuheitsgrad zur jeweiligen Problemstellung, also vor allem vom Werkstück. In der Praxis wird man im allgemeinen davon ausgehen können, daß nicht zuletzt bei einer Ähnlichkeit der produzierten Werkstücke die Nutzung vorhandener Lösungen mittels Modifikation oder Analogieschlüssen vor der methodischen Erarbeitung neuer Lösungen dominiert. Dies schließt aber nicht aus, daß auf der Ebene der Lösung von Teilproblemen durchaus derartige Leistungen bedeutsam werden.

6. Auch beim systematisch-vorbedenkenden Arbeitsstil liegt eine eindeutige Abhängigkeit von der konkreten Aufgabenstellung vor. Aufgrund des zugrunde liegenden relativ einfachen Werkstückes sind hier die Formen geringer und mittlerer Reichweite besonders ausgeprägt. Bei komplexeren Werkstücken, z.B. wenn Abhängigkeiten von Werkstück, Vorrichtungsbau und Zugänglichkeit durch den IR zu beachten sind, sind hier wie auch bei den syntetisch-konzeptionellen Leistungen deutlich höhere Anforderungen gegeben.

7. Die "übergreifenden" Leistungen sind geprägt durch die programmier-typische Anforderung der Exaktheit, durch räumliches Vorstellungsvermögen beim Verfahren des IR und durch die Erfordernis, verschiedene Kenntnisgebiete - im allgemeinen Programmier- und Schweißkenntnisse zusammenzuführen.

Es sind also eine Vielzahl von Denkleistungen erforderlich, die in ihrer Bedeutung für das Arbeitsergebnis über die motorische Handlungsausführung dominieren. Insgesamt kommt es bei der Tätigkeit darauf an, erstens eine im allgemeinen mehrstufige Handlungsstrategie zu entwickeln, und zweitens innerhalb derselben vielfältiges Wissen in einer Folge von Denkoperationen (Analyse/-Synthese/Entscheidung) auf eine Zielsetzung hin zu verarbeiten.

Die Anforderungsverschiebungen gegenüber dem Handschweißen sind dadurch begründet, daß gegenüber dem Handschweißen zwischen die Wahrnehmung der Schweißaufgabe und ihre Ausführung der mehrstufige Prozeß der Transformation des Lösungsweges in die Leistungsmerkmale und formalen Strukturen des IR zwischengeschaltet werden muß. Eine solche "mittelbare Aufgabenbearbeitung" verlangt ein Mehr an Wissen, an Vorbedenken, an Methodik als eine manuelle,

unmittelbare Aufgabenbearbeitung, bei der Ergebniskontrolle und
-korrektur sehr direkt erfolgen können.

Für Konzepte von Qualifizierungsmaßnahmen folgt im Hinblick auf
die Lernvoraussetzungen der Zielgruppe daraus, daß Lernaufgaben
auf Basis dieser Anforderungsstrukturen so geschaffen und so se-
quenziert werden müssen, daß diese strukturell bedeutsame Anforderungsverschiebungen stufenweise bewältigt werden können.

3.4.3 Kenntnisinhalte beim Lichtbogenschweißen mit IR

Im ersten Schritt der Analyse der Kenntnisanforderungen werden
den Arbeitsschritten (vgl. Bild 3.5) solche Kenntnisanforderungen
zugeordnet, deren Erfordernis sich unmittelbar aus dem Arbeits-
vollzug erkennen läßt (Bild 3.7).

Schon mit diesem ersten Analyseschritt ist klar, daß eine sachgerechte Qualifizierung für das IR-Lichtbogenschweißen sich nicht
auf die reine IR-Programmierung begrenzen kann:

o	schweißtechnische und IR-bezogene Kenntnisinhalte sind er-
	forderlich,
o	in vielen einzelnen Arbeitsschritten sind beide Sachgebiete
	gemeinsam gefordert,
o	etliche Kenntnisinhalte werden mehrfach verlangt.

In Bild 3.7 sind die Kenntnisanforderungen z.T. isoliert, z.T.
als Teiltätigkeiten und z.T. unterschiedlich aggregiert formuliert. Die Systematisierung im nächsten Analyseschritt bezieht
die erforderlichen Grundlagenkenntnisse aus drei Gründen mit ein:

1.	Das Ziel selbständigen, flexiblen Arbeitens verlangt von den
	Werkern Urteilsfähigkeit und nicht bloße Reproduktion von
	atomisiertem Wissen, verlangt also Kenntnisse über Zusammen-
	hänge und Funktionsweisen, auch wenn diese nicht unmittelbar
	operational umsetzbar sind.
2.	Mit der Vermittlung von kohärentem gegenüber inkohärentem,
	atomisiertem Wissen sind Effektivierungsmöglichkeiten der Un-
	terweisung gegeben, da menschliches Lernen Zusammenhänge bes-
	ser verarbeitet als isolierte Fakten.
3.	Abstraktes und allgemeines Wissen veraltet langsamer als
	operatives und konkretes Wissen /142/.

Bild 3.7:	Arbeitsschritte beim Lichtbogenschweißen mit IR
	und unmittelbar zuordenbare Kenntnisanforderungen
	(siehe nächste Seite)

GERÄTEBEZOGENE KENNTNISSE/ ANFORDERUNGEN UND TEIL-TÄTIGKEITEN	ARBEITSSCHRITT	VERFAHRENSBEZOGENE UND ARBEITSORGANISATORISCHE KENNTNISSE/ANFORDERUNGEN
	1. HERSTELLEN DER ARBEITS-FÄHIGKEIT	
	1.1 SCHUTZKLEIDUNG ANLEGEN	ARBEITSSICHERHEIT BEIM SCHWEISSEN (UVV, VBG, 15)
	1.2 ARBEITSAUFTRAG ENTGEGEN-NEHMEN	ARBEITSORGANISATION
	1.3 SCHWEISSANLAGE ÜBERPRÜFEN	SCHWEISSANLAGE, KOMPONENTEN, BEURTEILUNGSKRITERIEN, ANZEIGEN, BEDIENELEMENTE
ARBEITSSICHERHEIT AM INDUSTRIEROBOTER, AUFBAU DES IR, BEDIENELEMENTE U. ANZEIGEN EINFACHE WARTUNG (TEILWEISE)	1.4 INDUSTRIEROBOTER ÜBER-PRÜFEN	
	2. VORBEREITENDE TÄTIGKEITEN	
	2.1 ARBEITSAUFTRAG ERFASSEN	LESEN SCHWEISSFOLGEPLAN
	2.2 WERKSTÜCK BEREITSTELLEN	MATERIALBEREITSTELLUNG
	2.3 WERKSTÜCK VORBEREITEN	NAHTVORBEREITUNG - KRITERIEN, VERFAHREN, FERTIGKEITEN
EINSCHALTROUTINE, REFERIEREN	2.4 IR IN BETRIEB NEHMEN	
	2.5 SCHWEISSANLAGE IN BETRIEB NEHMEN	EINSCHALTROUTINE
	2.6 WERKSTÜCK VORLÄUFIG SPANNEN	PRODUKTAUFBAU, SPANNVOR-RICHTUNG, SCHWEISSFOLGEPLAN
	2.7 HEFTEN	WAHL DER HEFTPUNKTE, HANDSCHWEISSEN
ZUGÄNGLICHKEIT MIT IR, VERFAHRWEGE	2.8 WERKSTÜCK ENDGÜLTIG SPANNEN	BADLAGE, VERZUG
	3. ERSTELLEN DES VERFAHR-PROGRAMMS	
BEWEGLICHKEIT DES IR - ACHS-ANSCHLÄGE, VERFAHREN DES IR VON HAND, ARBEITSSICHERHEIT	3.1 ENTWICKELN DES BEWEGUNGS-ABLAUFS DES IR	SCHWEISSFOLGE, BRENNERORIEN-TIERUNG, BADLAGE, FALL-/ STEIGNAHT
ANFAHREN REINIGUNGSSTATION, BEWEGUNGEN POSITIONIERER (ZUGÄNGLICHKEIT)	3.2 ENTWICKELN DES BEWEGUNGS-ABLAUFS PERIPHERIE	ERFORDERNIS BRENNERREINIGUNG BEWEGUNGEN POSITIONIERER (BADLAGE)
ERKENNEN VON ITERATIONEN UND VERZWEIGUNGEN, FORMALE PROGRAMMSTRUKTUREN	3.3 ENTWERFEN DER PROGRAMM-STRUKTUR	
WAHL DER PUNKTE, (HILFS-PUNKTE) CP/PTP - BETRIEB, VERFAHREN IR VON HAND, PUNKTE ABSPEICHERN,	3.4 AUFNEHMEN DER PUNKTE	EXAKTE BRENNERPOSITION
PROGRAMMIERSYSTEM, SPEZ. EDITOR (OD. MENÜBAUM), DATEI U. PROGRAMMORGANISATION, EINGABETASTATUR, PROGRAMM STRUKTUR, BEFEHLSUMFANG SYNTAX,	3.5 CODIEREN UND EINGEBEN DES VERFAHRPROGRAMMS	
FEHLERMELDUNGEN, SYNTAX, HELP-FUNKTION, TESTHILFEN, E/A - TEST	3.6 SYNTAX - TEST UND KORREKTUR	
SCHRITTWEISES ABFAHREN DES PROGRAMMS, VERLANGSAMTES ABFAHREN, AUTOMATIKBETRIEB, RISIKEN, BEURTEILUNGSKRI-TERIEN, ARBEITSSICHERHEIT,	3.7 VERFAHRTEST UND KORREKTUR	ABSCHÄTZUNG AUF SCHWEISS-TECHNISCHE PROBLEME
	4. ERSTELLEN DES SCHWEISS-PROGRAMMS	
	4.1 FESTLEGEN DER SCHWEISS-PARAMETER	WAHL DER SCHWEISSPARAMETER - GRUNDKENNTNISSE DER SCHWEISSTECHNOLOGIE
PARAMETERLISTEN, NUMERISCHE CODIERUNG, PENDELN, NAHT-ANFANG	4.2 CODIERUNG DER SCHWEISS-PARAMETER	GEOMETRIE DES PENDELNS
VERGLEICHE 3.7	4.3 VERFAHRTEST	
	4.4 SCHWEISSANLAGE EINSTELLEN	KENNLINIE, ARBEITSPUNKT DROSSEL
VERGLEICHE 3.7, ZUSÄTZLICH: KORREKTUR IM LAUFENDEN PROGRAMM	4.5 SCHWEISSTEST	BEURTEILUNGSKRITERIEN SCHWEISSVORGANG: OPTISCH, AKUSTISCH
	4.6 NAHTBEURTEILUNG	BEURTEILUNGSKRITERIEN Z.B. NACH DIN 8524, 8563
PROGRAMMIERSYSTEM, SPEZIELL EDITOR ODER MENÜBAUM, PARA-METERSYNTAX	4.7 KORREKTUREN	FEHLERART, FEHLERURSACHE, EINGRIFF
DOKUMENTATION AUF EXTERNE SPEICHER KOPIEREN	4.8 PROGRAMM SICHERN	ORGANISATION DER PROGRAMM-VERWALTUNG
	5. AUTOMATIKBETRIEB	
	5.1 BESCHICKUNG/ENTNAHME	KORREKTES EINLEGEN, MATERIAL-BEREITSTELLUNG
PROGRAMMIERSYSTEM (TEILW.)	5.2 PROGRAMM LADEN	ZUORDNUNG ZUM WERKSTÜCK, PROGRAMMVERWALTUNG

Die Systematisierung geht von dem angestrebten Arbeitsergebnis, dem Schweißprogramm, aus und differenziert schrittweise, worüber Kenntnisse erforderlich sind. <u>Bild 3.8</u> gibt einen ersten Überblick.

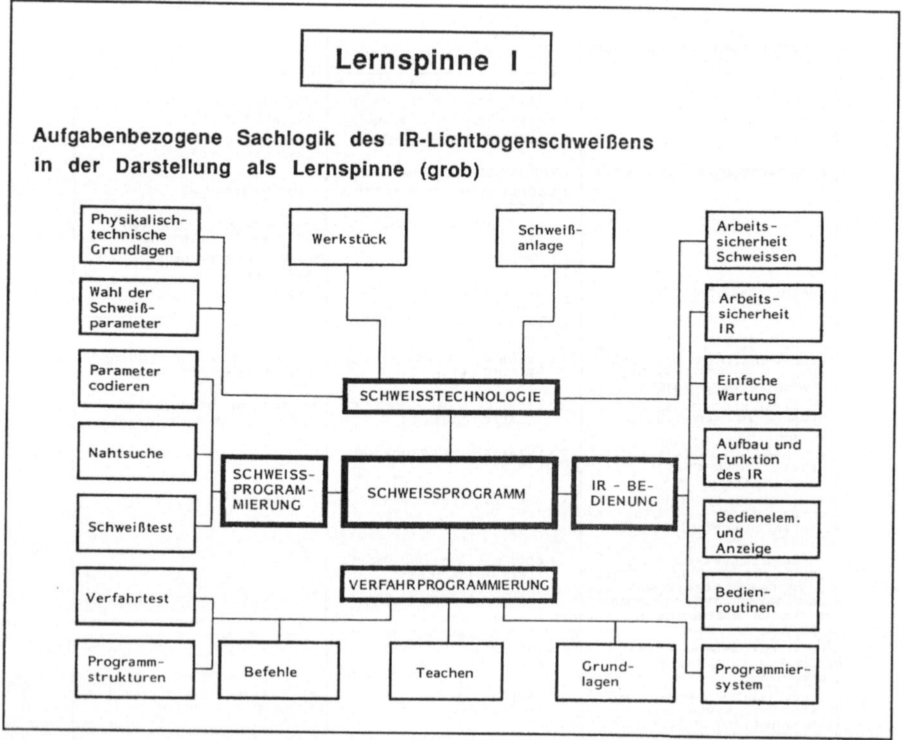

<u>Bild 3.8</u>: Aufgabenbezogene Sachlogik beim IR-Lichtbogenschweißen in einer Darstellung als "Lernspinne" I (grob)

Der laufende Vergleich der systematischen Darstellung nach Bild 3.8 mit der ablauforientierten Darstellung nach Bild 3.7 führt zu einer immer konkreteren Erfassung der Kenntnisinhalte (Bild 3.9). Der Unterschied zu einer "lehrbuchmäßigen" Darstellung ist der, daß die Kenntnisinhalte im Hinblick auf eine bestimmte Arbeits-

<u>Bild 3.9</u>: Aufgabenbezogene Sachlogik beim IR-Lichtbogenschweißen in einer Darstellung als "Lernspinne" II (fein) (siehe nächste Seite)

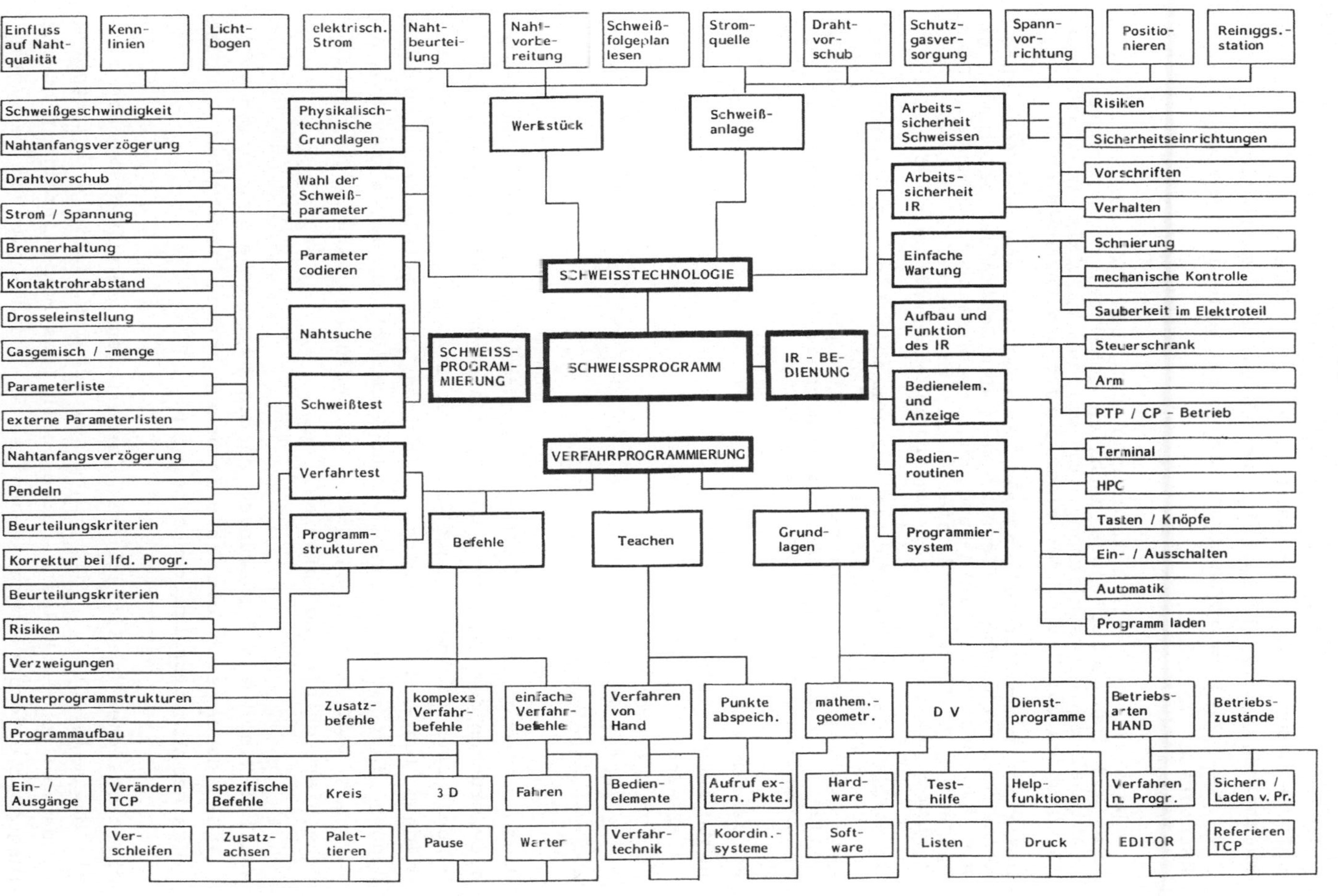
Einfluss auf Naht-qualität
Kenn-linien
Licht-bogen
elektrisch. Strom
Naht-beurtei-lung
Naht-vorbe-reitung
Schweißfolgeplan lesen
Strom-quelle
Draht-vor-schub
Schutzgasver-sorgung
Spann-vor-richtung
Positio-nieren
Reinggs.-station
Schweißgeschwindigkeit
Nahtanfangsverzögerung
Drahtvorschub
Strom / Spannung
Brennerhaltung
Kontaktrohrabstand
Drosseleinstellung
Gasgemisch / -menge
Parameterliste
externe Parameterlisten
Nahtanfangsverzögerung
Pendeln
Beurteilungskriterien
Korrektur bei lfd. Progr.
Beurteilungskriterien
Risiken
Verzweigungen
Unterprogrammstrukturen
Programmaufbau
Physikalisch-technische Grundlagen
Wahl der Schweiß-parameter
Parameter codieren
Nahtsuche
Schweißtest
Verfahrtest
Programm-strukturen
Werkstück
Schweiß-anlage
SCHWEISSTECHNOLOGIE
SCHWEISS-PROGRAM-MIERUNG
SCHWEISSPROGRAMM
IR - BE-DIENUNG
VERFAHRPROGRAMMIERUNG
Befehle
Teachen
Grund-lagen
Arbeits-sicherheit Schweissen
Arbeits-sicherheit IR
Einfache Wartung
Aufbau und Funktion des IR
Bedienelem. und Anzeige
Bedien-routinen
Programmier-system
Risiken
Sicherheitseinrichtungen
Vorschriften
Verhalten
Schmierung
mechanische Kontrolle
Sauberkeit im Elektroteil
Steuerschrank
Arm
PTP / CP - Betrieb
Terminal
HPC
Tasten / Knöpfe
Ein- / Ausschalten
Automatik
Programm laden
Zusatz-befehle
komplexe Verfahr-befehle
einfache Verfahr-befehle
Verfahren von Hand
Punkte abspeich.
mathem.-geometr.
D V
Dienst-programme
Betriebs-arten HAND
Betriebs-zustände
Ein- / Ausgänge
Verändern TCP
spezifische Befehle
Kreis
3 D
Fahren
Bedien-elemente
Aufruf ex-tern. Pkte.
Hard-ware
Test-hilfe
Help-funktionen
Verfahren n. Progr.
Sichern / Laden v. Pr.
Ver-schleifen
Zusatz-achsen
Paletieren
Pause
Werter
Verfahr-technik
Koordin.-systeme
Soft-ware
Listen
Druck
EDITOR
Referieren TCP

aufgabe zusammengestellt sind. Der Unterschied zu einer bloßen Ansammlung tätigkeitsspezifischer Kenntniselemente ist der, daß eine sachlogische Systematik unter Einbeziehung von Grundlagen-kenntnissen vorliegt.

Die Darstellung der resultierenden aufgabenbezogenen Sachlogik in Bild 3.9 ist bewußt etwas unüblich gehalten, um dem Leser auch emotional zu verdeutlichen, vor welcher Vielfalt an Kenntnisan-forderungen der Teilnehmer eines derartigen Kurses steht.

Das Prinzip der Darstellung als "Spinne" ist einfach: fortschrei-tende hierarchische Differenzierung der Kenntnisanforderungen bis hin zu operational lern- und nutzbaren Kenntniselementen. Diese operationale Ebene wird hier nicht mit dargestellt, da sie in vielen Punkten technologie- und fabrikatsspezifisch ist.

<u>Lesehilfe:</u> Es wird empfohlen, beginnend bei der Trennlinie zwi-schen "Schweißtechnologie" und "IR-Bedienung" einmal im Uhrzei-ger-, einmal im Gegenuhrzeigersinn bis jeweils zur gegenüberlie-genden Ecke zu lesen. Es ergibt sich in etwa eine Sequenz ent-sprechend der Lern- und Arbeitsfolge.

Es lassen sich vier Hauptgebiete der erforderlichen Kenntnisin-halte identifizieren:

1. IR-Bedienung,

2. Verfahrprogrammierung,

3. Schweißtechnologie und

4. Schweißprogrammierung.

Diese Gebiete werden in Kenntnisfelder entsprechend den Unter-gliederungen der "Spinne" in Bild 3.9 gegliedert (Bild 3.10). Ein wesentlicher Gliederungsgesichtspunkt ist dabei schon die Heraus-bildung lehr- und lernbarer Einheiten, die aufeinander aufbauen können. Bild 3.10 ist somit schon in Richtung einer Lernhierar-chie gegliedert, während Bild 3.9 lediglich eine sachsystemati-sche Hierarchisierung aufweist.

Ähnlich wie die Anforderungen an die psychische Regulation (vgl. 3.4.2) lassen sich die Anforderungen an die Kenntnisse in den einzelnen Arbeitsschritten einstufen.

Die fachlichen Qualifikationsanforderungen beim IR-Schweißen sind als Maximalprofil für die einzelnen Arbeitschritte und insgesamt an den folgenden Bildern dargestellt. Das Maximalprofil gibt die insgesamt erforderlichen Kenntnisse an, unabhängig von der Inten-

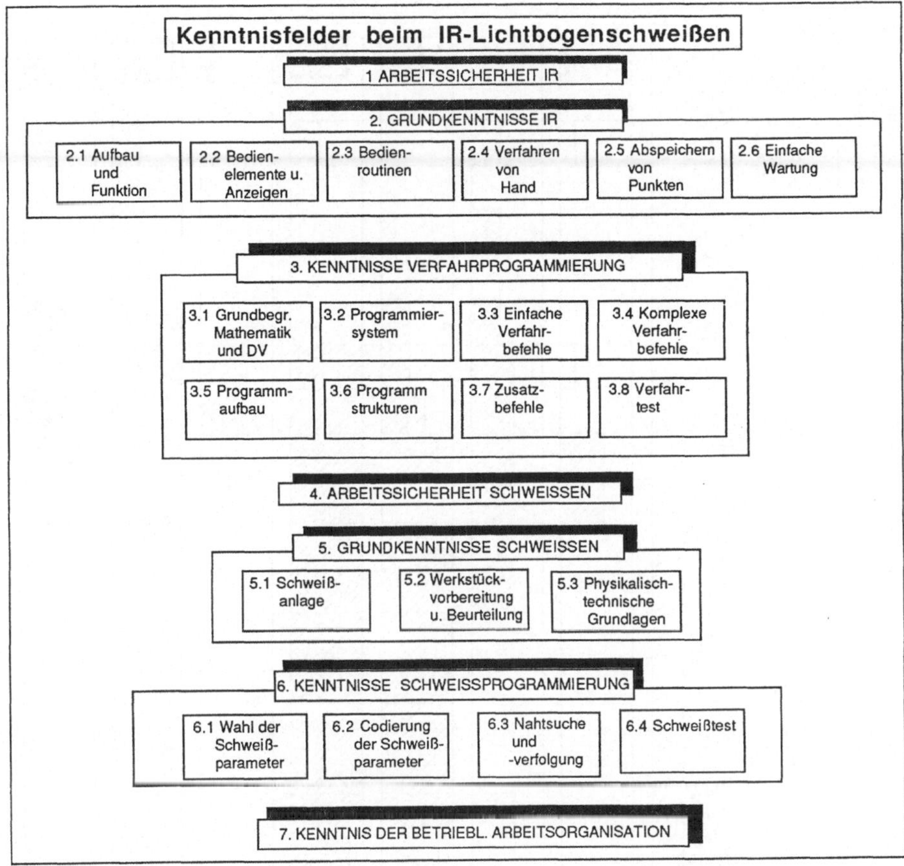

<u>Bild 3.10</u>:   Kenntnisfelder beim IR-Lichtbogen Schweißen

sität ihrer Nutzung. Es ist also maßgebend für die Festlegung der
Lehrziele. (Zur Berechnung vgl. A 3.5.3.)

Das Profil der Kenntnisanforderungen (<u>Bild 3.11</u>) zeigt deutlich:

1. Kenntisintensiv sind vor allem Verfahr- und Schweißprogram-
    mierung; dort wird nahezu jedes Kenntnisgebiet verlangt.
2. Beim Handschweißen sind - selbstverständlich - keine IR-bezo-
    genen Kenntnisse erforderlich.

<u>Bild 3.11</u>:   Inanspruchnahme von Kenntnissen beim Lichtbogen-
             schweißen mit Industrieroboter und von Hand
             (siehe nächste Seite)

Grund-kenntnisse IR
Kenntnisse Verfahr-programmierung
Grund-kenntnisse Schweißen
Kenntnisse Schweiß-programmierung
KENNTNIS-FELDER
ARBEITSSCHRITTE
1. Arbeitssicherheit IR
2.1 Aufbau und Funktion des IR
2.2 Bedienelemente u. Anzeigen IR
2.3 Bedienroutinen
2.4 Verfahren von Hand
2.5 Abspeichern von Punkten
2.6 Einfache Wartung
3.1 Grundbegriffe in Mathematik u. DV
3.2 Programmiersystem
3.3 Einfache Verfahrbefehle
3.4 Komplexe Verfahrbefehle
3.5 Programmaufbau
3.6 Programmstrukturen
3.7 Zusatzbefehle
3.8 Verfahrtest
4. Arbeitssicherheit Schweissen
5.1 Schweissanlage
5.2 Werkstück
5.3 physik.- techn. Grundlagen
6.1 Wahl d. Schweissparameter
6.2 Codierung d. Schweissparameter
6.3 Nahtsuche u. Nahtverfolgung
6.4 Schweisstest
7. Betriebl. Arbeitsorganisation
Ø
Stufen 10 8 6 4 2
1. Herstellen der Arbeitsfähigkeit
2. Vorbereitende Tätigkeiten
3. Verfahrprogrammierung
4. Schweißprogrammierung
5. Automatikbetrieb
● Gesamttätigkeit Lichtbogenschweißen mit IR
● Handschweißen

3. Die Anforderungen an die schweißtechnischen Kenntnisse beim IR-Schweißen sind höher; dies liegt vor allem an der Erfordernis, konkrete Werte einzugeben anstatt während des Schweißvorgangs gefühlsmäßig nachzuregeln.

Die vorbereitenden Arbeitsfelder (1 und 2) sind mit den entsprechenden Arbeitsfeldern beim Handschweißen weitestgehend vergleichbar. Konsequenz für Qualifizierungsmaßnahmen ist:

1. Kern ist die Verfahr- und Schweißprogrammierung.

2. Die schweißtechnischen Kenntnisse sind nach Exaktheit und Umfang an den Erfordernissen des IR-Schweißens anzurichten.

3. Es sind Verbindungen zwischen den verschiedenen Kenntniselementen herzustellen.

Das heißt: Entsprechend der ganzheitlichen Arbeitsaufgabe sind ganzheitliche, gestufte Lernaufgaben zu entwickeln. Diese Forderung ist angesichts der gerätezentrierten Qualifizierungspraxis mitnichten trivial; noch weniger ist es ihre Einlösung.

3.4.4 Schwerpunkte von Vermittlungsproblemen

Ein qualitativer Vergleich der gestellten Anforderungen an Kenntnisse und psychische Regulation mit den Lern- und Leistungsvoraussetzungen der Zielgruppe soll Hinweise auf zu erwartende Vermittlungsprobleme bzw. Lernschwierigkeiten geben. Grundlage des Vergleichs ist die vorgenommene Einschätzung der Lernvoraussetzungen und die Einstufung des Handschweißens. Die zu erwartende Diskrepanz ist zusammenfassend in Bild 3.12 als Vergleich von IR- und Handschweißen dargestellt[5].

Lernschwierigkeiten sind aufgrund der Profilvergleiche (vgl. Bild 3.6, 3.11, 3.12) und der Erfahrungen in QIR besonders in folgenden Bereichen zu erwarten:

1. Bewegung des Roboterarms

Vor allem bei Knickarmgeräten, weniger bei Geräten mit kartesischen Achsen oder mit Scara-Geometrie, sind Probleme bei der Umsetzung der räumlichen Vorstellung der gewünschten IR-Bewegung in die Betätigung des Handprogrammiergerätes zu erwarten, vor allem wenn dessen Betätigung über Tasten und nicht über Joy-stick er-

folgt. Dies gilt speziell im PTP-Betrieb, wenn sich die Orientierung der Handachsen im Raum mit der Bewegung der Hauptachsen verändert. Die korrekte Einschätzung der Beweglichkeit und Zugänglichkeit der Handachsen (Endanschläge!) beeinflußt aber ein effektives Aufnehmen der Raumpunkte beim Teachen. Es wird also eine
spezielle Form des räumlichen Vorstellungsvermögens verlangt, die
in der bisherigen Arbeitstätigkeit so nicht vorkommt.

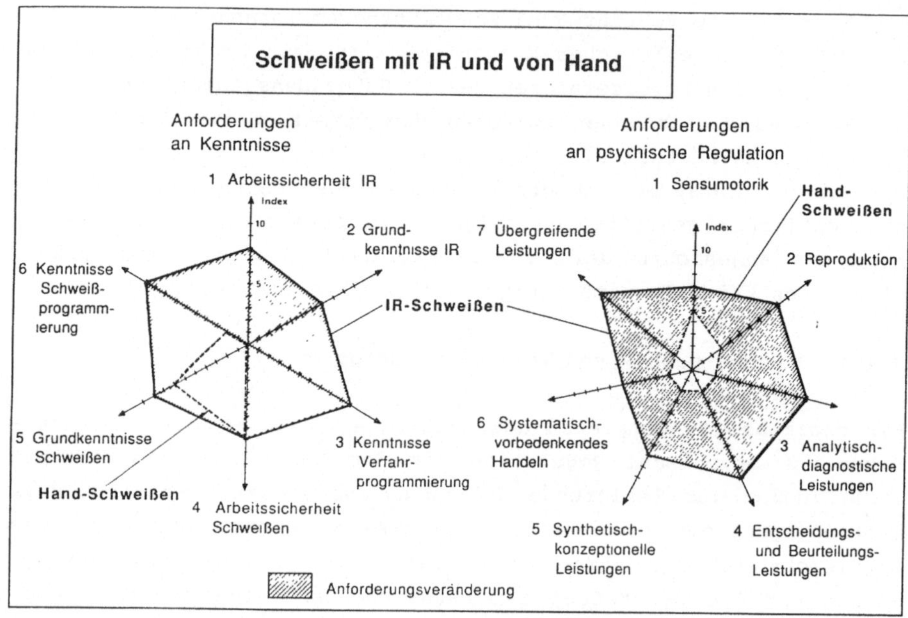

<u>Bild 3.12</u>:   Vergleich der Anforderungsstruktur beim Schweißen
von Hand und mit IR. (Der Index 0 bis 10 entspricht
dem im Bild 3.6 bzw. 3.11.)

2. Logische Strukturen im Industrieroboter
Mit "logischen Strukturen im Industrieroboter" sind die verschiedenen möglichen Zustände des Bedien- und Programmiersystems und
die dahinter stehenden Strukturen der Hard- und Software gemeint,
die unterschiedliche Eingaben erfordern bzw. zulassen. So muß
z.B. in einem System mit textueller Programmierung die Funktion
und Stellung des Editors in Programmier- und Betriebssystem verstanden worden sein, wenn dieser effektiv und sicher genutzt wer-

den soll. Bei Menüprogrammierung sollte eine Vorstellung vom
Menübaum existieren. Das Verstehen und Nutzen derartiger hier-
archischer oder netzebenenartiger abstrakter Strukturen wird in
der bisherigen Arbeitstätigkeit nicht gefordert. Gleiches gilt
für Grundfiguren des Programmaufbaus wie Verzweigung, Schleifen
oder Unterprogramme, auf die hin Schweißabläufe untersucht und
interpretiert werden müssen, wenn ein effektives Programmieren
zustande kommen soll.

3. Abstrakt-formale Objekte

Etwas überlappend mit dem vorigen Bereich ist die Anforderung des
Umgangs mit abstrakt-formalen Objekten, vor allem bei der Programmierung. Speziell die notwendige Exaktheit der Syntax bei
textueller Programmierung ist eine neuartige Anforderung für Arbeitspersonen mit vorwiegend manueller Arbeitserfahrung.

4. Arbeitspunkt beim Schweißen

Die Einstellung des Arbeitspunktes beim IR-Schweißen muß wesentlich exakter erfolgen als beim Handschweißen, wo "nach Gefühl"
nachgeregelt wird. Diese Anforderung ist nur vordergründig anschaulich, es bedarf vielmehr eines differenzierten Wissens über
die Wechselwirkung der verschiedenen Einflußgrößen (vgl. z.B.
Bild 3.9, "Lernspinne" II). Dieses Wissen kann beim Hand-
schweißer, z.T. auch beim Lehrschweißer nach der Erfahrung aus
QIR nicht immer vorausgesetzt werden.

5. Nahtbeurteilung

Ähnliches gilt für die Beurteilung von Nähten, da hier aufgrund
des Nahtbildes diagnostiziert werden muß, welche Parameter des
Schweißprogramms für eine Ergebnisverbesserung wie zu verändern
sind.

6. Arbeitsmethodik

Die Erstellung eines Schweißprogrammes ist - vor allem aus der
Sicht eines Anfängers - ein komplexer Vorgang. Er ist also in
Schritten zu bewältigen und bedarf einer Arbeitsmethodik. Speziell bei komplexen Werkstücken ist eine Systematik des Arbeitens
in wesentlich höherem Maße als beim Handschweißen gefordert. So
ist z.B. schon allein aus Gründen des Temperaturverzuges eine

sorgfältigere Schweißfolgeplanung erforderlich. Derartige methodische Anforderungen sind beim manuellen Schweißen nur selten gestellt.

3.4.5 Differenziertheit der Qualifikationsanforderungen am Industrieroboter

Die Qualifikationsanforderungen bei Bedien- und Programmiertätigkeiten an IR unterscheiden sich sehr stark nach Art der eingesetzten Geräte, nach Produktionsverfahren, nach Art des Einsatzfalls und nach Arbeitsorganisation.

Eine Gerätespezifität der Qualifikationsanforderungen ist vor allem durch das Programmiersystem und die Steuerung gegeben, weniger durch die Achskonfigurationen oder die Art der Antriebssysteme.

Die verschiedenen Programmiersysteme unterscheiden sich sehr in den konkreten Kenntnisanforderungen, v.a. im Befehlssatz. Bei reiner Tastenprogrammierung werden über Richtungs- und Funktionstasten an einem Handbediengerät die Raumpunkte gleichzeitig mit der Eingabe der Programmschritte eingegeben. Dazu müssen die Tasten und die zugehörige Syntax sehr genau memoriert werden. Eine Tastenprogrammierung in Menütechnik ist durch ihre Bedienerführung hier wesentlich komfortabler, z.T. aber auch umständlicher zu handhaben. Durch die geringeren Anforderungen an die Exaktheit der Gedächtnisleistungen kann hier auch bei geringer Übung eine höhere Bediensicherheit als bei reiner Tastenprogrammierung erreicht werden. Die textuelle Programmierung erfolgt in einer steuerungsspezifischen Programmiersprache nach der Art von problemorientierten Programmiersprachen wie BASIC oder PASCAL. Die Kenntnisanforderungen beinhalten hier vor allem die aktive, exakte Kenntnis des Befehlsumfangs und der Syntax der Programmiersprache. /144/

Aus dem Vorliegen einer gut gestalteten Bedienoberfläche kann nicht unmittelbar auf einfache Erlernbarkeit geschlossen werden. Bei fortgeschrittenen Steuerungen (z.B. Siemens RCM) sind nämlich z.T. eine Reihe von logischen, mathematischen und sonstigen Zusatzfunktionen realisiert, die derart viele Optionen bieten, daß die Komplexität der Bedienung durchaus steigen kann. Allerdings ist diese dann funktional und nicht über an sich unnötige Anpassungsleistungen des programmierenden Menschen an eine unzureichend gestaltete Bedienoberfläche des Rechners begründet.

Eine qualitative Einschätzung der Verfahrensspezifität der Qualifikationsanforderungen kommt aufgrund von Fallstudien zu folgenden Schlußfolgerungen (vgl. <u>Bild 3.13</u>, nach /146/).

1. Das Bahnschweißen stellt sehr hohe Anforderungen, die aber stark nach Werkstück und Flexibilitätsanforderungen schwanken können.
2. Der IR-Einsatz in flexiblen Fertigungssystemen der spanenden Bearbeitung stellt geringere Anforderungen an die Progammierung, wenn der IR vor allem Beschickungsaufgaben wahrnimmt.
3. Lackiereinsätze erfordern aufgrund des üblichen play-back-Verfahrens im allgemeinen geringe Programmierkenntnisse.
4. Das Palettieren ist im allgemeinen eher einfach, kann aber dann recht schwierig werden, wenn laufend unterschiedliche Palettiermuster für mehrere unterschiedliche Werkstücke entwickelt und programmiert werden müssen.
5. Gußputzen und Entgraten sind wegen der laufenden technischen Entwicklung derzeit nur mit Vorsicht zu bewerten.
6. Beschickungsaufgaben - z.B. an Schmiedepressen - stellen eher geringe Anforderungen.
7. Montageaufgaben sind derzeit schwer einschätzbar; die Programmieranforderungen werden allgemein - v.a. bei vielen Achsen und Sensoren - als hoch eingeschätzt /146/.

Die Qualifikationsanforderungen werden zusätzlich durch die Art des Einsatzfalles, vor allem durch die absolute Anzahl der eingesetzten Geräte und ihre Verkettung sowie die gestellten Flexibilitätsanforderungen beeinflußt. Insofern sind z.B. Untersuchungsergebnisse aus Punktschweißstraßen der Automobilindustrie nicht einfach auf das Bahnschweißen in der auftragsgebundenen Einzelfertigung übertragbar, da dort völlig andere Organisationsformen zum Zuge kommen. Während in dem einen Fall die Programmierung im wesentlichen mit der Installation der Anlage vom Hersteller ge-

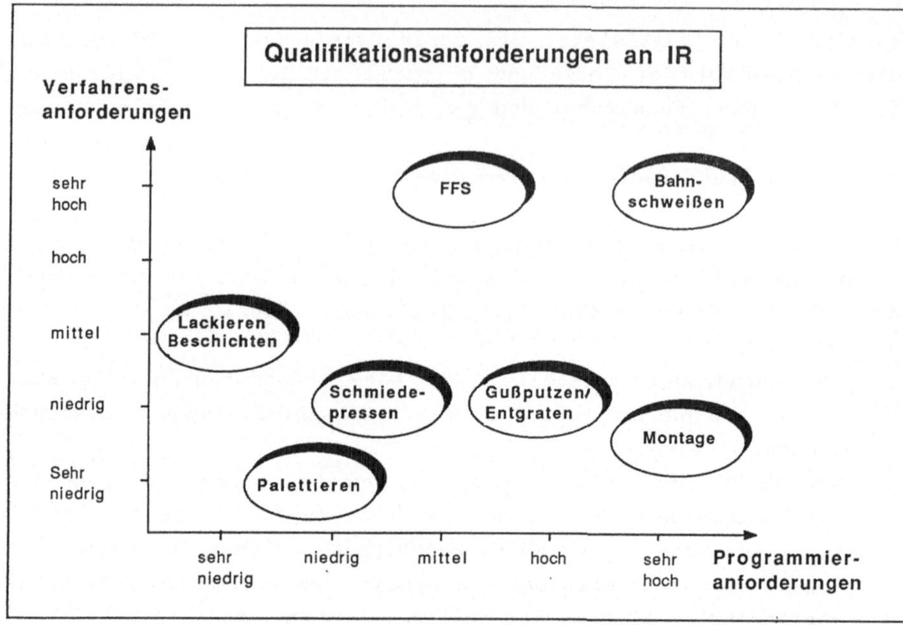

Bild 3.13: Qualitative Einstufungen von Qualifikationsanforderungen bei verschiedenen IR-Einsätzen. /147/
(Die Ellipsen sollen eine gewisse Streubreite der Einschätzung andeuten.)

leistet wird, muß im anderen Fall ein Schweißer mit einem Programmiergestell und einem Programmiersystem das nächste Programm erstellen, solange "sein" Industrieroboter das vorher programmierte Werkstück ausschweißt.

Es ist also insgesamt von einer großen Varianz der Qualifikationsanforderungen an IR auszugehen, so daß es darauf ankommt, übertragbare Methoden zur Konzeption und Durchführung spezifischer Qualifizierungsmaßnahmen zu entwickeln.

3.4.6 Gesamteinschätzung der Qualifikationsanforderungen beim IR-Lichtbogenschweißen

Die Analyse zeigt, daß für das Lichtbogenschweißen mit IR wesentlich höhere Anforderungen an Wissen (Kenntnisse) und Können (Regulation) gestellt werden als an das Handschweißen. Diese Grundtendenz der Analyse dürfte auf andere Aufgaben des IR-Lichtbogenschweißens sehr gut übertragbar sein, zumal hier ein relativ einfaches Werkstück zugrundegelegt wurde.

Unter der Perspektive der Qualifizierung sind insgesamt drei wesentliche Merkmale der Veränderungen der Qualifikationsanforderungen des Schweißens mit IR gegenüber der manuellen Arbeitsausführung festzustellen:

1. Eine deutliche Zunahme von kognitiven Leistungen (d.h. von Denkoperationen) v.a. mit abstrakt-symbolischen Objekten;

2. eine deutliche Zunahme von Umfang und Vielfalt der geforderten Kenntniselemente, v.a. eine Integration von geräte- und verfahrensbezogenenen Kenntnissen;

3. eine deutliche Zunahme der Wechselbeziehungen zwischen abstrakten und konkreten Objekten sowie zwischen Kenntnis- und Vorgehenselementen aus verschiedenen Sachgebieten, also eine Zunahme der Komplexität.

Aus der Kombination dieser drei Anforderungen resultiert eine vierte: Die bewußte psychische Regulation, also der systematisch-vorbedenkende Arbeitsstil, erhält eine erhöhte Bedeutung, da ansonsten die Komplexität der jeweiligen Aufgabenstellung nicht in adäquate Folgen überschaubarer, bewältigbarer Teilschritte aufgelöst werden kann. Es ist also Methodenkompetenz zu vermitteln.

Die Vermittlung von Methodenkompetenz ist aus einem weiteren Grund erforderlich und wichtig:
Qualifizierungsmaßnahmen müssen sich, wenn sie wie hier gefordert handlungsrelevant sein sollen und nicht nur Überblicks- oder Orientierungswissen vermitteln sollen, auf konkrete Kenntnisinhalte beziehen. Für Kurse bedeutet dies, daß einerseits zwar fabrikatsbezogen ausgebildet werden muß, daß aber andererseits den Lernenden Möglichkeiten zum Transfer seines Wissens auf andere als das erlernte Fabrikat gegeben werden müssen. Dies erfordert u.a. die Entwicklung einer Lern- und Arbeitsmethodik.

3.4.7   Konsequenzen für das theoretische Konzept

Für das theoretische Konzept der Bearbeitung der Themenstellung ergeben sich aus der Analyse Konsequenzen.

Aufgrund der zu erwartenden relativ hohen Diskrepanz von Qualifikationsanforderungen und individuellen Leistungsvoraussetzungen - sehr sicher am Anfang eines Lernprozesses, ziemlich sicher aber auch in der Arbeitspraxis - ist von einer subjektiven Problemhaltigkeit der anfallenden Aufgabenstellungen auszugehen. D.h., daß das situativ verfügbare Wissen und die verfügbaren Handlungsschemata nicht oder nicht in jedem Fall ausreichen werden, für eine Aufgabenstellung unmittelbar ein Handlungskonzept zu entwickeln. Anstelle von reproduktiven Denken, das vorhandene Begriffe und Regeln heranzieht, wird produktives Denken erforderlich sein, das Problemlöseverfahren (Heurismen) einsetzt.

"Problemlösen" ist eine spezielle Untermenge von "Handeln", bei der - im Unterschied zu "Aufgabenbearbeitung" - die Überführung eines (unerwünschten) Ausgangszustandes in einen (erwünschten) Zielzustand zunächst auf Barrieren stößt /148/, weil Ausgangssituation, Lösungsweg und/oder Ziel zunächst unklar sind und weil evtl. Informationen fehlen. Problemlösendes Handeln ist also mit einer subjektiven, ggf. sogar objektiven Unbestimmtheit der Situation konfrontiert, die durch zusätzliche Schritte in eine Bestimmtheit übergeführt werden muß, um "klassisches", aufgabenbezogenes Handeln zu ermöglichen.

Speziell bei komplexen Problemen, die durch zahlreiche Einflußfaktoren, Vernetztheit und (zunächst) geringe Transparenz gekennzeichnet sind, liegen die Problemlösungsstrategien weniger in "Versuch und Irrtum", sondern eher in Strategien, die das Problem in bewältigbare Aufgaben aufteilen oder transformieren. Derartige Transformationen und Aufteilungen erfordern aber neben den Heurismen das entsprechende Wissen über die Sachlage.

Die Bedeutung einer solchen Spezialisierung des Handlungsbegriffes liegt darin, daß damit offensichtlich wird, daß einige zentrale Begriffe der psychologischen Handlungsregulationstheorien nach Hacker der Präzisierung bedürfen:

o   Wie ist das Wissen im "operativen Abbildsystem" (OAS) struk-
    turiert?

o   Wie verläuft der Aufbau der Wissenstrukturen im Prozeß der
    "Interiorisation"?

o   Welche Denkprozesse laufen bei der "intellektuellen Regula-
    tion" ab?.

Die Antworten auf solche und ähnliche Fragen sind in der Handlungsregulationstheorie und den zugehörigen Ansätzen eher exemplarisch beschreibend oder definierend als erklärend und operativ
nutzbar, so daß die abgeleiteten Trainingskonzepte - bezeichnen-
derweise mit Ausnahme der "heuristischen Regeln" - eher Empfehlungen für gewisse Formen des Lehr-/Lernverhaltens denn eine Anleitung zum Lehr-/Lernhandeln darstellen. Damit der Lehr-/Lern-
prozeß ebenfalls aus zielgerichteten Handlungen aufgebaut werden
kann, müssen die Handlungsziele des Lernhandelns bekannt und faßbar sein. Für eine Erleichterung des Lernens sind diese Ziele
aber nicht im Bereich des Lerngegenstandes oder des Lernprozesses
zu suchen, sondern vielmehr in der Binnenstruktur des angestrebten Ergebnisses. Da das Ziel handlungsorientierten Lernens nicht
der einmalige Vollzug einer Arbeitshandlung, sondern der Erwerb
einer stabil-flexiblen /149/ Handlungskompetenz ist, kommt es also darauf an, deren Komponenten und ihren Erwerb präziser zu erfassen als die Handlungstheorie dies leistet. Die Handlungsregulationstheorie ist also zu ergänzen bzw. zu präzisieren.

Der hier verfolgte theoretische Denkansatz geht demzufolge in
Richtung einer Verbindung von psychologischer Handlungsregula-
tionstheorie und kognitiv-orientierten Ansätzen der Denk-, Lern-
und Problemlösungsforschung. Es wird erwartet, daß die dortigen
Ergebnisse eine bessere Gestaltung der Lehr-/Lernprozesse für die
hier anstehenden Lernprobleme erlauben, da sie den Erwerb und die
Struktur von Wissen - also von Begriffen und Regeln - und von
Denkoperationen differenzierter behandeln und erklären als die
Handlungsregulationstheorie. Zusammenfassend könnte man diese
Zielstellung als eine verbesserte Verbindung von Kognition und
Aktion bezeichnen.

3.5 Ziele und Inhalte der Qualifizierung an IR

3.5.1 Vorgehen

Die Festlegung der Ziele und Inhalte einer Qualifizierungsmaßnahme hängt nach dem strukturanalytischen Modell der Berliner Schule (vgl. Bild 2.2) von zwei Bedingungsfeldern ab, nämlich dem anthroprogenen Voraussetzungen (also der Zielgruppe) und den sozial-kulturellen Voraussetzungen. Unter den letzteren sind hier zunächst die betrieblichen Bedingungen, also vor allem die Anforderungen aus der Arbeit und die betriebliche Arbeitskräftepolitik zu verstehen. Hinzu kommen Interessen der Teilnehmer, z.B. an interessanterer Arbeit, mehr Lohn, besserer Verwertbarkeit ihrer Arbeitskraft etc. sowie normative Ziele wie Persönlichkeitsförderlichkeit oder Verantwortungsbewußtsein. Der Abgleich solcher z.T. konfligierender Anforderungen und Zielsetzungen unter sich und mit den verfügbaren Ressourcen ist in der Praxis ein Aushandlungsproblem, das wissenschaftlich zwar reflektiert, kaum aber gesteuert werden kann. Ein Verfahrensvorschlag für die Praxis könnte deshalb lediglich auf eine (scheinoperationale) Strukturierung eines solchen Aushandlungsprozesses hinauslaufen. Es wird hier deshalb so verfahren, daß Empfehlungen zur Intention und zur Thematik aus den funktionalen Anforderungen der Arbeitssituation unter Berücksichtigung personaler Ziele entwickelt werden.

3.5.2 Intentionen einer Qualifizierung an Industrierobotern

Die Intention einer Anpaßqualifizierung an IR, speziell zum Bahnschweißen, leitet sich zunächst aus der Arbeitstätigkeit ab, für die zu qualifizieren ist. Intention oder Absicht der Maßnahme ist also, daß der Teilnehmer mit dem IR Werkstücke schweißen kann. Diese pragmatische Intention impliziert eine kognitive Intention: Der Teilnehmer muß das für diese Tätigkeit notwendige Wissen und eine Arbeitsmethodik beherrschen. Als emotionale Intention ist ein kritisches Interesse an der IR-Technologie zu fordern: Interesse, da sonst Lernhemmungen zu erwarten sind, kritisches Interesse, da eine unreflektierte Technikeuphorie zu Enttäuschungen und zu Risiken der Arbeitssicherheit führen könnte. Unter mehr personalen Aspekten sind dem zwei weitere Intentionen hinzuzufügen:

1. Aus dem Interesse der Arbeitsperson an einer längerfristigen, arbeitsplatz- oder berufsübergreifenden Verwertbarkeit ihrer Qualifikationen und aus dem Interesse des Betriebes an einer funktionalen und zeitlichen Personaleinsatzflexibilität für eine hohe Nutzung der kapitalintensiven Neuen Technologien ist eine zu enge Fokussierung der Qualifizierungsmaßnahmen auf zu arbeitsplatzspezifische Lehrinhalte und auf verrichtungsorientiertes Lernen zu vermeiden. Grundlagen- und Methodenwissen, ein systematisch-vorbedenkender Arbeitsstil und Möglichkeiten des Lerntransfers sind zu fordern.

2. Aufgrund von Überlegungen zu Technikeinsatzkonzepten /13/ und Qualifizierungserfordernissen sowie aufgrund der Ansätze für eine persönlichkeitsförderliche Arbeitsgestaltung (vgl. z.B. /150/) wird für die Festlegung der Lernziele eine Arbeitsaufgabe zugrunde gelegt, die ein hohes Maß an Eigenständigkeit, Eigenregulation, Verantwortung und Zeitsouveränität erfordert und ermöglicht (vgl. /151/). Es wird also nicht von "partialisierten Handlungen" /152/ ausgegangen.

Damit begründen sich die Richt- und Grobziele der Qualifizierung an IR sowohl aus einem betrieblichen Interesse (Qualifikation als betrieblicher Effizienzfaktor) als auch aus einem individuellen Interesse (Qualifikation als sozialer Selektions- und Humanisierungsfaktor).

Die Grobziele lassen sich wie folgt zusammenfassen:

1. Dem Lernenden sind die erforderlichen Wissensbestandteile, Fertigkeiten, Fähigkeiten und antriebs- und ausführungsregulatorischen Arbeitstechniken zu vermitteln, die es ihm ermöglichen, weitestgehend selbständig Werkstücke mit IR zu schweißen.
2. Die zu erwerbende Qualifikation soll flexibel und universell einsetzbar sein.
3. Sie muß deshalb auf theoretischen Grundkenntnissen aufbauen, die den praktisch-funktionalen Handlungsvollzug effizient wer- den lassen und die Qualität des Arbeitsergebnisses sicher- stellen.

Operationalisiert wird diese Zielstellung durch die Vorgabe eines Prüfungswerkstückes, eines IR-Fabrikates, einer theoretischen Prüfung (s. Anhang 5) sowie durch die dargelegten Qualifikationsanforderungen.
Dieses fachliche Lernziel ist im Hinblick auf die betriebliche Arbeitspraxis um sozial-kommunikative und kooperative Komponenten anzureichern (vgl. Bild 3.14).

3.5.3 Thematik einer Qualifizierung an Industrierobotern

Aufgrund der gesetzten Ziele bzw. Intentionen ist die Thematik der Qualifizierung an Industrierobotern breiter anzusetzen als eine reine Gerätebedienung. Bild 3.14 gibt einen Überblick.

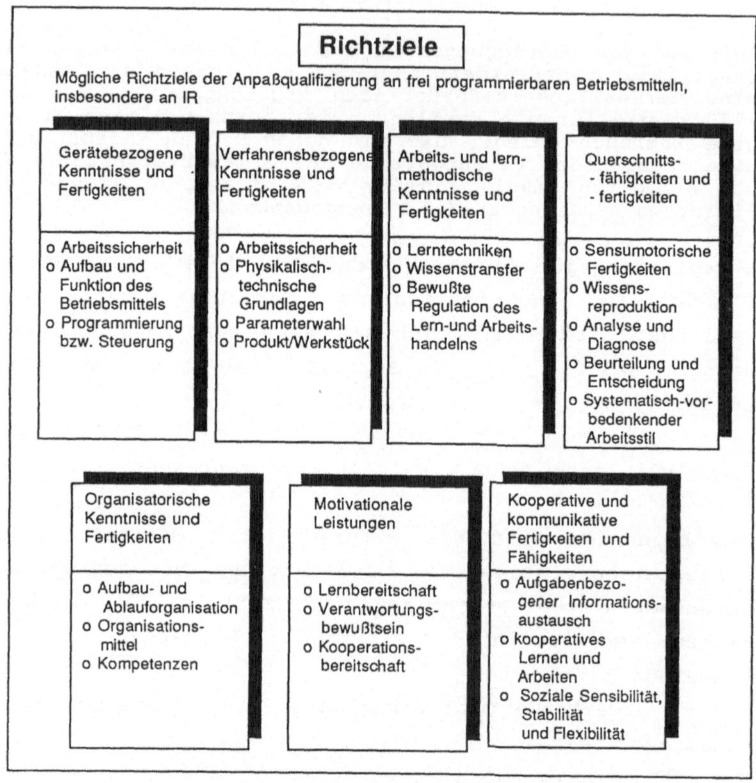

Bild 3.14: Richtziele der Qualifizierung an Industrierobotern

Kern der Qualifizierung sind die geräte- und verfahrensbezogenen Lehrinhalte und deren Integration. Eine detaillierte Aufstellung dieser Lehrinhalte befindet sich im Anhang A 2.

Die Vermittlung arbeits- und lernmethodischer Kenntnisse und Fertigkeiten (vgl. Bild 3.14) dient der Förderung des selbständigen Arbeitens auch an anderen als den gelehrten Techniken. Zur Förderung dieser Fähigkeiten wird empfohlen, zwei Geräte zu lehren. Die

"bewußte Regulation des Lern- und Arbeitshandelns" ist eine ideal-
typische Zielvorstellung, die nur punktuell erreichbar sein wird,
die aber zur Abgrenzung vom bloßen Versuchs-Irrtums-Verhalten erforderlich ist.

Die Förderung der verschiedenen Fähigkeiten hat über die Methodik
der Vermittlung, vor allem auf der Ebene einzelner Lernschritte
zu erfolgen.

3.6 Zusammenfassung und Empfehlungen für die Praxis

3.6.1 Vorgehen

Zur Bestimmung der Ziele und Inhalte der Qualifizierung an Industrierobotern wurde eine Vorgehensweise vorgeschlagen, die auf
der Analyse einer ganzheitlichen Arbeitsaufgabe - nicht nur der
Bedienung des IR - aufbaut und somit auf eine Integration von Ge-
räte- und Verfahrenskenntnis sowie von Theorie und Praxis ab-
zielt. Die Vorgehensweise ist auch für noch in Planung befind-
liche Arbeitssysteme anwendbar, sofern die anfallenden Tätigkeiten hinreichend bekannt sind. Für die Analyse der Strukturmerkmale der psychischen Regulation wird ein Kategoriensystem vorgeschlagen, das die Komponenten der intellektuellen Regulation problembezogen relativ differenziert beschreibt. Für die Analyse der
Kenntnisanforderungen wurde eine zweistufige Vorgehensweise zur
Erfassung und Systematisierung vorgeschlagen.

Für die Praxis der Kursentwicklung wird empfohlen, sich auf die
kenntnisbezogene Aufgabenanalyse zu konzentrieren und davon auszugehen, daß die regulatorische Struktur ähnlich der vorliegenden
ist. Diese vielleicht etwas radikal anmutende Empfehlung begründet sich aus dem Stand der Qualifizierungspraxis und aus der Tatsache, daß ein eventuelles Zuviel der Vermittlung an übergreifenden Fähigkeiten für die Kursteilnehmer und den entsendenden Betrieb kaum ein Schaden sein wird.

3.6.2 Ziele und Inhalte

Die Intention des Kurses richtet sich auf die selbständige Beherrschung einer ganzheitlichen Arbeitsaufgabe. Deshalb ist die Behandlung von Geräte- und Verfahrenskenntnis erforderlich. Für den Lerntransfer wird eine Lern- und Arbeitsmethodik zu vermitteln sein. Dazu wird empfohlen, zwei Gerätetypen zu lehren.

Diese Ausrichtung wird auch für die Qualifizierungspraxis empfohlen; dies begründet sich aus einem betrieblichen und individuellen Interesse aus Anwendersicht.

3.6.3 Theoretische Aspekte

Theoretisch interessant und bedeutsam für die weitere Bearbeitung des Themas ist, daß die starke kognitive Betonung der untersuchten Arbeitstätigkeit es nahelegt, das Konzept der psychologischen Handlungsregulationstheorie mit Konzepten der Kognitionspsychologie zu verbinden und zu differenzieren.

In diesem Kapitel wird auf der Bearbeitungsebene 2 eine Vorgehensweise entwickelt und angewendet, mit der die zu vermittelnden Lehrinhalte in eine Ablaufstruktur gebracht werden, die der Zielsetzung des Kurses und den Lernvoraussetzungen der Zielgruppe entspricht. Sachlogik, Lernlogik und Ablaufplan werden beispielhaft entwickelt.

4.1   Problemstellung und Bearbeitungsansatz

Im vorigen Kapitel wurde gezeigt, daß die Thematik von Maßnahmen der Anpassqualifizierung sehr weitgehend aus dem Bedarf der betrieblichen Praxis, speziell über qualifikatorische Anforderungsanalysen, bestimmbar ist. Aus funktionalen und sozialen Gründen ist als zusätzliche Intentionalität die Selbständigkeit des Handelns zu berücksichtigen. Dies führt dazu, daß Grundlagen- und Methodenkenntnisse sowie allgemeinere Fähigkeiten und nicht nur Fertigkeiten und Verrichtungswissen zu vermitteln sind. Diese Ziel-Setzung hat sich konkret in der Art und Weise zu spiegeln, wie die geforderten Lehrinhalte lernlogisch strukturiert werden, damit die bestehenden Diskrepanzen zwischen Qualifikationsanforderungen und Lernvoraussetzungen überbrückt werden kann.

Diese sind (vgl. Bild 4.1) dadurch kennzeichnet, daß im Lernprozeß

- von einem anschauungsorientierten Denken und Handeln zum Umgang mit abstrakt-formalen Objekten,
- von meist arbeitsteilig bestimmten Vorerfahrungen zu eher ganzheitlichen Arbeitsvollzügen,
- von manuellen, sensumotorisch bestimmten Tätigkeiten zu kognitiv bestimmten Tätigkeiten mit hohem Exaktheitsanspruch an die Wissensreproduktion und die intellektuelle Regulation,
- von einem eher anweisungsgebundenen Arbeitsstil zu einem selbständigen, verantwortlichen Handeln,
- von einem häufig "empirisch-adaptiven" Arbeitsstil ("trial and error", "Panikreaktion") zu einem systematisch-vorbedenkenden Arbeitsstil, der gezielt analytisch-diagnostische und synthetisch- konzeptionelle Leistungen einsetzt,

geführt werden muß.

Wie bereits im Kapitel 2 dargelegt, wird die Problemstellung der pädagogischen Methodik der Vermittlung auf drei Aggregationsebenen (Lehrgang, Lehreinheit, Lernschritt) angegangen. Problem-

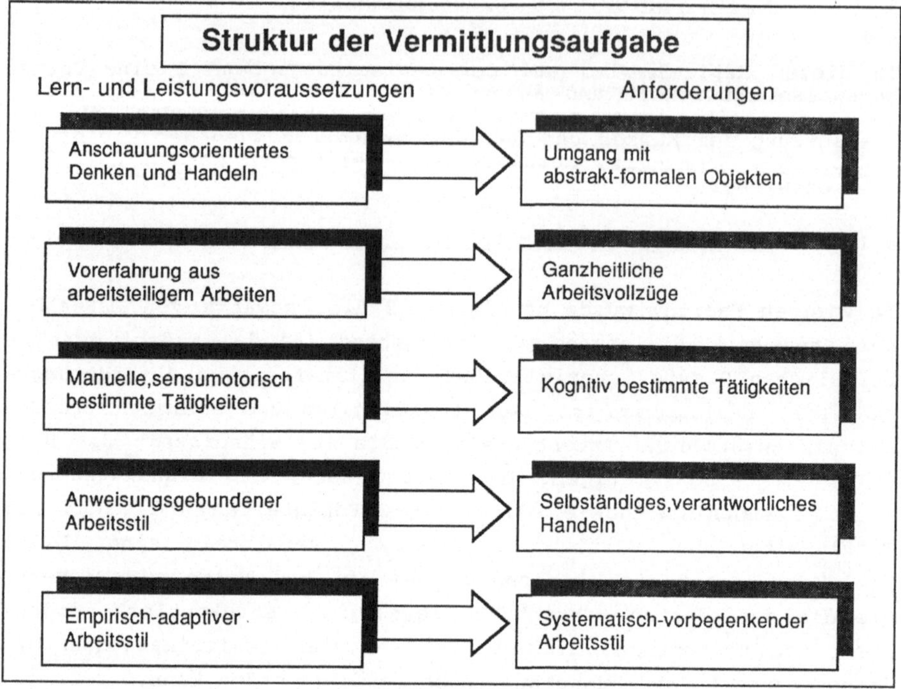

Bild 4.1: Struktur der Vermittlungsaufgabe: Diskrepanzen von Voraussetzungen und Anforderungen

stellung der hier anstehenden Bearbeitungsebene ist es, aus der festgelegten Intention und Thematik des Lehrganges die Lehrinhalte im einzelnen festzulegen und in eine Abfolge zu bringen, die der Gesamtzielsetzung entspricht und dazu beiträgt, die benannten Diskrepanzen zu überwinden.

Notwendiger Ausgangspunkt dieser Strukturierung sind die sachlogische Voraussetzungstruktur des Stoffes und die lernlogische Aneignungsstruktur der Zielgruppe. Dabei ist nicht eine objektbezogene Sachlogik nach Art einer technisch-wissenschaftlichen Systematik gemeint, sondern eine aufgabenbezogene Sachlogik, die die für die Bewältigung einer bestimmten Arbeitsaufgabe erforderlichen Kenntnisinhalte in eine hierarchische Struktur nach Art einer Enthaltensrelation bringt (Beispiel: die "Lernspinne" in Bild 3.9). Die Aneignungsstruktur der Zielgruppe, also ihre Lern- und

Leistungsvoraussetzungen, und das Ziel des Lernprozesses, die Arbeitspraxis, verlangen eine Betonung des praktischen Handelns, also eine Orientierung an einer Aufgabenlogik. Problem ist demnach, die Vielzahl der für die Aufgabenbearbeitung erforderlichen Kenntnisse aufgabenbezogen zu vermitteln (Entwicklung einer Lernlogik). Es geht also darum, schon auf der Ebene des Gesamtaufbaus eines Lehrgangs die Verbindung von Kognition und Aktion sicherzustellen. Dies ist eine notwendige, aber noch nicht hinreichende Voraussetzung für einen sach- und lernergerechten Kurs, da auch der Einsatz effizienter Trainingsmethoden Mängel in der Kursstruktur kaum wird kompensieren können.

Die Bearbeitung erfolgt primär unter handlungstheoretischen Gesichtspunkten (Bildung von Lernaufgaben), die durch kognitionspsychologische Aspekte (Sequenzierung der Lehrinhalte nach dem Prinzip der Lernhierarchie von Gagné) ergänzt werden. Basis der Bearbeitung ist die durchgeführte Analyse der Arbeitstätigkeiten sowie Erfahrungen mit der Kursdurchführung in QIR. In der Darstellung wird die Entwicklung und Anwendung der Vorgehensweise am Beispiel des IR-Lichtbogenschweißens demonstriert.

4.2 Prinzipien und Vorgehensweise zur Makrostrukturierung der Lehrinhalte

Eine objektorientierte, sachlogische Systematisierung der Lehrinhalte nach Art eines wissenschaftlichen Lehrbuchs wird zwar häufig - wohl auch nicht zuletzt der Bequemlichkeit der Trainer wegen - auch als Prinzip der Sequenzierung der Lehrinhalte herangezogen /153/, widerspricht aber den Lernvoraussetzungen der Zielgruppe und ist somit pädagogisch kontraproduktiv.

Als Richtschnur für praxis- und lernergerechte Strukturierung der Lehrinhalte werden hier Prinzipien der Kursstrukturierung erarbeitet, denen vier Bezugsfelder zugeordnet sind (<u>Bild 4.2</u>).

Die Forderung nach einer praxisadäquaten Qualifizierung führt auf einen Bezug zur Arbeits- und Betriebspraxis sowie zur Arbeitsaufgabe:

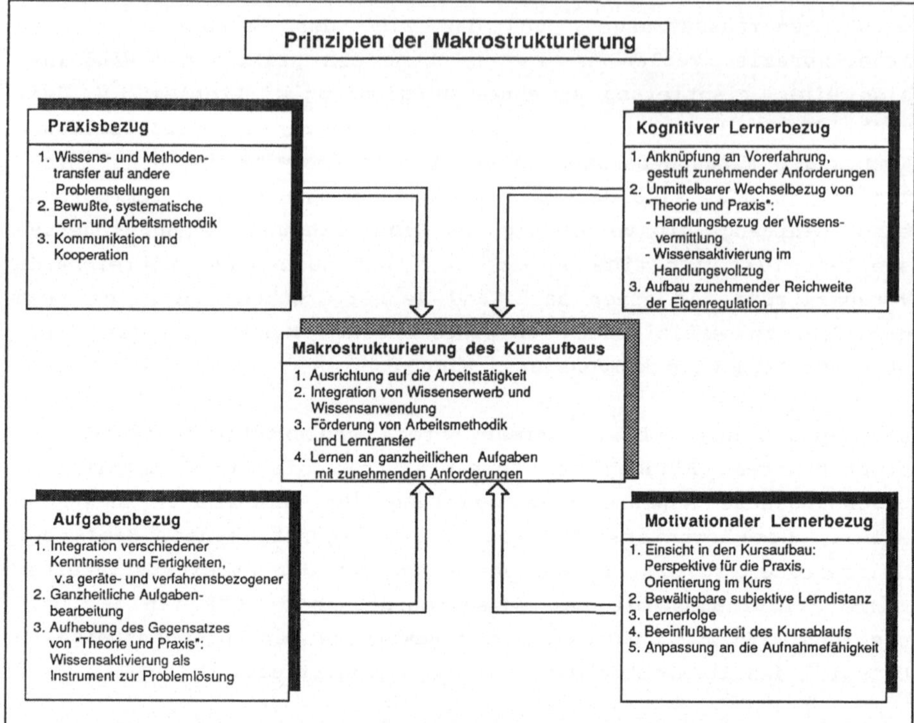

<u>Bild 4.2</u>: Prinzipien und Bezugsfelder der Makrostrukturierung

1. Der Praxisbezug ist über die Sicherstellung einer Übertrag-
    barkeit des Gelernten zu sichern, da nicht davon ausgegangen
    werden kann, daß jede einzelbetriebliche und individuelle Ar-
    beitspraxis über die Zeit hinweg genau den Lehrinhalten eines
    Lehrgangs entspricht.
2. Der Lehrgang steht in einem strikten Bezug zu einer idealty-
    pischen Arbeitsaufgabe, die vertikal (Planung und Kontrolle
    der Handlung) und horizontal (Breite der anfallenden Teilauf-
    gaben) ganzheitlich ist. Dies verlangt und fördert eine
    Theorie-Praxis-Integration in der Kursdurchführung.

Dem steht die Forderung nach einer lerneradäquaten Qualifizierung mit zwei weiteren Bezugsfeldern gegenüber:

3. Die kognitiven Fähigkeiten der Lerner sind zu berücksichtigen
    und zu fördern, sowohl beim Wissenserwerb als auch in der
    Handlungsausführung.
4. Die Motivation der Lerner ist durch Transparenz des Kurses
    und durch Beachtung der Lernfähigkeit zu sichern.
(Eine nähere Erläuterung und Begründung dieser Bezugsfelder befindet sich im Anhang A 4.3.)

Aus den Bezugsfeldern lassen sich vier Prinzipien der Strukturierung der Lehrinhalte in einem sach- und lerneradäquaten Kursaufbau ableiten:

1. Ausrichtung auf die Arbeitstätigkeit:

   Inhalt, Ablauf und Form der Vermittlung sind auf die Arbeitstätigkeit auszurichten. Das bedeutet:
   - Behandlung und Integration von geräte- und verfahrensbezogenen Kenntnissen und Aufgaben, speziell also von Programmier- und Schweißkenntnissen;
   - der Ablauf des Kurses orientiert sich an einem idealtypischen Arbeitsablauf;
   - Hinführung auf problemhaltige Aufgabenstellungen und kooperative Problembearbeitung.

2. Integration von Wissenserwerb und -anwendung.

   Wissenserwerb ("Theorie") und Wissensanwendung ("Praxis") sind aufeinander zu beziehen. Verkürzt: die Kognition dient der Aktion. Das bedeutet:
   - Wissen wird im Hinblick auf praktische Aufgabenstellungen vermittelt,
   - bei der Bearbeitung dieser Aufgabenstellungen wird das vermittelte Wissen systematisch aktiviert.

3. Förderung von Arbeitsmethodik und Lerntransfer

   Nicht zuletzt aufgrund der laufenden technischen Änderungen ist die Lern- und Arbeitsmethodik und der Transfer des Gelernten auf andere Gegenstände zu fördern. Das bedeutet:
   - Systematik des Vorgehens beim Lernen und Arbeiten reflektieren und anleiten,
   - Erlernen von (zwei) unterschiedlichen Geräten.

4. Lernen an ganzheitlichen Aufgaben mit zunehmenden Anforderungen.

   Gefordert ist Handlungslernen mit einer Betonung kognitiver und regulativer Anteile, das tendenziell den Lernvoraussetzungen entgegenläuft. Deshalb ist an ganzheitlichen, gestuften Aufgaben zu lernen. Das bedeutet:
   - Jede Lernaufgabe ist in sich abgeschlossen und sinnvoll.
   - Die Lernaufgaben bauen aufeinander auf, so daß sie bewältigbar sind und daß sukzessive Routinisierungen erfolgen können.
   - Die Anforderungen an Wissen und Ausführungsregulation sind gestuft und nehmen entsprechend dem Lernfortschritt zu.

Die Anwendung und Einlösung dieser Prinzipien mit ihren Bezügen erfolgt in einer Vorgehensweise, die auf der im vorigen Kapitel vorgestellten Vorgehensweise zur Analyse der Qualifikationsanforderungen aufbaut (Bild 4.3).

Kern der Vorgehensweise ist die Bildung und Sequenzierung von Lernaufgaben, denen die erforderlichen Kenntnisse zugeordnet werden. Aus einem Vorranggraphen von Lernaufgaben und Kenntnisinhalten wird unter Berücksichtigung der o.a. Prinzipien und Bezugsfelder eine lineare zeitliche Struktur von Lehreinheiten gebildet. Damit wird eine Verbindung von Sach- und Lerneradäquanz sowie von Kognition und Aktion auf der Ebene des gesamten Lehrganges erreicht.

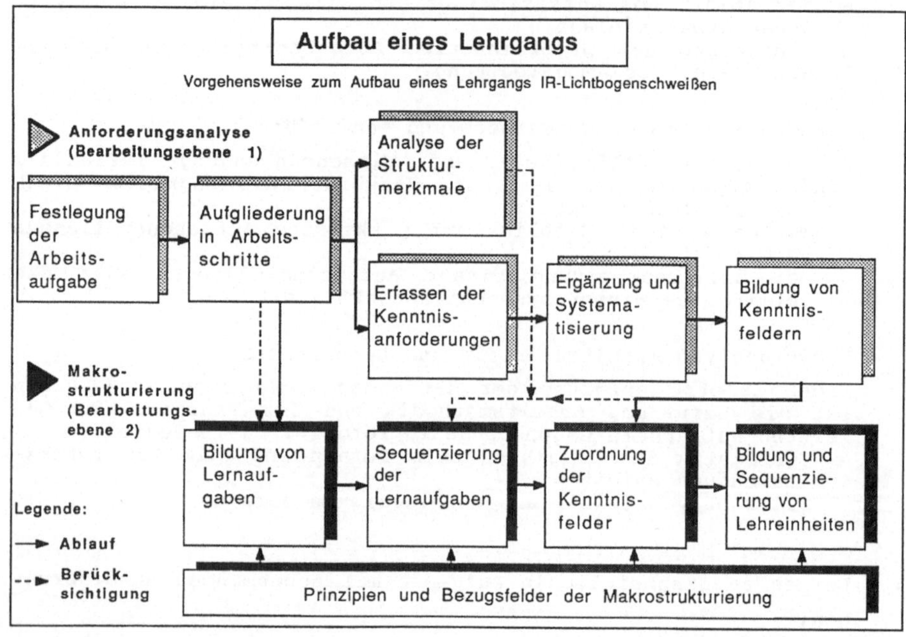

<u>Bild 4.3</u>: Vorgehensweise zum Aufbau eines Lehrgangs, entwickelt am Beispiel des IR-Lichtbogenschweißens

4.3   Bildung von Lernaufgaben

Leitprinzip der Makrostrukturierung des Kurses ist die Sequenzierung entlang von Lern-Aufgaben. Theoretisch gesehen, beinhaltet dies eine Kombination des Handlungslernens mit dem Prinzip der Lernhierarchie nach Gagné. Über die Realisierung dieses Leitprinzips sind die anderen Einzelprinzipien leichter einlösbar. Als Lern-Aufgaben werden mit Blick auf die verschiedenen Prinzipien ganzheitliche, abgeschlossene Teiltätigkeiten definiert, über deren Gesamtabfolge alle für das IR-Lichtbogenschweißen wesentlichen Kenntnisse, Fähigkeiten und Fertigkeiten erlernbar sind.

Die Qualifikationsanforderungsanalyse hatte eine Anzahl von Arbeitsschritten (vgl. Bild 3.4) ergeben. Diese können nicht direkt für die Bildung von Lernaufgaben übernommen werden. Zum einen brauchen nicht alle Details der Vorbereitung nochmals gelehrt zu werden, zum anderen wäre der direkte Einstieg in die Werkstückprogrammierung (z.B. nach Art der Projektmethode) hier eine Überforderung, da die Lernschwierigkeiten schlagartig zunehmen würden. Es sind vier konkurrierende Aspekte zur Übereinstimmung zu bringen: erstens die reale Komplexität, zweitens die Stufung des Lernprozesses entlang einer idealtypischen Arbeitsaufgabe, drittens die Stufung nach Lernfortschritt und viertens die Motivation der Teilnehmer, die auf ein schnelles reales Ergebnis (sprich: Schweißen eines Werkstückes mit dem IR) ausgerichtet ist.

Unter dem Gesichtspunkt einer Stufung der Lernaufgaben nach der Komplexität der Nutzung des IR- und des Schweißsystems werden fünf Ebenen von Lernaufgaben definiert:
1. Sicherung der Grundlagenkenntnisse des Bearbeitungsprozesses,
2. Erlernen von Bedienroutinen des Betriebsmittels,
3. Erlernen des einfachsten ganzheitlichen Bearbeitungsschrittes,
4. Erlernen komplexerer Bearbeitungsschritte und
5. Erlernen der Bearbeitung kompletter, realitätsnaher Bearbeitungsaufgaben.

Die Lernaufgaben sollen so definiert werden, daß möglichst bald die Ebene 3, also die Bearbeitung eines Werkstücks, erreicht wird. D.h., daß gegebenenfalls auf Ebene 1 und 2 zusätzliche Lernaufgaben zu definieren sind, über die später eine Vollständigkeit z.B. der Bedienroutinen erreicht wird, während zunächst der schnellstmögliche Weg zur realen Bearbeitung gesucht wird.

Für die Kursstrukturierung zum IR-Lichtbogenschweißen wurden aus den Arbeitschritten der Qualifikationsanforderungsanalyse 16 Aufgaben entwickelt, die in fünf Blöcke, entsprechend diesen Ebenen, gegliedert sind (Bild 4.4).

Die "Schweißtechnischen Grundaufgaben" (1) dienen zum einen dem Trainer zur Feststellung der vorhandenen schweißtechnischen Kenntnisse und Fertigkeiten der Teilnehmer, zum andern aber vor allem dem Heranführen der Teilnehmer an die notwendige Exaktheit der Werkstückvorbereitung, der Parameterwahl und der Nahtbeurteilung beim Roboterschweißen. Die Übungen zum manuellen Schweißen sind deshalb in zwei Abschnitte unterteilt, von denen der zweite stärker auf die praktische Erfahrung der physikalisch-technischen Grundlagenkenntnisse ausgerichtet ist, während der erste eher der Festigung vorhandener Kenntnisse und Fertigkeiten dient.

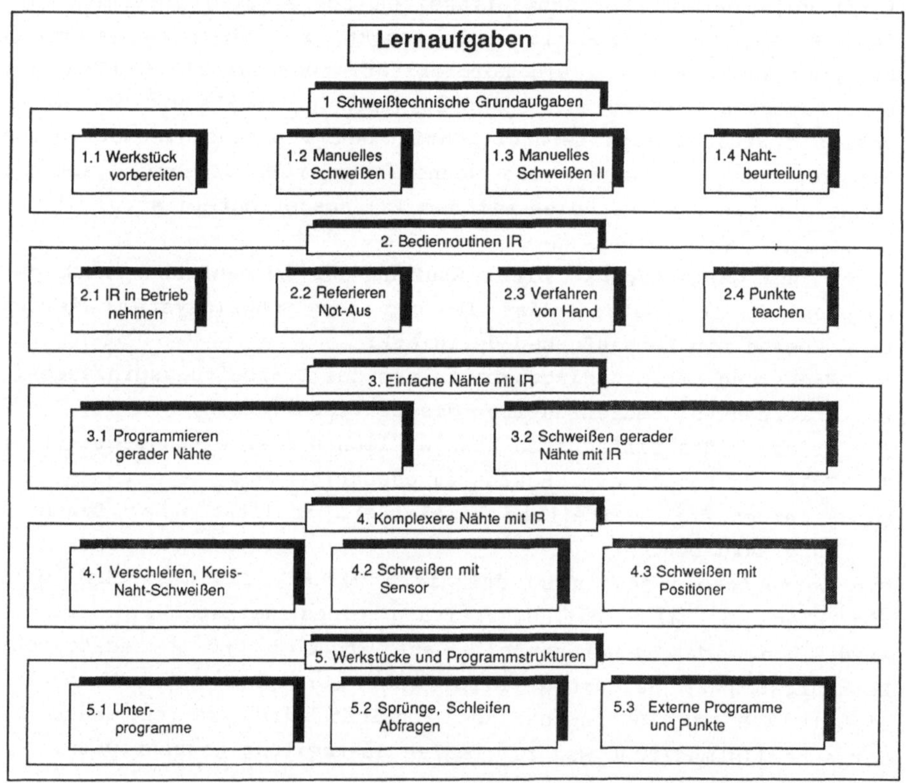

<u>Bild 4.4</u>: Lernaufgaben zum IR-Bahnschweißen

Die "Bedienroutinen an IR" (2) dienen dem Kennenlernen des IR und der Erarbeitung einer Bediensicherheit von häufig wiederkehrenden Abläufen. Die Bedienroutinen sind eine offensichtliche Voraussetzung für die weitere Arbeit mit dem IR.

Um der Zielgruppe - Schweißer - aus motivationalen Gründen möglichst bald ein praktisches Erfolgserlebnis am IR zu vermitteln, wurde die Erstellung von Schweißprogrammen in drei Blöcke geteilt: Zunächst werden einfache, d.h. im wesentlichen gerade, Nähte programmiert und auch geschweißt (3); ggf. gibt hier der Trainer stärker Hilfestellung, z.B. bei der Parameterwahl. Es folgen die komplexeren Aufgaben von seiten der Schweißtechnik - Block 4 "Komplexere Nähte" - und der Programmierung - Block 5 "Werkstücke und Programmstrukturen" -.

4.4   Sequenzierung der Lernaufgaben

Die Anordnung in Bild 4.4 deutet schon eine gewisse Abstufung des Schwierigkeitsgrades und des Bekanntheitsgrades der Aufgaben für die Zielgruppe an. De facto beinhalten die Lernaufgaben auch sachlogische Enthaltensrelationen, über die bei der Bearbeitung komplexerer Lernaufgaben einfachere, früher bearbeitete Lernaufgaben als zu routinisierende Teilschritte immer wieder mit aufgerufen werden:

o   Das Schweißen ganzer Werkstücke (Lernaufgaben 5.1 bis 5.3) erfordert die Beherrschung verschiedener Schweißtechniken mit IR (4.1 bis 4.3).

o   Das Erstellen komplexer Nähte (4.1 bis 4.3) setzt die Kenntnis des Progammierens einfacher Nähte (3.1 bis 3.2) voraus.

o   Der Umgang mit dem IR erfordert die Beherrschung der Bedienroutinen (2.1 bis 2.4).

o   Die einzelnen Bedienroutinen (2.1 bis 2.4) bauen aufeinander auf, jede setzt die vorhergehende voraus.

o   Die Beherrschung der Prozeßgrundlagen (1.1 bis 1.4) ist Voraussetzung für das korrekte Schweißen (3.2 bis 4.3).

Damit ist die Grundlage einer sachlogisch begründeten Lernhierarchie aus Lernaufgaben gegeben.

Die IR-bezogenen Aufgaben verdoppeln sich , da im hier zugrundegelegten Fall zur Verbesserung des Lerntransfers ein zweites IR-Fabrikat gelehrt wird. Die Grobstruktur der sachlogischen Anordnungsbeziehungen zwischen den Blöcken von Lernaufgaben zeigt Bild 4.5.

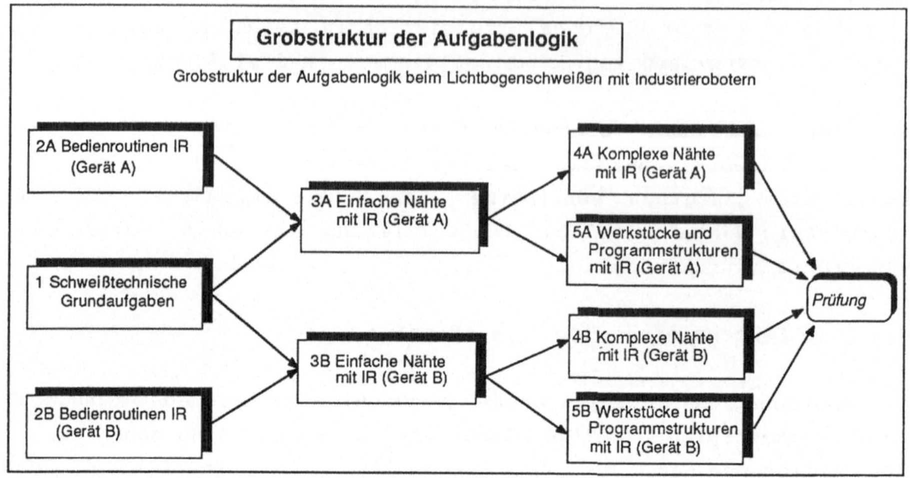

Bild 4.5: Sachlogische Grobstruktur der Blöcke von Lernaufgaben

Diese grobe Abfolge der Blöcke von Lernaufgaben in Bild 4.5 ist wie folgt begründet:

o   Aus lerntheoretischen Gründen sollten nicht zwei so ähnliche Sachverhalte wie zwei IR-Fabrikate direkt nebeneinander behandelt werden, um Gedächtnishemmungen (Interferenzen) zu vermeiden (vgl. /154, 155/).

o   Der schwieriger zu erlernende Sachverhalt wird zuerst behandelt, da vom erwachsenen Lerner mit klarer Verwertungsperspektive für den Lehrstoff nur wenig Motivation erwartet werden kann, nach einem "einfacheren" Gerät noch ein "schwierigeres" zu erlernen (vgl. /156/).

o   Spätestens in der Lernaufgabe 3.2 "Schweißen gerader Nähte mit IR" müssen schweiß- und IR-technische Kenntnisse soweit gediehen sein, daß mit leichter Mithilfe des Trainers die erste Naht gezogen werden kann. Die Blöcke 1 und 2 sollten deshalb zeitlich verschachtelt werden, um eine momentane Überforderung der Aufnahmefähigkeit der Zielgruppe zu vermeiden.

Für die Reihenfolge der Behandlung der Blöcke 4 "komplexere Nähte" und 5 "Werkstücke und Programmstrukturen" und ihrer einzelnen Lernaufgaben bestehen Freiheitsgrade.

4.5   Lernaufgaben und Kenntnisfelder

Das Gesamtkonzept des Kurses und auch der Makrostrukturierung setzt am praktischen Handeln an. Der praktische Handlungsvollzug darf aber gerade wegen seiner Spezifität nicht zum alleinigen Maßstab der Kursauslegung werden. (Es ist schon lange bekannt (vgl. z.B. /157/), daß "das Zerfallstempo von Bildungsinhalten positiv mit ihrer Praxisnähe und negativ mit ihrem Abstraktionsniveau korreliert" (ebd.)). Den praktischen Aufgaben sind also in Erweiterung von Bild 4.4 und 4.5 die erforderlichen speziellen <u>und</u> die grundlegenden Kenntnisse zuzuordnen, um die Einheit von Aktion und Kognition zu sichern.

Zur Darstellung der sachlogischen Voraussetzungsstruktur wurde hier die Darstellung an die eines Vorranggraphen angelehnt (<u>Bild 4.6</u>). In ihm sind die Lernaufgaben aus Bild 4.4 und die Kenntnisfelder aus Bild 3.10 mit gleicher Dezimalnummerierung zusammengeführt. Als Netzplan interpretiert, zeigt Bild 4.6 zwei kritische Pfade:

o   Voraussetzung für die Lernaufgabe 3.1 "Programmieren gerader Nähte" sind umfangreiche Bedienroutinen (Lernaufgabe 2.1 - 2.4) und Kenntnisse (Kenntnisfeld 3.2, 3.3, 3.5, 3.8).

o   Voraussetzung für die Lernaufgabe 3.2 "Schweißen gerader Nähte" ist u.a. das sehr umfangreiche Kenntnisfeld 5.3 "Physikalisch-technische Grundlagen des Schweißens".

Dies sind genau die Bereiche, in denen die Analyse (vgl. 3.4.4) Lernschwierigkeiten erwarten läßt. Unter der Zielsetzung einer handlungsorientierten Didaktik wird es unter dem kognitiven und dem motivationalen Lernerbezug gerade darauf ankommen, die Aufgabenbereiche 1 und 2 so zu verschränken, daß möglichst bald die Aufgabe 3.2 erreicht wird.

Die nach Lernaufgabe 3.2 folgenden Aufgaben 4 und 5 sind im wesentlichen Ausweitungen und Differenzierungen, die zwar relativ hohe Anforderungen an die psychische Regulation stellen, von ihrer sachlogischen Voraussetzungsstruktur aber weitgehend unabhängig voneinander sind.

<u>Bild 4.6</u>:   Sachlogische Voraussetzungsstruktur von Aufgaben und zugeordneten Kenntnisfeldern. (Die Dezimalnumerierung entspricht der in Bild 3.10 und 4.4 verwendeten).
(siehe nächste Seite)

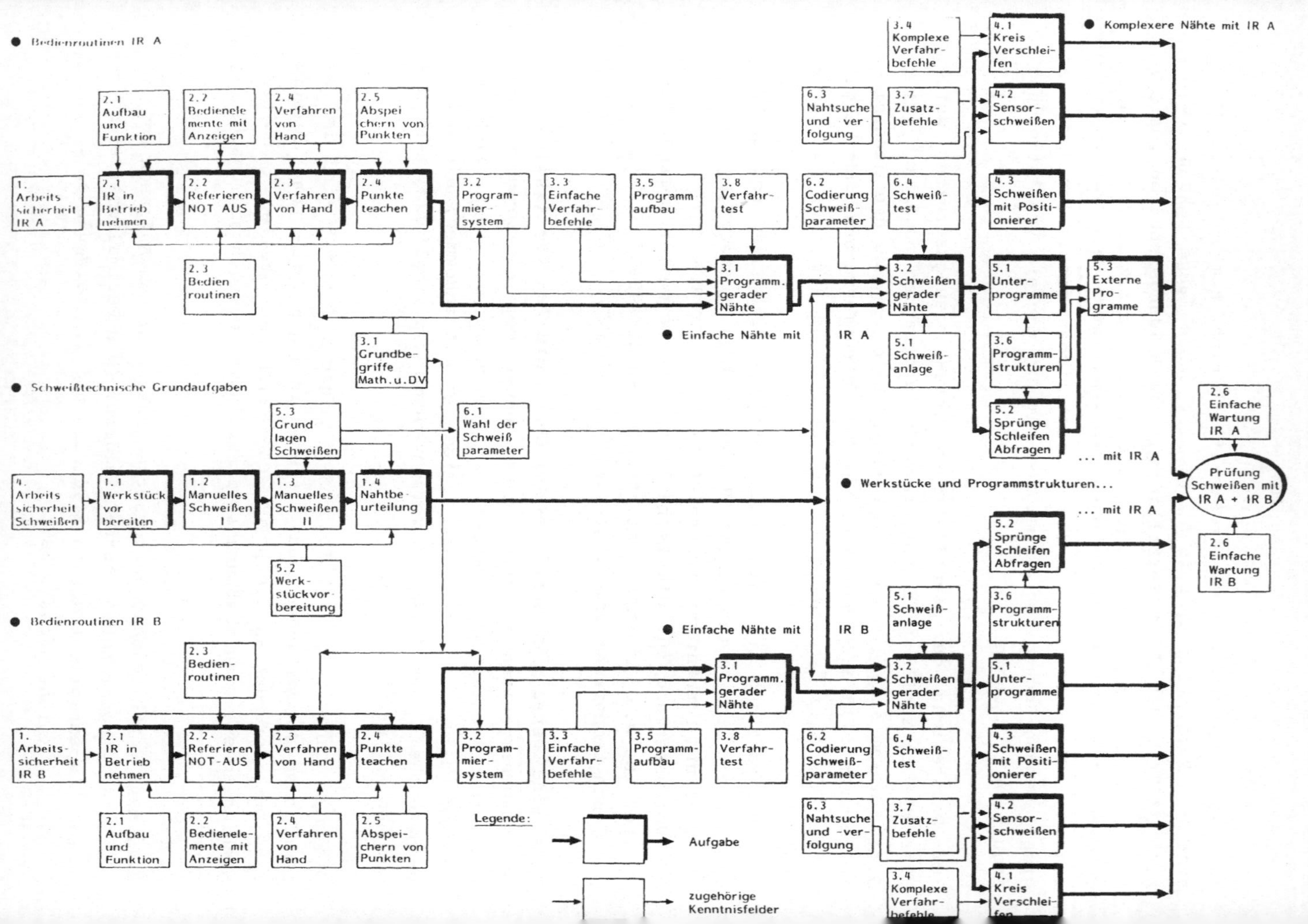

● Bedienroutinen IR A
2.1 Aufbau und Funktion
2.2 Bedienelemente mit Anzeigen
2.4 Verfahren von Hand
2.5 Abspeichern von Punkten
1. Arbeitssicherheit IR A
2.1 IR in Betrieb nehmen
2.2 Referieren NOT AUS
2.3 Verfahren von Hand
2.4 Punkte teachen
2.3 Bedienroutinen
3.2 Programmiersystem
3.3 Einfache Verfahrbefehle
3.5 Programmaufbau
3.8 Verfahrtest
6.2 Codierung Schweißparameter
6.4 Schweißtest
3.1 Programm. gerader Nähte
3.1 Grundbegriffe Math.u.DV
● Einfache Nähte mit
IR A
3.2 Schweißen gerader Nähte
5.1 Schweißanlage
3.6 Programmstrukturen
3.4 Komplexe Verfahrbefehle
4.1 Kreis Verschleifen
● Komplexere Nähte mit IR A
6.3 Nahtsuche und -verfolgung
3.7 Zusatzbefehle
4.2 Sensorschweißen
4.3 Schweißen mit Positionierer
5.1 Unterprogramme
5.3 Externe Programme
5.2 Sprünge Schleifen Abfragen
● Schweißtechnische Grundaufgaben
5.3 Grundlagen Schweißen
6.1 Wahl der Schweißparameter
4. Arbeitssicherheit Schweißen
1.1 Werkstück vorbereiten
1.2 Manuelles Schweißen I
1.3 Manuelles Schweißen II
1.4 Nahtbeurteilung
5.2 Werkstückvorbereitung
● Werkstücke und Programmstrukturen...
... mit IR A
... mit IR A
Prüfung Schweißen mit IR A + IR B
2.6 Einfache Wartung IR A
2.6 Einfache Wartung IR B
5.2 Sprünge Schleifen Abfragen
● Bedienroutinen IR B
2.3 Bedienroutinen
1. Arbeitssicherheit IR B
2.1 IR in Betrieb nehmen
2.2 Referieren NOT-AUS
2.3 Verfahren von Hand
2.4 Punkte teachen
2.1 Aufbau und Funktion
2.2 Bedienelemente mit Anzeigen
2.4 Verfahren von Hand
2.5 Abspeichern von Punkten
3.2 Programmiersystem
3.3 Einfache Verfahrbefehle
3.5 Programmaufbau
3.8 Verfahrtest
● Einfache Nähte mit
IR B
3.1 Programm. gerader Nähte
3.2 Schweißen gerader Nähte
5.1 Schweißanlage
3.6 Programmstrukturen
5.1 Unterprogramme
6.2 Codierung Schweißparameter
6.4 Schweißtest
4.3 Schweißen mit Positionierer
6.3 Nahtsuche und -verfolgung
3.7 Zusatzbefehle
4.2 Sensorschweißen
3.4 Komplexe Verfahrbefehle
4.1 Kreis Verschleifen
Legende:
Aufgabe
zugehörige Kenntnisfelder

Bild 4.7 zeigt als Beispiel die für die Lernaufgabe 2.4 "Punkte teachen" erforderlichen Kenntnisse, die Voraussetzung für die Aufnahme von Geometriepunkten und somit für das Programmieren insgesamt sind. **Bild 4.8** zeigt die für das Schweißen einer Naht mittels IR (Lernaufgabe 3.2) erforderlichen Kenntnisse der Schweißtechnologie allgemein und der Schweißprogrammierung speziell. (Die Kenntnisinhalte der vorausgesetzten, anderen Lernaufgaben sind hier nicht mit ausgewiesen). Es wird deutlich, daß selbst unter Assistenz des Trainers eine derartige Lernaufgabe einen gewissen Meilenstein im Kurs bilden, zumal zusätzlich bis dahin die Kenntnisse der Verfahrprogrammierung verfügbar sein müssen.

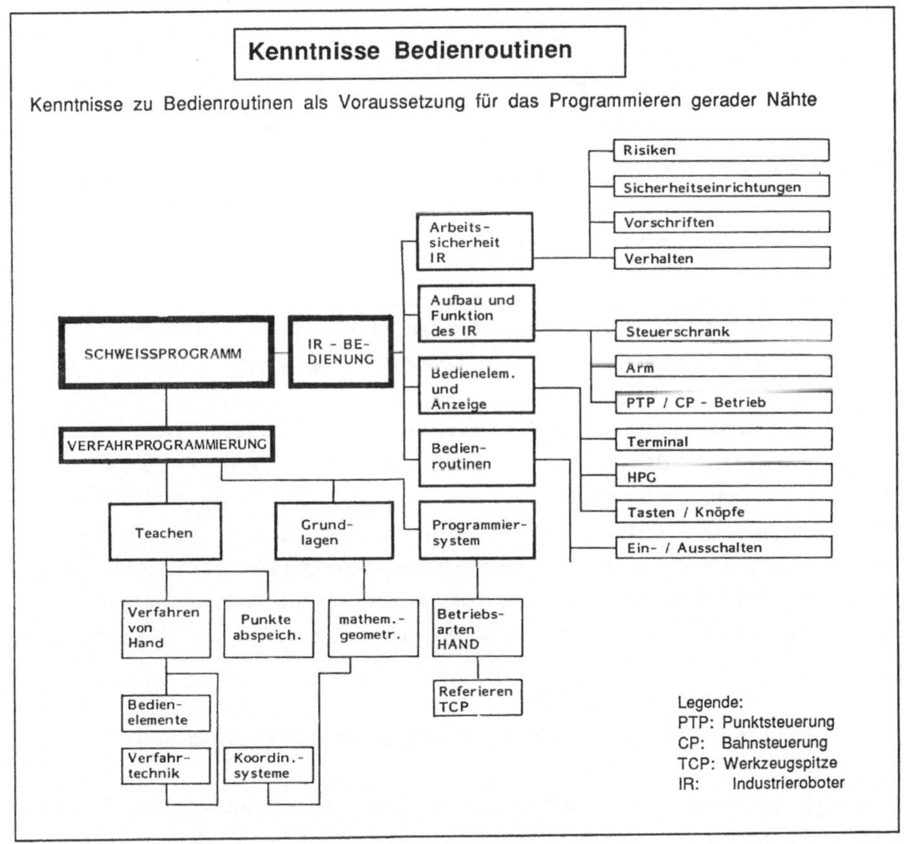

Bild 4.7: Kenntnisinhalte für die Lernaufgabe 2.4 "Punkte teachen" in der Darstellung als "Lernspinne".

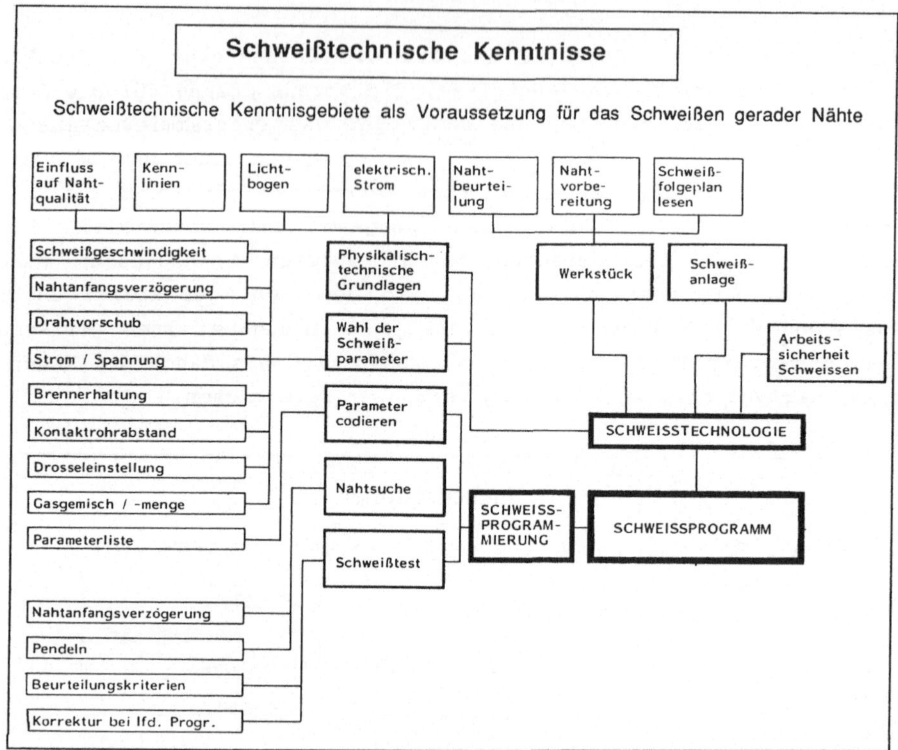

Bild 4.8: Kenntnisinhalte für die Lernaufgabe 3.2 "Schweißen gerader Nähte" in der Darstellung als "Lernspinne"

Die formale und inhaltliche Parallelität der beiden IR-Systeme im Graphen verweist darauf, daß die Behandlung von IR B zeitlich straffer gehandhabt werden kann als die von IR A, da auf Vorkenntnissen aufgebaut werden kann. Dieser Effekt gilt um so stärker, je mehr bei der Behandlung von IR A gemeinsam zugrundeliegende Prinzipien und Strukturen - z.B. des Aufbaus und der Funktionsweise von Industrierobotern oder von Programmen - deutlich gemacht werden können.

4.6 Bildung von Lehreinheiten und Feinsequenzierung

Der Graph in Bild 4.6 zeigt, daß in der Feinsequenzierung durchaus Freiheitsgrade für die zeitliche Abfolge der einzelnen Einheiten bestehen. So ist es z.B. keinesfalls zwingend, den Aufgabenpfad 2 (IR A) bis zur Aufgabe 3.1 durchgängig zu behandeln, um dann den

Aufgabenpfad 1 (schweißtechnische Grundaufgaben) ebenso durchgängig abzuhandeln. Es wird im Gegenteil aus Gründen des motivationalen Lernerbezugs, speziell der Vermeidung von Monotonie und/oder
Sättigung, zweckmäßig sein, hier eine zeitliche Verschachtelung
vorzusehen. Entsprechend sind in den Aufgabenbereichen 4 und 5
(komplexe Nähte und Werkstücke) Freiheitsgrade der zeitlichen Anordnung gegeben.

Die Bildung von Lehreinheiten aus den einzelnen Teilaufgaben mit
den zugeordneten Kenntnisfeldern und die Festlegung der genauen
Abfolge kann nur unter Berücksichtigung der speziellen praktischen
Randbedingungen einer Kursdurchführung erfolgen. Derartige Randbedingungen sind:

1. Zeitstruktur:
    o Dauer pro Unterrichtsblock (z.B. 2, 4 oder 8 Stunden);
    o Anzahl Unterrichtstage in direkter Folge;
    o Lage der Unterrichtszeit (vor, während, nach der Arbeits-
       zeit; Tageszeit).

2. Verfügbare Technik:
    o Anzahl verfügbarer Industrieroboter;
    o Anzahl verfügbarer Peripherieeinheiten;
    o Anzahl Teilnehmer pro Gerät.

3. Räumliche Gegebenheiten:
    o Art, Größe und Ausstattung der Schulungsräume;
    o Entfernung vom Schulungsraum zum Roboterraum.

4. Lehr-/Lernkonzept:
    o Zeiten für die Bearbeitung von Hausaufgaben;
    o Möglichkeiten zum selbständigen Üben an den Geräten (Auf-
       sicht!).

Die Vorgehensweise der Feinstrukturierung wird hier deshalb beispielhaft für einen Kurs "Schweißen mit Industrierobotern" dargestellt. Zugrundegelegt sind die in Kapitel 3 dargestellten Ziele
und Inhalte, Ganztagesunterricht während dreier Wochen, je ein
schweißfähiges und ein "kaltes" Gerät zweier Hersteller, acht
Teilnehmer pro Kurs, benachbarte Schulungs- und Geräteräume sowie
die Möglichkeit selbständigen Übens.

Die Feinsequenzierung geht von einer Aufteilung des Kurses in
Lehreinheiten als inhaltliche Einheiten aus.
Die Entwicklung der Feinsequenzierung basiert auf folgenden Rand-
bedingungen:

1. Die sachlogischen Zusammenhänge müssen gewahrt bleiben.
2. Es ist möglichst schnell ein praktischer Umgang mit dem IR anzustreben.
3. Zur Sicherstellung der erforderlichen Schweißkenntnisse und als Belastungswechsel werden zwischen den IR-bezogenen Lehreinheiten intermittierend schweißtechnische Lehreinheiten eingeschoben.

Vor allem aus motivationalen Gründen sollte zusätzlich zu den schon erarbeiteten Prinzipien das Prinzip des Anforderungswechsel beachtet werden. D.h., sofern Freiheitsgrade der Anordnung bestehen, sollten zu lange Abfolgen gleichartiger Lehreinheiten vermieden werden. Es sollte also ein Wechsel nach Lerngegenstand (hier also IR, Schweißtechnik, Schweißen mit IR) und nach Anwendungsnähe der vermittelten Inhalte (also z.B. Orientierungs- und Grundlagenwissen, anwendungsbezogene Kenntnisinhalte, angeleitetes und freies Üben) erfolgen.

Die praktischen Schritte der Feinsequenzierung sind:
1. Festlegen der zeitlichen Gewichte der einzelnen Lehreinheiten bzw. der Lernaufgaben und ihnen zugeordneten Kenntnisfelder im Rahmen des verfügbaren Gesamt-Zeitbudgets.

2. Entwicklung eines groben Ablaufplanes aufgrund der Anordnung der Blöcke von Lernaufgaben (vgl. Bild 4.5).

3. Probeweise Belegung des groben Ablaufplanes mit Lehreinheiten.

4. Überprüfung der Belegung nach den oben genannten Randbedingungen und den in 4.2 entwickelten Prinzipien der Makrostrukturierung.

5. Gegebenenfalls Umstellung der Belegung; Iteration mit Schritt 4.

Eine präzisere Algorithmisierung - z.B. mit definierten Entscheidungsbedingungen - des Vorgehens mag zwar prinzipiell möglich sein, erscheint aber unökonomisch: Der Formalisierungsaufwand nicht nur für das dann erforderliche (hypothetische) Rechnerprogramm, sondern vor allem für die notwendige Deskription der Lektionen durch den Benutzer wäre höher als der Aufwand für das hier empfohlene qualitative Verfahren und brächte nur geringen Grenznutzen (vgl. z.B. /158/). Kommerziell verfügbare Stundenplanprogramme sind hier nicht verwendbar, da sie nicht auf Sequenzierung, sondern auf das einfachere Problem der Allokation (Fächer, Klassen, Lehrer, Räume) ausgerichtet sind /159/.

Der Ablaufplan im Anwendungsbeispiel Lichtbogenschweißen (Bild 4.9) läßt folgendes erkennen:

Std. \ Tag	1	2	3
1	Begrüßung, Formalia Überblick über den Kurs Film IR-Anwendung, Diskussion der Erwartungen	A2.1 Inbetriebnahme (W) K2.1 Aufbau und Funktion (PTP/CP) K3.1 Koordinatensysteme	A2.4 Teachen Wiederholung A3.1 Teachen Kehlnaht
2	Vorführung IR A K2.1 Aufbau und Funktion IR A K1 Arbeitssicherheit IR	A2.3 Verfahren von Hand K2.4 Verfahren von Hand A2.4 Punkte teachen K2.5 Abspeichern von Punkten	K3.2 Programmiersystem - Editor K3.3 Einfache Verfahrbefehle
3	A2.1 Inbetriebnahme K2.1 Aufbau und Funktion IR A K2.2 Bedienelemente A2.2 Referieren, Not-Aus K2.3 Bedienroutinen	K2.1 Aufbau und Funktion K3.1 Grundbegriffe DV	K3.5 Programmaufbau K3.8 Verfahrtest
4	K4 Arbeitssicherheit A1.1 Werkstück vorbereiten A1.2 Manuelles Schweißen I	A2.4 Teachen (Freies Üben)	K5.3 Grundlagen Schweissen - Elektrotechnik - Stromquellen
5	A1.1 Werkstück vorbereiten A1.2 Manuelles Schweißen I	A2.4 Teachen (Freies Üben)	K5.3 Grundlagen Schweissen Einstellen Arbeitspunkt

Std. \ Tag	4	5	6
1	K3.5 Programmaufbau (Wiederholung)	K5.3 Grundlagen Schweissen - Lichtbogen	K3.4 Kreis und Verschleifen A4.1 Kreis und Verschleifen Freies Üben
2	K3.2 Programmiersystem -Editor A3.1 Programmieren gerader Nähte Freies Üben	K5.1 Schweissanlage A K5.3 Grundlagen Schweissen - Elektrotechnik	K3.6 Programmstrukturen A5.1 Unterprogramme
3	K5.3 Grundlagen Schweissen - Materialübergang	A3.2 Schweissen mit IR - Übung an Stromquelle K6.4 Schweisstest	K3.4 Kreis und Verschleifen A4.1 Kreis und Verschleifen Freies Üben
4	A1.3 Manuelles Schweissen II K5.2 Werkstückvorbereitung	K6.1 Schweissparameter Parameterliste K6.3 Nahtsuche und Verfolgung	A3.2 Schweissen gerader Nähte mit IR (W) - Auftragsschweissen (Freies Üben)
5	A1.3 Manuelles Schweissen II K5.3 Nahtqualität A1.4 Nahtbeurteilung	A3.2 Schweißen gerader Nähte mit IR	A4.1 Teilkreis mit Verschleifen (Wiederholung) Freies Üben

Std. \ Tag	7	8	9
1	K5.1 Schweissanlage A4.3 - Positioner - E/A Tester Freies Üben	K5.3 Grundlage Schweissen A1.4 Nahtbeurteilung - Schweissnahtfehler	K2.1 Aufbau und Funktion IR B (mit Vergleich IR A) A2.1 Inbetriebnahme IR B
2	K3.6 Programmstrukturen A5.2 Sprünge, Verzweigungen Freies Üben	K6.3 Nahtsuche und Verfolgung (Wiederholung) K3.7 Zusatzbefehle	K1 Arbeitssicherheit K3.1 Koordinatensysteme IR B A2.3 Verfahren von Hand IR B K2.4 Verfahren von Hand IR B
3	K3.6 Programmstrukturen A5.2 Schleifen A5.1 Unterprogramme	A4.2 Sensorschweissen (Pendeln) (Freies Üben)	K2.2 Bedienelemente IR B K2.3 Bedienroutinen IR B A2.1 Bedienroutinen IR B -2.4
4	K5.2 Werkstückvorbereitung - Nahtgeometrie	K3.6 Programmstrukturen / A4.2 und A4.3 Pendeln am Positioner (Üben)	A1.4 Nahtbeurteilung - Schweissnahtfehler
5	A4 IR-Schweissen (Freies Üben)	A5.3 externe Programme	K5.1 Schweissanlage B A2.3 Verfahren von Hand IR B (Freies Üben)

Bild 4.9: Ablaufplan des Lehrgangs (Teil 1)

Std. \\ Tag	10	11	12
1	A2.4 Punkte teachen IR B K2.5 Abspeichern vonPunkten K3.2 Programmiersystem B (Menübaum)	A2.1 - 2.4 und 3.1: IR B (Wiederholung) K3.6 Programmstrukturen A5.1 Unterprogramme	K3.7 Zusatzbefehle IR B (Hand-Menü) K3.4 Komplexe Verfahrbefehle A4.1 Kreis,Verschleifen
2	K3.5 Programmaufbau IR B K3.3 Grundinstruktionen A3.1 Programmieren IR B K3.8 Verfahrtest IR B	A3.2 Schweissprogrammierung IR B K6.2 Codierung Schweiss- parameter K5.1 Schweissanlage B	A4.1 Kreis, Verschleifen IR B A4.3 Schweissen mit Positioner Freies Üben
3	K3.2 Programmiersystem (Menü) A3.1 Programmieren mIR B	A5.2 Sprünge, Schleifen K3.6 Abfragen	A4.1 Kreis, Verschleifen IR B Freies Üben
4	A3.1 Programmieren gerader Nähte (Freies Üben)	A3.3 Schweissen gerader Nähte A5.1 Unterprogramme	K3.7 Zusatzbefehle IR B A4.2 Sensorschweissen
5	A3.1 Programmieren gerader Nähte (Freies Üben)	A5.2 Sprünge,Schleifen (Schweissen mit IR)	K6.3 Nahtsuche und Verfolgung IR B A4.2 Sensor-Schweissen Freies Üben

Std. \\ Tag	13	14	15
1	K5.3 Grundlagen Schweissen A1.4 Nahtbeurteilung - Bewertung Schweissverbindungen	Praktische Prüfung	Schriftliche Prüfung
2	Zusammenfassung und Wiederholung IR B und IR A	in Arbeits- gruppen	Schriftliche Prüfung Abschlussgespräch
3	A1.1 Vorbereitung der Prüfungs- und Übungsstücke	Parallel: K2.6 Einfache Wartung IR A und IR B	Bekanntgabe der Ergebnisse Verabschiedung
4	Übungen IR A und IR B in Gruppen	K6.3 Sensorik A4.2 Sensorschweissen	
5	Übungen IR A und IR B in Gruppen		

Legende:

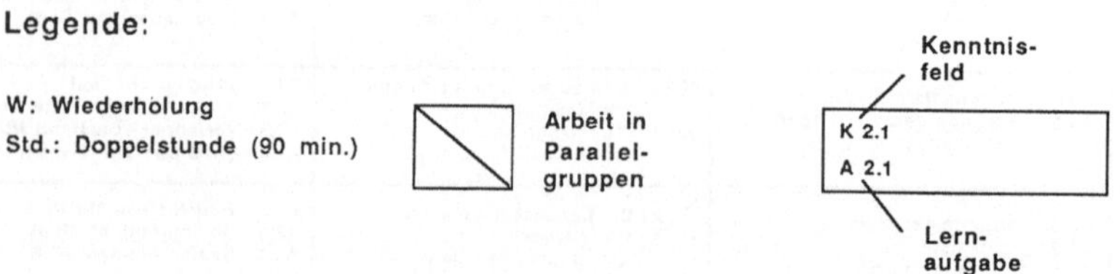

W: Wiederholung

Std.: Doppelstunde (90 min.)

Bild 4.9 Fortsetzung: Ablaufplan des Lehrgangs, Teil 2

1. In der ersten Woche ist der Hauptanteil der Lehrinhalte IR-be-
   zogen, um bis zum Ende der ersten Woche zu lauffähigen Programmen zu gelangen. Anfangs der zweiten Woche dominiert das
   Schweißen mit dem IR. Dazwischen wird das programmiertechni-
   sche Wissen erweitert und vertieft. Diese Struktur - Programmierung, dann Schweißen mit IR - wiederholt sich später
   verkürzt für das zweite Gerät (IR B).

2. Am ersten Tag des Kurses wird nachmittags manuell geschweißt,
   um die Teilnehmer am ersten Tag nicht geistig zu überfordern
   und um sie anhand ihrer praktischen Erfahrung für die Besonderheiten des IR-Schweißens zu sensibilisieren. Ansonsten werden die schweißtechnischen Lehrinhalte so über den Kurs ver-
   teilt, daß relativ bald selbständig mit dem IR geschweißt werden kann. Dies hat zur Folge, daß gewisse Vertiefungen und
   Präzisierungen der schweißtechnischen Kenntnisse erst relativ
   spät (zweite und dritte Woche) eingeführt werden können.

3. Die Abfolge thematisch zusammenhängender Lektionen in den einzelnen Fachgebieten ist jeweils so aufgebaut, daß sie von der
   Betonung der Kenntnisvermittlung immer mehr zum "freien Üben"
   - z.T. in Gruppen - führt. Die Teilnehmer agieren dann bei
   vorgegebenen oder meist selbstgewählten Problemstellungen völlig selbständig; der Trainer steht lediglich auf Wunsch unter-
   stützend zur Verfügung.

4. Soweit noch Freiheitsgrade bestehen, werden geistig an-
   spruchsvollere Lektonen auf den Vormittag gelegt, Übungsphasen
   auf den Nachmittag.

4.7 Feinsequenzierung und Prinzipien der Makrostrukturierung

Bewertet man den Kursaufbau nach den Bezugsfeldern der Makrostrukturierung eines Kurses, so ergibt sich folgendes Bild:

1. Aufgabenbezug:

   Die Forderung des Aufgabenbezuges wird vor allem dadurch gewahrt, daß der Kurs anhand von konkreten Aufgaben mit zugeordneten Grundlagenkenntnissen aufgebaut wurde, die von einfachen, später routinisierten Bedienaufgaben hin zu praxisnahen,
   ganzheitlichen Aufgabenstellungen führen.

2. Motivationaler Lernerbezug:

Der motivationale Lernerbezug wird durch die sorgfältig gestuften Lernanforderungen - vor allem in den ersten beiden Tagen wird bewußt wenig Lehrstoff vermittelt - und die somit erreichbaren Lernerfolge gewahrt. Eine Orientierung über den
Kurs und eine Praxisperspektive ist gegeben; speziell wird
schon in der ersten Woche der Bezug zum Schweißen mit IR her-
gestellt. Es wurde versucht, durch entsprechende zeitliche Lage der Lektionen der tagesrhythmischen schwankenden Aufnahmefähigkeit der Teilnehmer Rechnung zu tragen.

3. Kognitiver Lernerbezug:

Durch den Wechsel von IR-bezogenen und schweißtechnischen
Lehrinhalten ist ein Anknüpfen an die Vorerfahrung gegeben.
Schon auf der Ebene der Makrostruktur wird durch die Strukturierung entlang von Aufgaben (und nicht entlang einer fach-
wissenschaftlichen Systematik) die Verknüpfung von Theorie und
Praxis gefördert. Entscheidende Einzelheiten sind aber noch in
der Mikrostrukturierung zu leisten. Mit dem Übergang von
strikt vorgegebenen Bedienroutinen zu immer mehr freien Übungen auch bei komplexen Inhalten wird die Eigenregulation aufgebaut.

4. Praxisbezug:

Transferleistungen werden durch das Lernen eines zweiten IR-
Systems gefordert und gefördert. Kommunikation und Kooperation
werden gerade durch freies Üben und durch Gruppenarbeit gefördert. Die Systematik des Lernens und Arbeitens wird durch die
sorgfältige Stufung der Lehrinhalte gefördert; entscheidend
wird hier aber die Mikrostrukturierung sein.

Eine Bewertung nach den Prinzipien der Makrostrukturierung ergibt:

1. Die Ausrichtung auf die Arbeitstätigkeit ist gegeben.

2. Die Integration von Wissenserwerb und Anwendung ist angelegt,
    aber noch im Detail sicherzustellen.

3. Die Förderung des Lerntransfers ist gegeben, die der Arbeits-
    methodik ist ansatzweise angelegt.

4. Ein Lernen an gestuften ganzheitlichen Lernaufgaben ist gege-
    ben.

Im übrigen kann die sachlogische Voraussetzungsstruktur in einem
derartigen Ablaufplan gewahrt bleiben. Es ist somit insgesamt davon auszugehen, daß Vorgehensweise und Prinzipien geeignet sind,
zu der Zielsetzung eines praxis- und lerneradäquaten Kurses einen
Beitrag zu leisten.

In diesem Kapitel werden auf der Bearbeitungsebene 3 Prinzipien
und Methoden entwickelt, mit denen die einzelnen Lehreinheiten des
Kurses so gestaltet werden können, daß sie dem Lerngegenstand und
der Zielgruppe möglichst adäquat sind. Die Anwendung der entwik-
kelten Ansätze wird für das Lichtbogenschweißen mit IR dargestellt.

5.1   Problemstellung und Bearbeitungskonzept

5.1.1   Problemstellung

Auf den ersten beiden Bearbeitungsebenen wurden Ziele und Inhalte
sowie die Strategie der Vermittlung über Lernaufgaben für einen
Lehrgang im IR-Lichtbogenschweißen entwickelt. Entsprechend dem
Ansatz der Berliner Schule (s.o., Bild 2.2) ist nun auf der Ebene
der Lehreinheit die Methodik für den speziellen Gegenstand und die
spezielle Zielgruppe näher zu klären. D.h., Verfahrensweisen,
Artikulationsschemata, Aktionsformen, Sozialformen und Unterrichtsstil sind zu entwickeln. Es geht also um das "Wie" der Vermittlung.

In der Sichtweise der Handlungsregulationstheorie bedeutet Qualifizierung die Entwicklung des operativen Abbildsystems und der
psychischen Regulation /160/. Inadäquate Regulation führt in der
Arbeit zu Fehlhandlungen, ein inadäquates operatives Abbildsystem
führt zu Fehlleistungen. Im Lernprozeß sind über Fehlleistungen
bzw. -handlungen Lerndefizite erkennbar. Lernschwierigkeiten sind
in dieser Terminologie Schwierigkeiten beim Aufbau oder Erwerb des
operativen Abbildsystems bzw. der psychischen Regulation. Aufgabe
des Lehrens ist, diesen Erwerb zu unterstützen. Das Problem beim
Lerngegenstand IR-Programmierung ist nun, daß das anforderungsspe-
zifisch und individuell zu entwickelnde operative Abbildsystem wegen des Umfangs und der laufenden Veränderungen der technischen
Inhalte aus Gründen der Ökonomie der Pädagogik nicht explizit und
en detail vorgegeben werden kann. Es kommt vielmehr darauf an, den
Lehr-/Lernprozeß so zu gestalten, daß die Herausbildung des operativen Abbildsystems und der psychischen Regulation unterstützt und
gefördert werden.

Einen solchen Anspruch erheben vor allem die psychoregulativen und kognitiven Trainingsverfahren (s.o., Bild 2.8). Allerdings sind diese Verfahren (mit Ausnahme der heuristischen Regeln) eher als Trainingsformen zu kennzeichnen, die zwar benennen, welche Formen des Lern-Handelns (beobachtend, sprachlich, ausführend etc.) betont werden sollen, nicht aber klar angeben, welche Anknüpfungen an das operative Abbildsystem bzw. die psychische Regulation zu beachten sind. In der angewandten Qualifizierungsforschung konnte gezeigt werden, daß eine Anwendung dieser Trainingsformen auch an programmierbaren Betriebsmitteln möglich und zweckmäßig ist. Allerdings scheinen eine Präzisierung und Differenzierung nicht zuletzt zur Verbesserung der Nachvollziehbarkeit und Übertragbarkeit derartiger Konzepte geboten zu sein.[6]

Problemstellung ist also, für eine Reihe von Lernproblemen, die für Lernsituationen an IR typisch, aber nicht spezifisch sind, typisierend und empfehlend methodische Konzepte sowie Anleitungen zu deren Nutzung zu entwickeln. Diese Fragestellung soll auf der Bearbeitungsebene 3 für Lehreinheiten und auf der Bearbeitungsebene 4 für einzelne Lernschritte bearbeitet werden. Im folgenden wird der theoretische Bearbeitungsansatz als Entwurf einer verbundenen Anwendung von psychologischer Handlungstheorie und Kognititionspsychologie entwickelt.

5.1.2 Psychologische Handlungstheorie und Lernen von Programmiertätigkeiten an IR

Das operative Abbildsystem (OAS) gilt in der Handlungsregulationstheorie als psychische Grundlage jeder Arbeitstätigkeit /161/. Für den Lerngegenstand Industrieroboter ist die Definition des operativen Abbildsystemes bei Hacker zu spezifizieren:

1. Das operative Abbildsystem enthält Abbilder als Gedächtnisrepräsentationen, die der Sache bzw. Tätigkeit adäquat sein müssen /162/.

   Für das Erlernen der Programmiertätigkeiten am IR besteht demnach das Problem, eine Vielzahl von Kenntniselementen in das operative Abbildsystem "einzubauen". Dies erfordert nicht zuletzt aus Gründen der Gedächtnisökonomie Ordnungsstrukturen.

2. Gegenstand des OAS ist der Produktionsprozeß nach Arbeitsergebnis, Ausführungsbedingungen und der Transformation vom
   Ist- in den Sollzustand /161/.

   Diese Beschreibung ist grundsätzlich richtig, wirkt aber für
   Programmiertätigkeiten zu wenig erklärend.

3. Das operative Abbildsystem ist eine individuelle Größe, die
   durchaus eine selektive, verzerrende und schematisierende
   Darstellung beinhalten kann.

   Letztere ist anforderungsabhängig; d.h., der Rekodierungsaufwand für die Aufgabenbearbeitung wird minimiert /163/.

   Für Lernprozesse bedeutet dies, daß einerseits die Lernaufgaben möglichst an die reale Arbeitsaufgabe heranreichen müssen, daß aber andererseits Ordnungsschemata zum Aufbau von
   Codierungen und Schematisierungen für komplexe Inhalte und
   Abläufe angeboten werden müssen, die die Adäquanz des Abbildes von Sache und Tätigkeit verbessern und den Aufbau des Abbildes erleichtern.

Unter dem Aspekt der Regulation bedeutet Handlungslernen den Erwerb von stabil-flexiblen Handlungsschemata /149/. Die unterschiedlichen Teiltätigkeiten der Bedienung und Programmierung von
IR legen eine Differenzierung der zu erlernenden Handlungsschemata nach Stabilität/Flexibilität nahe. Nach dem Konzept der Aktivierung und Generierung von Plänen /164/ ist zumindest danach zu
unterscheiden, ob ein festes Handlungsschema (z.B. eine Bedienroutine) oder ein modifizierbarer Handlungsplan (z.B. für die
Programmierung einer geraden Naht) für eine klar überschaubare
Aufgabe reproduziert werden oder ob für eine noch unscharf definierte Aufgabe erst ein Handlungsplan zu entwickeln ist (z.B. für
das Schweißen eines völlig neuen Werkstücks). In jedem der drei
Fälle sind die Inanspruchnahme des operativen Abbildsystems, also
der Gedächtnisinhalte und der intellektuellen Handlungsregulation
unterschiedlich zu bewerten.

Eine zweite Präzisierung des Handlungsbegriffes für die Fragestellung ergibt sich aus der Definition von Handlungslernen als
der Schaffung von "Verbindungen zwischen Wissen und Handeln"
/165/. Aus diesem Aspekt ist ersichtlich, daß Handlungslernen
nicht durch praktische Ausübung allein, sondern primär durch die
Verbindung von Wissensaktivierung und praktischer Ausführung zustande kommt. Dies setzt voraus, daß ein gewisses Wissen über die
zu "be-handelnde" Sache gegeben ist.

Die angedeuteten Begrenzungen bzw. Unspezifitäten der Begriffsbildung der psychologischen Handlungstheorie unter dem Blickwin-
kel einer Nutzung für das Erlernen von Programmiertätigkeiten
dürften maßgeblich daher rühren, daß bei der dortigen Darstellung
der intellektuellen Regulationsvorgänge "Arbeitstätigkeiten mit
einem Überwiegen von verselbständigten intellektuellen Operationen der Produktionsvorbereitung" "außer Betracht bleiben" /166/.
Genau ein solches Überwiegen verselbständigter intellektueller
Teiltätigkeiten dürfte hier gegeben sein, so daß eine Erweiterung
bzw. Ausfüllung des theoretischen Konzeptes zur Beschreibung dieser Tätigkeit und ihres Erlernens zu suchen ist.

Die Suchrichtung ergibt sich zum einen aus der Begrifflichkeit
der Handlungsregulationstheorie: "operatives Abbildsystem" als
Gedächtnisrepräsentation ist zu präzisieren, ebenso die "intellektuelle Regulation". Zum zweiten ergibt sie sich aus dem Gegenstand, wobei die in Kapitel 3 exemplarisch entwickelten Aussagen
zur Struktur der Qualifikationsanforderungen gestützt werden
durch Befunde einer internationalen Studie zum Technologieein-
satz: "Es treten verstärkt Problemlösungssituationen auf, in welchen zunehmend weniger auf standardisierte Verhaltensrepertoires
zurückgegriffen werden kann" /168/.

Für Tätigkeiten wie die kenntnis- und regulationsintensive Programmierung von IR dürfte demnach eine Terminologie, die lediglich von einem "operativen Abbildsystem" bzw. von "intellektueller Regulation" als Ganzem spricht, nicht mehr erklärend genug
und somit differenzierungsbedürftig sein, wenn damit Lehrstrate-
gien als Unterstützung von Lernprozessen entwickelt werden sollen. So ist von einem "anforderungsabhängigen" operativen Abbildsystem auszugehen, das Bestandteile des Produktionsprozesse je
nach Aufgabenstellung unterschiedlich abbildet /167/.

Für eine themenbezogene Differenzierung sind somit zwei Ansätze
erkennbar: zum einen die Konzepte des Wissenserwerbs, also des
Begriffs- und des Regellernens /169, 170/, zum zweiten des Pro-
blemlösungslernens /171 bis 175/. Beide werden verbunden durch
den Begriff der kognitiven Struktur /176 bis 179/, unter dem sowohl das Wissen von Begriffen und Regeln als auch das Verfügen
über Heurismen der Problemlösung gefaßt werden.

Handlungslernen am IR selbst ist zunächst zu diskutieren im Hinblick auf das Erlernen von Aufgaben unterschiedlicher Problemhaltigkeit. Dies betrifft vor allem die handlungsleitenden Regulationsmechanismen und die in ihnen genutzten Heurismen und Hilfsmittel zur Problemstrukturierung. Handlungslernen an IR ist sodann zu diskutieren unter dem Aspekt des zugrunde liegenden Systems von Wissensbeständen, die sowohl das Problemlösen als auch die Bearbeitung problemloser Aufgaben ermöglichen. Dazu wird im folgenden ein Modell entwickelt, das weniger die Erklärung von Abläufen als vielmehr von Komponenten beinhaltet und vor allem als Hintergrund für den Aufbau operationaler Kategoriensysteme und Vorgehensweisen dienen soll.

5.1.3 <u>Handlungslernen und Problemlösen</u>

Als Heuristik für die Klassifizierung von Lernanforderungen wurde ein Handlungsmodell entwickelt, das auf Problembearbeitungen ausgerichtet ist, wie sie bei der Programmierung von IR auftreten. Es versucht, Ansätze und Ergebnisse der Denk- und Lernpsychologie sowie der Informationspsychologie aufzugreifen und mit der Handlungsregulationstheorie zu verknüpfen.

Entscheidend für die Anforderungen an die Handlungsregulation ist der Grad der Bestimmtheit bzw. Unbestimmtheit der Vorinformation und der Vorgaben.
Es ist zu unterscheiden zwischen Aufgaben mit vollständiger Information über Ausgangs- und Endzustand sowie Bearbeitungsweg einerseits und Problemen mit mehr oder minder unvollständiger Information über diese Größen andererseits. Im Lernprozeß wird Handeln meist als Bearbeitung von Aufgabenstellungen verstanden. Schweißprogrammierung heißt aber in der Praxis vielfach Problembearbeitung: Handeln bei subjektiv oder objektiv unvollständigen Informationen und Verarbeitungsregeln. Bei der Problembearbeitung sind zusätzliche Denkleistungen der Problemstrukturierung, der Methodenwahl, der Informationsbeschaffung etc. erforderlich (vgl. /180, 181/. Da "Problembearbeitung" einen umfassenderen Begriff von Handlung schafft als "Aufgabenbearbeitung", wird Handeln im folgenden immer als problembezogenes Handeln verstanden. Aufgaben werden als einfacher Grenzfall von Problemen betrachtet. Für das

Erlernen von praktischem Handeln - also Problembearbeitung - sind
unterschiedliche Wissenselemente und Denkleistungen zu erwerben.
Als Lernanforderung wird die Anforderung verstanden, sich derar-
tiges anzueignen.

In das Modell in <u>Bild 5.1</u> gingen folgende Überlegungen ein:
Zur Problembearbeitung sind Wissen (Daten) und Denkleistungen
(Operationen) erforderlich. Wissen läßt sich nach seiner Anwendungsnähe für Handlungen grob in unmittelbar einsetzbares Wissen,
in mittelbar, erst nach Verarbeitungsleistungen einsetzbares Wissen und in nicht direkt einsetzbares, lediglich wissenstrukturie-
rend wirkendes Wissen einteilen. Eine zweite Unterteilung unterscheidet Sachwissen zunächst nach seinem Gegenstand in Wissen
über anschaulich-gegenständliche Objekte (z.B. sichtbare physikalische Prozesse) und Wissen über abstrakte, formal-symbolische
Objekte (z.B. Programmierbefehle oder Rechnerarchitekturen). Hinzu kommt das Wissen über Methoden.

Die Matrix in Bild 5.1 ist beispielhaft mit entsprechenden Klassen von Wissen aufgefüllt.

So ist z.B. Wissen über Routinevorrichtungen wie die Einschalt-
routinen am IR als unmittelbar in Handlung umsetzbares Wissen
über anschauliche Objekte zu klassifizieren, während die Kenntnis
des Betriebssystems erst über Denkleistungen - z.B. welcher Zustand für eine bestimmte Befehlseingabe gerade vorliegt - in
Handlung umsetzbar ist. Es ist davon auszugehen, daß bei derartig
unterschiedlichen Wissensarten der Erwerb als solcher und das
Erlernen ihrer zweckdienlichen Anwendung unterschiedlich vonstat-
ten gehen.

Für die Klassifizierung von Denkleistungen und für die Strukturierung der Problembearbeitung wurden verschiedene differenzierte
Kategorisierungen und Ansätze zusammengeführt und begrifflich neu
gefaßt /172 bis 176, 180, 182, 183/. Die vier Klassen von Denkleistungen im Modell können unterschiedliche Qualität (also vor
allem Exaktheit und Flexibilität im Sinne einer Anwendbarkeit auf
unterschiedliche Aufgaben) haben. Das Teilmodell der Problembearbeitung kann als ein rekursives Modell interpretiert werden, wenn

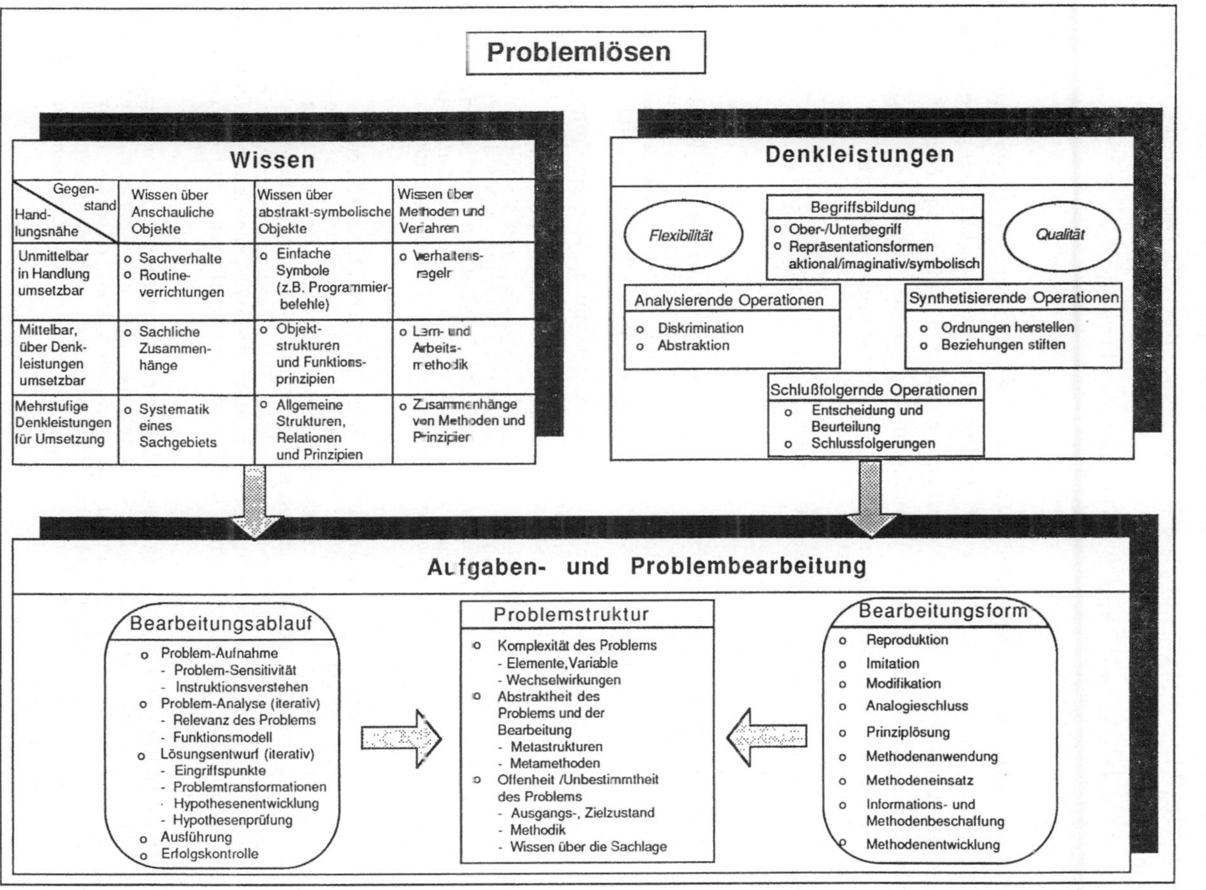

Bild 5.1: Problemlösungsorientiertes Handlungsmodell

z.B. Fragen einer Meta-Methodik einbezogen werden. Außerhalb des
Modells liegen die Antriebsregulation, die übergeordnete Ausführungsregulation sowie die sensumotorischen Leistungen. Das Modell
ist kompatibel mit dem Modell der Qualifikationsanforderungsanalyse (vgl. 3.2.2).

Die Bedeutung dieses Modells und seiner Einzelkategorien liegt
darin, daß damit der Entwurf einer aus der Kognitionspsychologie
fundierten, aber relativ einfachen Kategorisierung zur differenzierten Beschreibung von Prozessen der intellektuellen Regulation
und der Struktur des operativen Abbildsystems vorliegt.

Für den Lehr- und Lernprozeß sind aus dem Modell folgende Schlußfolgerungen zu ziehen:

1. Es gibt unterschiedliche Arten von zu erlernendem Wissen, die
    unterschiedliche Lehr-Lernmethoden erfordern. Die Ergebnisse
    der Qualifikationsanforderungsanalyse in Kapitel 3 legen na-
    he, daß alle diese Wissensarten hier erforderlich sind.

2. Da Denkleistungen nicht isoliert geschult werden können, muß
    im Lehr-Lernprozeß darauf geachtet werden, inwieweit die er-
    forderlichen Denkleistungen korrekt erbracht werden.

3. Die Vielfalt möglicher Problembearbeitungen und ihrer Teil-
    schritte erfordert eine sorgfältige Abstufung der subjektiven
    Problemkomplexität, um eine Festigung des Wissens und der
    Denkleistungen als eigentliche Lernziele mit fortschreitendem
    Lernerfolg zu erreichen.

4. Es wird also auf eine sach- und lernlogisch korrekte Mikro-
    strukturierung des Lehrstoffangebotes ankommen, die den Auf-
    bau von Verbindungen zunächst zwischen den verschiedenen Wis-
    sensarten und sodann zwischen Wissen, Denkleistungen und spe-
    ziellen Anwendungsbezug in der Problembearbeitung fördert.
    Das bedeutet, daß jeweils auf dem jeweiligen sachlichen und
    methodischen Vorwissen und den vorhandenen Denkleistungen
    aufzubauen ist.

5. Die Mikrostrukturierung muß möglichst viele Verbindungen zwi-
    schen allen im Modell repräsentierten Komponenten schaffen,
    um die Wahrscheinlichkeit zu erhöhen, daß die im Lehrangebot
    dargebotenen Informationen und die Wahrnehmungen aus dem ei-
    genen Handeln in die kognitive Struktur des Lernenden einge-
    lagert werden.

5.1.4   Bearbeitungskonzept

Der Denkansatz des Bearbeitungskonzeptes geht auf der Ebene des
Handelns davon aus, daß Kognition und Aktion gerade bei Tätigkeiten wie dem Programmieren an IR erstens stärker als Einheit
und zweitens differenzierter zu betrachten sind, als dies in bisherigen handlungstheoretisch-orientierten Konzepten, speziell zur
Qualifizierung, zum Ausdruck kommt. Auf der Ebene des Lernens
wird davon ausgegangen, daß im Lernprozeß die Herausbildung bzw.
Entwicklung kognitiver Strukturen als "Gerüst" des operativen Abbildsystems und der intellektuellen Regulation zu fördern ist.
Dies beinhaltet zum ersten die Strukturierung des Wissens, zum
zweiten die Strukturierung der Handlungsregulation.

Dieser Denkansatz ist auf den Bearbeitungsebenen 1 und 2 schon
angelegt; er wird im folgenden auf Bearbeitungsebene 3 in pädagogische Kategorien umgesetzt, also in Verfahrensweisen, Phasenkon-
zepte, Typisierung von Lernanforderungen und Einsatz von Trainingsverfahren. Auf der Bearbeitungsebene 4 (Kapitel 6) wird er
auf der Ebene der Lernschritte in Hilfsmittel zur Förderung von
Lernschritten und zu Diagnosen von Lerndefiziten weiter entwickelt.

5.2   Prinzipien und Vorgehensweise der Mikrostrukturierung

5.2.1   Prinzipien der Mikrostrukturierung

Ziel eines IR-Lehrganges ist es, den Teilnehmern die Kompetenz -
Sachwissen, Methodenwissen, Strategiewissen, Fähigkeiten und Fertigkeiten - zu vermitteln, die sie befähigt, in ihrer betrieblichen Praxis Schweißaufgaben mittels Industrieroboter zu lösen.
Zweck der Mikrostrukturierung ist es, den Lehr- und Lernprozeß
hierfür möglichst effektiv und effizient zu gestalten. Die nachfolgend aufgestellten Prinzipien geben die intentionale Ausrichtung der Mikrostrukturierung an, die in den nachfolgenden Abschnitten operational umgesetzt wird. Die Prinzipien sind zum einen in der lernpsychologischen Vorstellung der Herausbildung kognitiver Strukturen durch Anlagerung und Strukturierung begründet,
zum zweiten aus den gesetzten Zielen der Qualifizierung. Die

Prinzipien sind nicht unabhängig voneinander und z.T. rekursiv. **Bild 5.2** gibt einen Überblick.

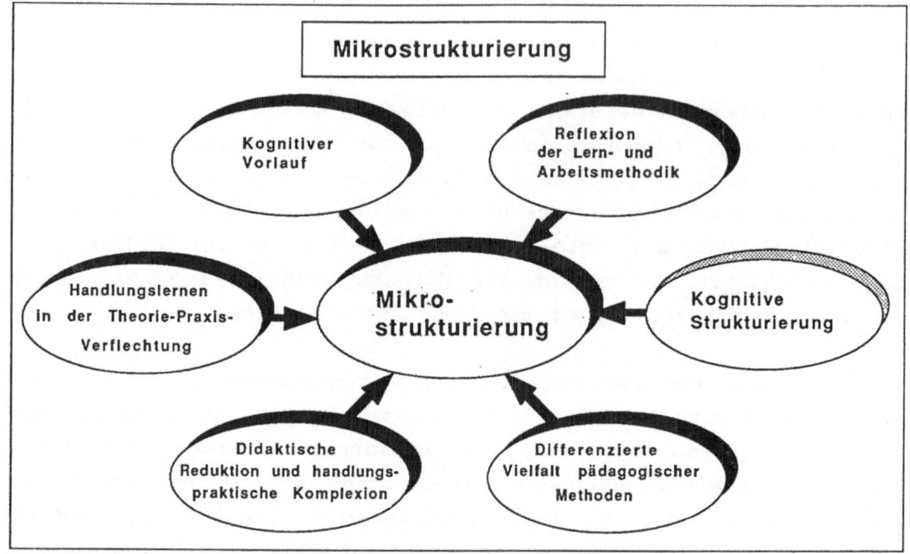

Bild 5.2: Überblick über die Prinzipien der Mikrostrukturierung

Beim "Handlungslernen in der Theorie-Praxis-Verflechtung" kommt es gerade im Detail darauf an, einerseits Theorie für die Praxis zu vermitteln, andererseits diese Theorie in der Praxis durch Anwendung zu aktivieren und zu festigen. Wegen der Komplexität programmierbarer Betriebsmitteln sollte ein "kognitiver Vorlauf" bestehen, damit vor einer praktischen Handlung eine hinreichende Kenntnis des Gegenstandes gegeben ist. Gerade wegen dieser Komplexität ist aber darauf zu achten, daß von einer "didaktisch reduzierten" einführenden Darstellung des Sachverhaltes im Verlaufe des Lernfortschrittes wieder zur realen, handlungspraktischen Komplexität hingeführt wird. Für die Herausbildung eines selbständigen, eigenregulativen Arbeitshandelns soll die "Reflexion der Lern- und Arbeitsmethodik" gefördert werden, was aber Routinisierungen keineswegs ausschließt - im Gegenteil. Zur Förderung des Lernerfolges im Detail ist "kognitive Strukturierung" zu beachten. Dieser Punkt wird wegen seiner Bedeutung, seiner anderen

Betrachtungs- und Bearbeitungsebene und seines Umfangs wegen in Kapitel 6 getrennt behandelt. Als letztes Prinzip ist zu bedenken, daß derartige Lernprozesse nicht mit einer einzelnen Methodik initiiert werden können; es bedarf vielmehr einer "differenzierten Vielfalt pädagogischer Methoden". (Eine detailliertere Erläuterung befindet sich im Anhang 4.4.1)

5.2.2   Vorgehensweise

Zur Umsetzung dieser Prinzipien kann nun nicht eine Vorgehensweise wie auf Bearbeitungsebene 1 und 2 entwickelt werden, es werden vielmehr für die Gestaltung jeder Lehreinheit Methoden angegeben, die anzuwenden sind:

1. Typisierung von Lernanforderungen (Abschnitt 5.3),

2. Generelle Verfahrensweisen (Abschnitt 5.4),

3. Phasenkonzept (Abschnitt 5.5) und

4. Einsatz von Aktions- und Trainingsformen (Abschnitt 5.6).

5.3   Typisierung von Lernanforderungen

Vorhandene didaktische und methodische Konzepte differenzieren nicht nach unterschiedlichen Lernanforderungen aus dem Lehrstoff oder dem Anwendungsbezug des gelernten Wissens. Die Struktur der Qualifikationsanforderungen beim IR-Schweißen (s. Kap. 3) und die sachlogische Struktur des Lehrstoffes (vgl. Kap. 4) machen aber deutlich, daß Differenzierungen angebracht sind. Als heuristische Hilfe für eine solche Differenzierung der weiteren Entwicklung der Lehr- und Lernmethodik wird deshalb eine Typisierung von Lernanforderungen vorgenommen, die vereinfachend auf dem Modell des problemlösenden Handelns in Bild 5.1 basiert. Unter "Lernanforderungen" werden Anforderungen an die geistigen Leistungen zum Einbau neuer Inhalte in das operative Abbildsystem und zum Aufbau und zur Routinisierung von Handlungsschemata und Heurismen verstanden. Damit ist auch eine Verbindung dieser Typisierung zu den vier Grundformen des Lernens (assoziatives, instrumentelles, kognitives und Handlungslernen /184/) gegeben.

In Bild 5.3 sind die Typen 1 bis 6 nach der Problemhaltigkeit des Anwendungsbezug des Lerninhaltes auf drei Ebenen angeordnet; Typ 7 nimmt eine Sonderstellung ein.

Relativ einfache Lernanforderungen stellen die Typen 1 - 3 dar, da entweder kein direkter Anwendungsbezug gegeben ist (Typ 1) oder das Schwergewicht auf den Ebenen von Bewegungsabläufen (Typ 2) oder von routinemäßig zu erbringenden Handlungsabläufen mit relativ stabilen Handlungsschemata (Typ 3) legt. Derartige Lernanforderungen dürften für die Mehrzahl der gewerblichen Arbeitstätigkeiten bestimmend sein. Typ 4 und 5 kennzeichnen das Erlernen der Anwendung von Methoden. Dabei steht in Typ 4 die korrekte Anwendung der Methode als solcher im Vordergrund, während im Typ 5 auch die Auswahl und der Einsatz der einzusetzenden Methode bestimmter übergeordneter, aber bekannter oder leicht zu erstellender Vorgehensweisen bedarf.

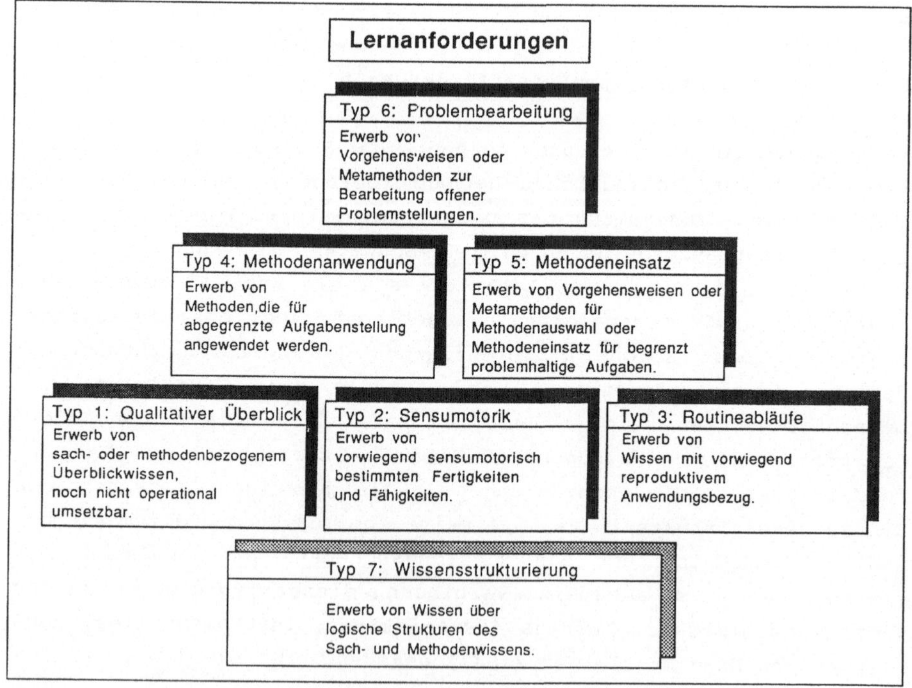

Bild 5.3: Typisierung von Lernanforderungen

Typ 6 schließlich beinhaltet das Erlernen der Bearbeitung von Problemen, wenn also Ausgangspunkt bzw. Lösungsmethode bzw. Ziel der Aufgabenstellung nur sehr offen und unbestimmt vorgegeben sind und subjektive Lösungsbarrieren bestehen. Dieser Typ ist kennzeichnend für die Lernanforderungen beim Programmieren von IR, sobald nicht mehr ganz einfache Werkstücke bearbeitet werden müssen.

Typ 7 "Wissenstrukturierung" ist eine Sonderkategorie und bezeichnet das Erlernen von Strukturierungswissen über die anderen gelernten Einzelsachverhalte, z.B. als Begriffshierarchie.
Während Typ 4 bis 6 sehr stark den Handlungsbezug und somit den Aufbau von Regulationsgrundlagen betonen, betont Typ 7 die Entwicklung von kognitiven Strukturen im operativen Abbildsystem. Ein separater Typ "Theorielernen" wird nicht gebildet, da in dem hier entwickelten aufgabenorientierten Lehr-Lernkonzept (vgl. Kapitel 4) die Lehreinheit durch die Lernaufgabe und nicht über die zugeordneten Kenntnisfelder gebildet wird, so daß der Wissenserwerb immer im Hinblick auf praktisches Handeln erfolgt (mit gewissen Abstrichen bei Typ 1 und Typ 7).

Die vorgestellte Typisierung wird im folgenden zur Differenzierung der pädagogischen Methodik verwendet; eine detailliertere Begründung und Erläuterung befindet sich im Anhang 4.4.2.

5.4   Verfahrensweisen

Verfahrensweisen im Sinne der Berliner Schule (s.o., Bild 2.2) beschreiben das Verhältnis von Reduktion und Komplexion: Jeder Unterricht, der an den Lernvoraussetzungen seiner Zielgruppe anknüpft, muß einen neuen Lehrstoff zunächst vereinfacht und verkürzt einführen, (didaktische Reduktion) um ihn dann bis zu einer dem Lernziel entsprechenden Komplexität wieder zu entfalten (Komplexion). Hierfür gibt es in der Geschichte der Pädagogik eine Fülle von Ansätzen /185/. Die Vielzahl der Verfahrensweisen lassen sich - zumindest für die hier vorliegenden Lernanforderungen - auf drei Dimensionen zusammenfassen, auf denen Entscheidungen zu treffen sind:

1. <u>Darstellungsweise:</u> Die Darstellungsweise der Sachverhalte kann eher an die Vorerfahrung, vor allem an die konkrete Anschauung der Zielgruppe anknüpfen, oder von verallgemeinernden, abstrakten, symbolischen Repräsentationen der zu lehrenden Sachverhalte oder Verfahrensweisen ausgehen. Mit dieser Dimension anschaulich-konkret versus unanschaulich-abstrakt ist auch die Alternative Induktion/Deduktion verknüpft.

Für die hiesige Zielgruppe ist aufgrund ihrer Vorerfahrung vom Anschaulichen zum Abstrakten vorzugehen; die Abstraktionen sind wieder in konkreten Handlungen zu nutzen.

2. <u>Verarbeitungsleistung:</u> Eine Reihe von methodischen Prinzipien lassen sich auf Probleme der mengenmäßigen und kognitiven Verarbeitungsleistungen beim Lernenden zurückzuführen. Wesentlich ist das Problem des Verstehens von Teil-Ganzem-Beziehungen (z.B. "ganzheitlich-analytisch" oder "elementhaft-synthetisch"). Aus praktischen Gründen wird hier nach dem Umfang bzw. der Anzahl der in einer Lernhandlung einbezogenen Objekte (gering/umfangreich) und nach der Anzahl und Vermitteltheit von Beziehungen zwischen diesen Objekten (einfach/komplex) unterschieden.

Für die hiesige Zielgruppe ist von wenig umfangreichen zu umfangreichen Lehrinhalten und von einfachen zu komplexen Strukturen vorzugehen.

3. <u>Eigenregulation:</u> Diese Dimension der Verfahrensweise ist nicht lernpsychologisch, sondern normativ und aus dem gesellschaftlichen Kontext begründet. Nach dem Prinzip, daß der Lehrer sich überflüssig zu machen habe, ist hier von der Fremdregulation zur Selbstregulation des Lerners zu führen, da der Lerner später selbständig handeln soll.

5.5 Verlaufsschema: Das 6-Phasen-Konzept der kognitiven Handlungsinstruktion

5.5.1 <u>Artikulationsschemata</u>

Unter "Artikulationsschemata" faßt die Berliner Schule methodische Hilfen zur Unterrichtsführung, die den Lernenden im Unterricht unter bestimmten pädagogischen Gesichtspunkten zu einem wie auch immer gearteten Lernziel leiten sollen. Die Geschichte der Pädagogik hat eine Vielzahl solcher Schemata hervorgebracht (vgl. <u>Bild 5.4</u>, Reich /186/ nennt einige weitere).

<u>Bild 5.4:</u> Phasenkonzepte zur Gliederung des Unterrichtes /12/ (siehe nächste Seite)

KONZEPT \ STUFEN	1. Herbart'sche Formelstufen	2. Rela 4 Stufen Methode	3. Roth Lernschritte	4. Gagé 4 Phasen des Lernverhaltens	5. Ausubel: Sinnvoll/rezeptives Lernen	6. Clark Lehrschritte des Begriffslernens	7. Galperin 4 Etappen der Interiorisation	8. QIR 4 Etappen-Modell	9. Weinert 8 Schritte der Instruktionsoptimierung
1. Zielbildung Inhalte festlegen						(1) 1. Lernziel entscheidung			(1) 1. Konkretisierung der Lernziele
2. Strukturierung und Vorbereitung der Lehrsituation						(2) 2. Vorbereiten des Materials			(2) 2. LV* (3)(4) 3. Homog.* 4. LA*
3. Motivationale Vorbereitung des Lernenden (Interesse)	(1) 1. Vorbereitung	(1) 1. Vorbereitung des Lernenden	(1) 1. Motivation	(1) 1. Motivierung	(1) 1. advance organites				(5) 5. Motivierung
4. Sachliche Vorbereitung des Lernenden (Vorwissen)					(4) 4. Sequentielle Organisation	(3) 3. Vortest (4) 4.1 Einführung			
5. Entfalten der Aufgaben oder Problemstellung			(2) 2. Neue Aufgabe		(2) 2. Progressive Differenzierung		(1) 1. Materialisierte Handlung	(1) 1. Lernproblemorientierung	(6) 6. Steuerung und Unterstützung individueller Lernprozesse
6. Informationsangebot/-darbietung	(2) 2. Darbietung	(2) 2. Vorführung	(3) 3. Lösung entwickeln	(2) 2. Darbietung		(4) 4.2 Beispiele (positive)	– Entfaltung – Verallgemeinerung – Verkürzung		
7. Problembearbeitung/erarbeitung	(3) 3. Verküpfung (4) 4. Zusammenfassung	(3) 3. Ausführung	(4) 4. Tun und Ausführen	(3) 3. Reaktion	(3) 3. Integrative Vereinigung		(2) 2. Handlung in äußerer Sprache	(2) 2. Praktische Realisierung	
8. Festigung des Lernerfolges (Übung)	(5) 5. Auswertung	(4) 4. Übung	(5) 5. Behalten u. Einüben		(5) 5. Konsolidierung	(4) 4.3 Vertiefung – geordnete Beispiele	(3) 3. Äußere Sprache (4) 4. Innere Sprache	(4) 4. Praktische Verfestigung mit Lernziel kontrolle	
9. Übertragung und Transfer			(6) 6. Integration des Gelernten						
10. Beurteilung des Lehr-/Lernerfolges				(4) 4. Bewertung		(5) 5. Unterrichts beurteilung		(3) 3. Verbal mentale Nachbereitung	(7) 7. Diagnose
11. Kompensatorische korrigierende Maßnahmen									(8) 8. Zusätzliche Lernhilfen

(i) = i te Phase des Konzepts

* LV   Analyse der Lernvoraussetzungen
* Homog.   Abbau unterschiedlicher Lernvoraussetzungen
* LA   Analyse der Lernaufgabe

Derartige Phasenschemata haben natürlich eine gewisse Relativität
was ihr Strukturierungsprinzip, die Abgrenzung der Phasen und
ihre Verbindlichkeit angeht. Dies gilt auch hier. Neu ist hier
aber im Gegensatz zu den vorgefundenen Schemata, daß das im folgenden vorgeschlagene 6-Phasen-Schema verschiedene theoretisch
fundierte Lernarten als Lernhierarchie kombiniert und nicht nur
einen Strang (z.B. Begriffslernen oder Handlungslernen) in den
Vordergrund stellt. Zudem wird nach Lernanforderungen differenziert.

5.5.2 Herleitung eines problemspezifischen Artikulationsschemas

Ziel des Kurses ist ein handlungsorientierter Kenntnis- und Fer-
tigkeitserwerb mit Anwendungs- und Übertragungsaspekten in an-
grenzende Themen- und Aufgabenstellungen. Der Lerngegenstand ist
durch eine vielfältige Mischung aus konkret-gegenständlichen und
abstrakt-symbolischen Lehrinhalten mit unterschiedlichen Hand-
lungsbezügen und Verarbeitungsleistungen gekennzeichnet. Die
Lernanforderung besteht zum einen im Erwerb von Wissen, Fähigkeiten und Fertigkeiten, zum andern in deren Anwendung auf Aufgaben
unterschiedlicher Problemhaltigkeit (vgl. 5.3).

Aus Gründen der Lerneffektivität und der Lernvoraussetzungen der
Zielgruppe wird einer Lernstrategie der Vorzug gegeben, die die
situative, subjektive Problemhaltigkeit von Aufgaben durch vorher
erworbene Sach- und Methodenkompetenz reduziert. Schematisiert
ist diese Strategie in Bild 5.5 skizziert.

Aus dieser Strategie in der Methoden-Problem-Matrix, aus der psychologischen Handlungstheorie (Aufbau einer Orientierungsgrundlage) und aus der partiellen Abstraktheit des Gegenstandes folgt
eine Lernweise, die zwar eindeutig handlungsbezogen und hand-
lungsorientiert ist, die aber einen Vorlauf an kognitiver Strukturierung vor der materiellen Handlung erfordert.

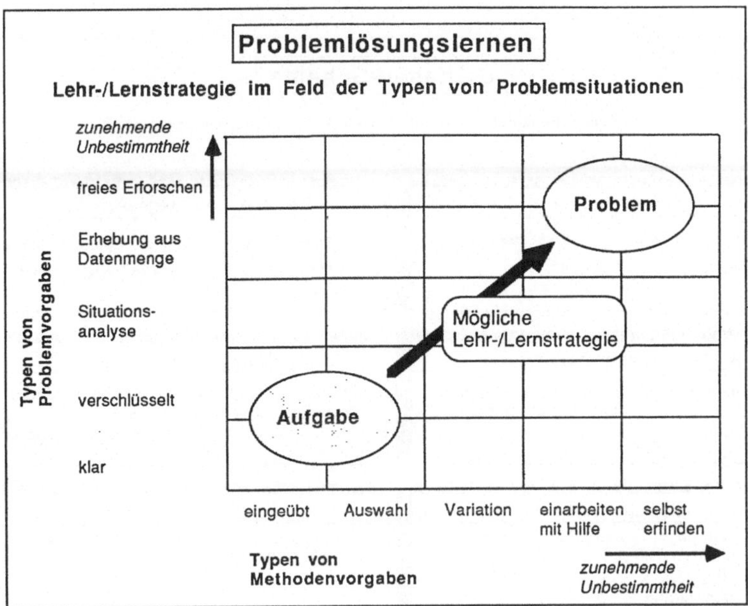

Bild 5.5: Lehrstrategie im Feld der Typen von Problemlösesituationen (nach /187/)

Dieser Ansatz ist im übrigen kein Gegensatz zu der Anwendung von Galperin in QIR, sondern eine Präzisierung: Erstens fordert Galperin nicht den strikten Beginn mit der materiellen Handlung, zweitens ist der Beginn mit der materiellen Handlung im 4-Etappen-Modell de facto nicht enthalten. Begonnen wird dort nämlich innerhalb der Etappe "materielle Handlung" mit der "Orientierung" als Einführung und Vermittlung von (möglichst sogar übervollständiger) Sach- und Methodenkompetenz. (Zur Kritik an Galperin vgl. z.B. /211-213/.)

5.5.3 Das 6-Phasen-Schema der kognitiven Handlungs-Instruktion

Die Einheit, auf die das 6-Phasen-Schema primär angewendet wird, ist die eines inhaltlich abgeschlossenen Themas, das zu einer sinnvollen, prüffähigen Handlung führt. Das ist i.a. die Behandlung einer Lernaufgabe mit ihren zugeordneten Kenntnisfeldern (vgl. 4.5). Im Grundsatz kann das 6-Phasen-Schema auch rekursiv angewendet werden. Einen Überblick gibt <u>Bild 5.6</u>.
Die einzelnen Phasen sind wie folgt definiert (Einzelheiten vgl. Anhang A 4.6):

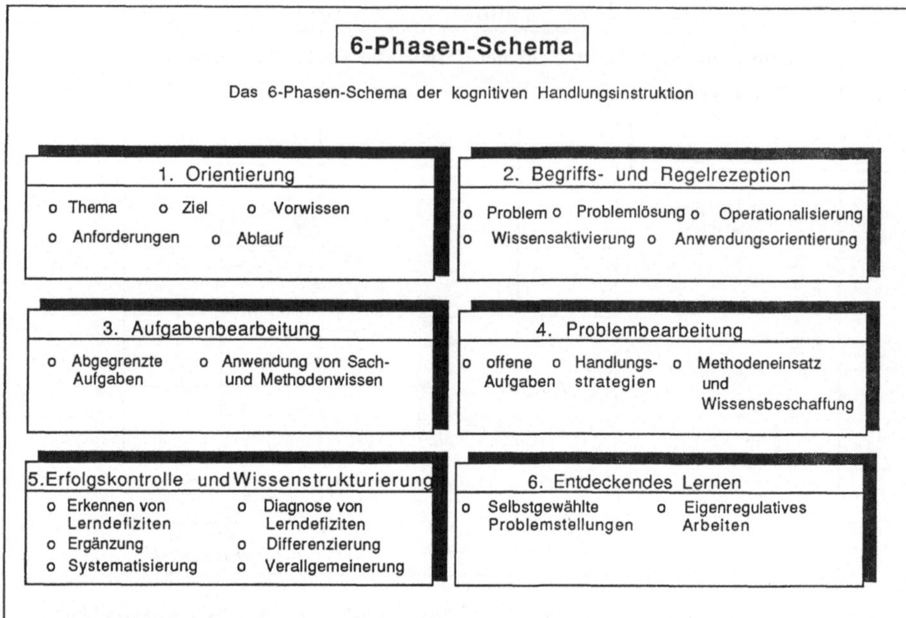

Bild 5.6: Das 6-Phasen Schema der kognitiven Handlungsinstruktion

1. <u>Orientierung:</u>

   Eine kurze Erläuterung des Themas und seiner Stellung im Lehrgang und des geplanten Verlaufes geben dem Lerner eine kognitive und motivationale Einstimmung.

2. <u>Begriffs- und Regelrezeption:</u>

   Das für die Handlungsausführung der neuen Lernaufgabe erforderliche Sach- und Methodenwissen wird dargeboten, möglichst mit aktivierenden Lehrmethoden. Bei großen Umfang oder großer Komplexität können zusätzlich zur didaktischen Reduktion Aufteilungen in Teilgebiete erforderlich sein, so daß mehrmals Phase 2 und z.B. 3 durchgeführt werden, bevor weiter fortgeschritten wird.

3. <u>Aufgabenbearbeitung:</u>

   Zur Anwendung des Gelernten werden klar umrissene Aufgaben bearbeitet.

4. <u>Problembearbeitung:</u>

Bei der Bearbeitung problemhaltiger Aufgaben liegt der Schwerpunkt auf der übergeordneten Handlungsregulation, also der Strategie der Lösungsfindung und Methodenauswahl.

5. <u>Erfolgskontrolle und Wissenstrukturierung:</u>

Die Aufgaben- und Problembearbeitung zeigen im allgemeinen Lernschwierigkeiten und Lerndefizite auf, auf die gezielt einzugehen ist. In dieser Nachbereitung wird die logische Struktur des erworbenen Wissens in seinem Gesamtzusammenhang betont.

6. <u>Entdeckendes Lernen:</u>

Das entdeckende Lernen dient der Vertiefung in Anwendungsbezügen, die dem Lerner wichtig erscheinen. Es wird wegen der Risikohaltigkeit und Komplexität des IR an den Schluß einer Lernsequenz gesetzt.

5.5.4   Die Anwendung des 6-Phasen-Konzeptes der kognitiven Handlungsinstruktion

Das 6-Phasen-Konzept der kognitiven Handlungsinstruktion ist als Prinzip zu verstehen, nicht als Algorithmus. Es dient primär als Leitlinie für den Trainer in der Vorbereitung thematischer Einheiten der Instruktion. Durch seinen Aufbau auf lern- und handlungspsychologischer Grundlage kann das 6-Phasen-Konzept aber auch als Leitlinie für die Gestaltung größerer oder kleinerer Lehreinheiten genutzt werden; es ist rekursiv anwendbar. Z.B. können die Phasen 2 bis 6 als Konstruktionsprinzipien einer Fragesequenz dienen, mit der der Trainer einem Lernenden mit einem Detailproblem von der Aktivierung des Wissens bis zur offenen Problembearbeitung führt. Umgekehrt ist das 6-Phasen-Konzept auch als Heurismus für die Diagnose von Schwierigkeiten beim Lernen oder bei der Problembearbeitung nutzbar: Liegen die Schwierigkeiten z.B. auf der Ebene der Problemlösungsstrategie und der Methodenwahl, auf dem Erlernen der Methodenbeherrschung und -anwendung auf der Ebene der einzelnen Wissenselemente oder auf der Ebene der qualitativen oder exakten Strukturierung des Wissens? Eine solche Diagnose gibt dem Trainer die Möglichkeit zum gezielten Eingreifen.

Lehr-/Lern-Matrix I

Bedeutung der 6 Phasen für unterschiedliche Lernanforderungen

Typ der Lernanforderung / Phase	Typ 1 Qualitativer Überblick	Typ 2 Senso-motorik	Typ 3 Routine-abläufe	Typ 4 Methoden-anwendung	Typ 5 Methoden-einsatz	Typ 6 Problem-bearbeitung	Typ 7 Wissens-strukturierg
1. Orientierung	◐ wichtig	○ nachgeordnet	○ nachgeordnet	○ nachgeordnet	○ nachgeordnet	○ nachgeordnet	◐ wichtig
2. Begriffs- und Regelrezeption	● sehr wichtig	○ nachgeordnet	● sehr wichtig	● sehr wichtig	◐ wichtig	◐ wichtig	● sehr wichtig
3. Aufgabenbearbeitung	○ nachgeordnet	● sehr wichtig	● sehr wichtig	● sehr wichtig	◐ wichtig	○ nachgeordnet	○ nachgeordnet
4. Problembearbeitung	— entfällt	— entfällt	— entfällt	— entfällt	◐ wichtig	◐ wichtig	○ nachgeordnet
5. Erfolgskontrolle und Wissens-strukturierung	● sehr wichtig	○ nachgeordnet	● sehr wichtig	◐ wichtig	◐ wichtig	● sehr wichtig	● sehr wichtig
6. Entdeckendes Lernen	— entfällt	○ nachgeordnet	— entfällt	○ nachgeordnet	◐ wichtig	● sehr wichtig	○ nachgeordnet

Legende: — : entfällt   ○ : nachgeordnet   ◐ : wichtig   ● : sehr wichtig

<u>Bild 5.7</u>: Qualitative Einstufung der Bedeutung der einzelnen Schritte des 6-Phasen-Konzeptes für unterschiedliche Lernanforderungen

Je nach Lerngegenstand und Lernaufgabe sind gewisse Differenzierungen im 6-Phasen-Konzept zu beachten. <u>Bild 5.7</u> gibt eine qualitative Einstufung der Bedeutung der einzelnen Schritte für unterschiedliche Lernanforderungen auf der Basis eines modifizierten paarweisen Vergleichs als Heuristik für die Lernplanung.

Bei der Interpretation des Bildes ist zu berücksichtigen, daß Lehreinheiten für die verschiedenen Typen von Lernanforderungen unterschiedlich komplex sein werden. Festzuhalten sind folgende Aussagen:

1. Für die Vermittlung von Überblickswissen (Lernanforderung vom Typ 1) stehen Orientierung, Begriffs- und Regelrezeption sowie Strukturierung des Wissens im Vordergrund.
2. Das Erlernen sensumotorischer Fertigkeiten (Typ 2) erfordert vor allem Übung durch praktische Aufgabenbearbeitung. Diese ist aber in verschiedenen Phasen kognitiv zu strukturieren.

3. Der Erwerb von Wissen mit überwiegend reproduktivem Anwendungsbezug (Typ 3) und mit strikter Methodenanwendung (Typ 4) erfordert eine enge Verbindung von Begriffs- und Regelrezeption mit praktischer Aufgabenbearbeitung sowie eine strukturierende und festigende Nachbearbeitung.

4. Der Erwerb von Wissen mit problembezogener Anwendung (Typ 5 und 6) erfordert einen konsequenten Aufbau der Lehrsequenz über alle Schritte des Phasenkonzeptes, wobei mit zunehmender Problemhaltigkeit die Phasen Problembearbeitung, Wissensstrukturierung und entdeckendes Lernen zunehmend wichtig werden.

5.6   Aktions- und Trainingsformen

Unterhalb der Ebene der Phasengliederung des Unterrichts oder Trainings ist im Konzept der Berliner Schule (vgl. Bild 2.2) über die einzusetzenden Aktions- und Trainingsformen zu unterscheiden. In QIR und CLAUS haben sich die Formen des psychoregulativen und kognitiven Trainings bewährt (vgl. Bild 2.8).

Diese Trainingsformen sind zwar für das Handlungslernen wichtig, reichen aber gerade für kognitiv bestimmte Handlungen allein nicht aus. Für die weitere Konzeptentwicklung werden deshalb

o   als trainerzentrierte Aktionsformen: Trainervortrag, Unterrichtsgespräch und Vorführung und

o   als lernerzentrierte Aktionsformen: Be- und Erarbeiten von vorliegenden Materialien wie z.B. Merkblätter oder Arbeitsblättern

einbezogen.

Als zusätzliche Aktionsform und als Übergang zum Praxistransfer wird das nachfolgende freie Üben im Sinne des entdeckenden Lernens mitbetrachtet.

Die verschiedenen Aktions- und Trainingsformen eignen sich zwar für ein breites Spektrum von Lernsituationen, aber eben nicht gleich gut. Es wird eine Einschätzung der Eignung der verschiedenen Aktions- und Trainingsformen für unterschiedliche Typen von Lernanforderungen und unterschiedlicher Phasen im Instruktionsab-

Lehr-/Lernmatrix II

Eignung von Trainings- und Aktionsformen nach Phasen des Trainings

Aktions- und Trainingsformen / Phase	1. Trainervortrag	2. Unterrichtsgespräch	3. Vorführung	4. Erarbeiten mit Materialien	5. Bearbeiten von Materialien	6. Observatives Training	7. Mentales Training	8. Verbales Training	9. Kognitives Training	10. Aktionales Training	11. Freies Üben
1. Orientierung		●	●			◐	○	○	○		
2. Begriffs- und Regelrezeption	◐	●	●	◐	●	◐	○	○	◐		
3. Aufgabenbearbeitung		○			◐	●	●	●	●	●	
4. Problembearbeitung		○	○		○	◐	◐	●	●	●	●
5. Erfolgskontrolle und Wissensstrukturierung	◐	●	◐	◐	○			◐	◐		
6. Entdeckendes Lernen		○			○	◐	○	○	○	◐	●

Legende: — : entfällt   ○ : nachgeordnet   ◐ : wichtig   ● : sehr wichtig

Bild 5.8: Einschätzung zur Eignung unterschiedlicher Aktions- und Trainingsformen nach Phasen des Trainings

lauf vorgenommen (vgl. Bild 5.8 und 5.9). Diese Einschätzung basiert auf Erfahrungen der praktischen Kursdurchführung in QIR und auf theoretischen Überlegungen und dient als Heuristik bei der Lernplanung.

Die Grobstruktur zeigt in beiden Matrizen eine stärkere Belegung um die Hauptdiagonale. Dies rührt von der nahezu ordinalen Anordnung in allen drei Skalen her. Die breite Anwendbarkeit des verbalen und des kognitiven Trainings für nahezu alle Typen von Lernaufgaben und etliche Phasen der Instruktion ist deutlich zu erkennen. Bei den trainerzentrierten Aktionsformen wird dem fragend-entwickelnden Unterrichtsgespräch der Vorzug vor dem reinen Trainervortrag gegeben, der nur an wenigen Punkten überhaupt zweckmäßig erscheint. Die Arbeit mit Materialien - Erarbeiten neuer Inhalte und Bearbeiten von Aufgaben mit Hilfe schon gelernten Wissens - ist in weiten Bereichen sinnvoll, kann aber immer

Lehr-/Lernmatrix III

Eignung von Trainings- und Aktionsformen für verschiedene Lernanforderungen

Typ der Lernanforderung \ Aktions- und Trainingsformen	1. Trainer-vortrag	2. Unterrichts-gespräch	3. Vorführung	4. Erarbeiten mit Materialien	5. Bearbeiten von Materialien	6. Observatives Training	7. Mentales Training	8. Verbales Training	9. Kognitives Training	10. Aktionales Training	11. Freies Üben
1. Qualitativer Überblick	◐	●	◐	◐	○	○	—	—	—	—	—
2. Sensomotorik	○	◐	●	○	○	●	●	●	◐	●	◐
3. Routineabläufe	○	◐	◐	●	●	◐	●	●	◐	●	○
4. Methodenanwendung	○	◐	◐	●	●	●	●	●	●	●	◐
5. Methodeneinsatz	○	◐	○	◐	○	◐	◐	●	●	●	●
6. Problembearbeitung	○	◐	○	◐	○	○	○	●	●	●	●
7. Wissensstrukturierung	◐	●	◐	◐	○	—	—	◐	◐	—	—

Legende: — : entfällt　○ : nachgeordnet　◐ : wichtig　● : sehr wichtig

Bild 5.9: Einschätzung der Eignung unterschiedlicher Aktions- und Trainingsformen nach Typen von Lernanforderungen

nur Vorstufe zu den handlungsorientierten Trainingsformen sein. Für die problemhaltigen Typen von Lernanforderungen spielen verbales, kognitives und aktionales Training sowie vor allem das freie Üben eine wesentliche Rolle.

Bild 5.8 und 5.9 zeigen, daß bei der Wahl der verschiedenen Methoden durchaus Freiheitsgrade bestehen, zumal sie in Kombination am wirksamsten sind. Da die psychoregulativen Trainingsverfahren – außer in Kombination mit Videoeinsatz – wenig materiellen Vorbereitungsaufwand erfordern, können sie sehr flexibel und situationsbezogen eingesetzt werden. Dies ist jeweils der Entscheidung des Trainers überlassen oder – in Abschnitten der Selbstinstruktion – auch gegebenenfalls des Lernenden. Die Aktions- und Trainingsformen sind in den Bildern im wesentlichen in der Reihenfolge ihrer Anwendung angeordnet, so daß sowohl pro Lernphase als auch pro Typ der Lernanforderung eine erste Empfehlung für die Abfolge der Aktions- und Trainingsformen gegeben ist, die natürlich fallspezifisch zu treffen und auf Plausibilität zu prüfen ist.

Damit ist eine grundsätzliche, übertragbare Empfehlung für die Gestaltung von Trainingsmaßnahmen an IR entwickelt.

5.7 Anwendung der Mikrostrukturierung

Die Anwendung der Mikrostrukturierung auf den bisher strukturierten Kurs en detail und in extenso vorzuführen ist aus Gründen des Umfanges zum einen nicht möglich, zum zweiten ist dies nicht nötig, weil Lernen und Lehren immer situations- und personenabhängig ist und deshalb nicht vollständig vorstrukturiert und algorithmisiert werden kann. Die Anwendung dient also der Verdeutlichung der Methode mit der Entwicklung einiger spezifischer Empfehlungen, nicht aber der Entwicklung detailliertester Rezepte.

Für die Demonstration der Anwendung der Mikrostrukturierung wird deshalb wie folgt verfahren:
1. Aus Gründen der Übersichtlichkeit und Übertragbarkeit wird von der sachlogischen Aufgabenstruktur des Kurses in Bild 4.6 ausgegangen, nicht vom speziellen stundenplanmäßigen Ablauf nach Bild 4.7.
2. Diese Aufgabenstruktur wird in Blöcke zusammengefaßt, die nach dem vorherrschenden Typ der Lernaufgaben relativ homogen sind.
3. Die Anwendung der Mikrostrukturierung wird vorwiegend für den komplexen Fall des IR A (textuelle Programmierung) diskutiert, für IR B (menügeführte Tastenprogrammierung) wird ggf. auf Besonderheiten hingewiesen.

Die Zahlen im Text beziehen sich jeweils auf die Typen von Lernanforderungen, auf die Phasen und die Aktions- und Trainingsformen gemäß Bild 5.7 bis 5.9.

Block 1: Inbetriebnahme und Referieren

Inbetriebnahme und Referieren des IR sind von der Lernanforderung als Routineabläufe (Typ 3) mit vorwiegend reproduktivem Anwendungsbezug des Wissens zu kennzeichnen. Ziel ist eine sichere Routinisierung der Abläufe bei Aufrechterhaltung der Kontrollaktivität.

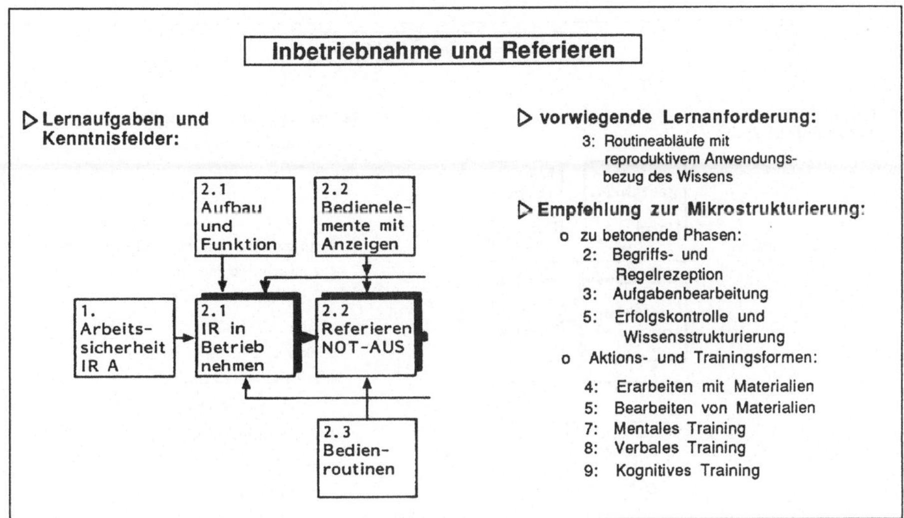

<u>Bild 5.10</u>:   Mikrostrukturierung im Block 1 "Inbetriebnahme und
Referieren"

Betont werden die Lernphasen 2 (Begriffs- und Regelrezeption)
und 3 (praktische Aufgabenbearbeitung). Die Wissenstrukturierung
(Phase 5) ist unter dem Aspekt der Gedächtnisökonomie (Vollständigkeit der Wissensreproduktion) wichtig. Im Wechsel mit der Arbeit mit Materialien (Trainingsform 4 und 5) sind vor allem das
mentale, das verbale und das kognitive Training wichtig. Wiederholte Übungen mit zunehmend verkürzter Verbalisierung fördern eine stabile Routinisierung. (<u>Bild 5.10</u>)

<u>Block 2: Verfahren und Teachen</u>

Verfahren des IR und Aufnehmen der Punkte im Teach-Betrieb sind
überwiegend als Lernanforderung vom Typ 4 Methodenanwendung zu
kennzeichnen. Es bestehen Übergänge zu Typ 3 Routineabläufe und -
wegen der erforderlichen Genauigkeit beim Verfahren - zu Typ 2
Sensumotorik. Ziel ist eine sichere Routinisierung der Abläufe
und eine möglichst hohe geometrische Exaktheit beim Aufnehmen der
Punkte. Die eher darbietende Lernphase 2 (Aufnehmen) ist notwendig für den Erwerb gewisser operativer und orientierender Kenntnisse (z.B. der Koordinatensysteme). Betont werden aber die Auf-

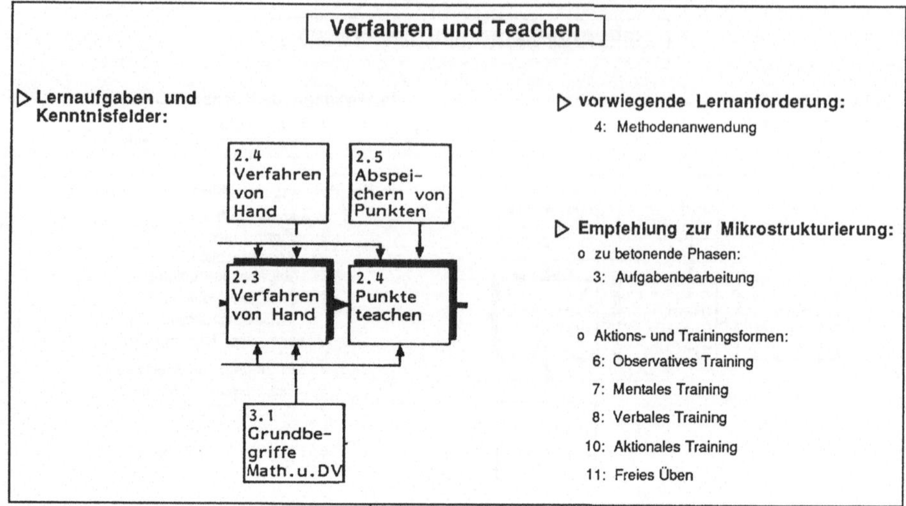

Bild 5.11: Mikrostrukturierung im Block 2 "Verfahren und Teachen"

gabenbearbeitung (Phase 3) mit den psychoregulativen Trainingsformen (Form 6, 7, 8). Wichtig ist ausreichendes Üben als aktionales Training mit vorgegebenen Aufgabenstellungen (Form 10).
Sinnvoll ist aber auch freies Üben (Form 11) als entdeckendes
Lernen von gewissen Grundkenntnissen und -fertigkeiten. (**Bild
5.11**)

Eine nachfolgende Systematisierung der Bedienabläufe, Beurtei-
lungsregeln und der unterschiedlichen praktischen Erfahrungen ist
zweckmäßig (Phase 5).

Block 3: Programmieren gerader Nähte

Der Block 3 "Programmieren gerader Nähte" ist gekennzeichnet
durch das Zusammenfließen einer Vielzahl von Wissenselementen,
insbesondere von formal-symbolischen. Der Typ der Lernanforderung
ist eher Typ 4 Methodenanwendung, auch wenn Elemente von Typ 3
Routineabläufe und Typ 4 Methodeneinsatz erkennbar sind. Entsprechend sind die Lernphasen 2 Aufnehmen und 3 Anwenden besonders wichtig. In der darbietenden Lernphase 2 ist auf nur kurze
kognitive Voreilung zu achten; auch Orientierungswissen sollte

immer sehr schnell an praktisches Handeln angeknüpft werden. Es sollte daher zuerst exemplarisch, an einfachen Spezialfällen vorgegangen werden. So können z.B. vorher geteachte Punkte in ein schon existierendes Programm eingebaut werden, anhand dessen dann Programmaufbau und Programmerstellung (über Editor) erläutert werden. Das "Navigieren" oder "Klettern" im Menübaum ist durch Visualisierung des Aufbaus zu erleichtern; gerade hier ist die jeweilige Bestimmung des "eigenen" Standortes" bzw. des Zustands des Systems z.B. für die Zulässigkeit von Eingaben wichtig. Wenn Teachen und Programmerstellung zusammenfallen, sollten die Anforderungen über die Imitation vorhandener Beispiele zunächst mög-

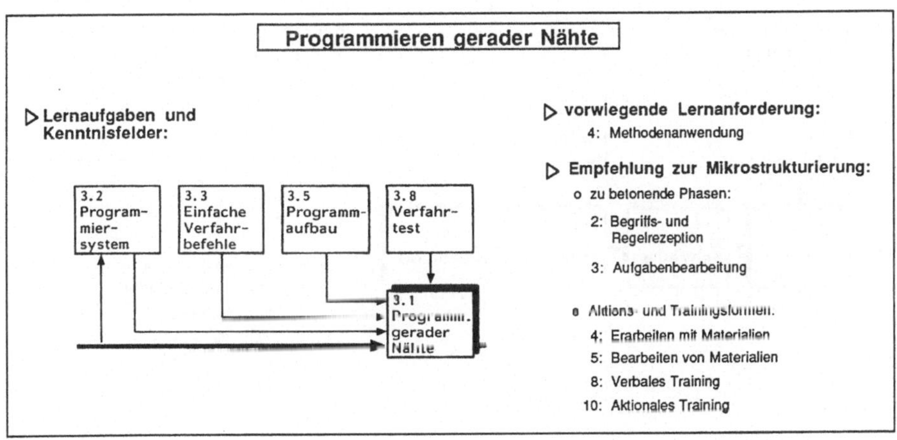

Bild 5.12: Mikrostrukturierung im Block 3 "Programmieren gerader Nähte"

lichst gering gehalten werden. Wichtig ist in allen Fällen, daß Phasen der Strukturierung des Wissens eingelagert werden. Ziel ist, daß das "kalte" Programmieren gerader Nähte als Handlungsroutine verfügbar wird. Der Zusammenhang von Kinematik/Verfahren/Programmiersystem/Programmaufbau/Verfahrbefehle muß deshalb sehr sicher verstanden sein. (Bild 5.12)

Als Trainingsform ist zunächst die Arbeit an und mit Materialien zu betonen, um "im Trockenkurs" das notwendige Sachwissen soweit zu fixieren, daß ein Üben am Gerät sinnvoll wird. Für das praktische Üben ist vor allem das verbale (8), aber auch das mentale (7) Training zweckmäßig. Das kognitive Training (9) kann bei Lernschwierigkeiten (z.B. Verständnisproblemen) ergänzend eingesetzt werden. Das Üben von Aufgaben abgestufter Komplexität ist wichtig (10), während freies Üben (11) das Risiko von freiwilliger Über- oder Unterforderung beinhaltet.

Block 4: Manuelles Schweißen

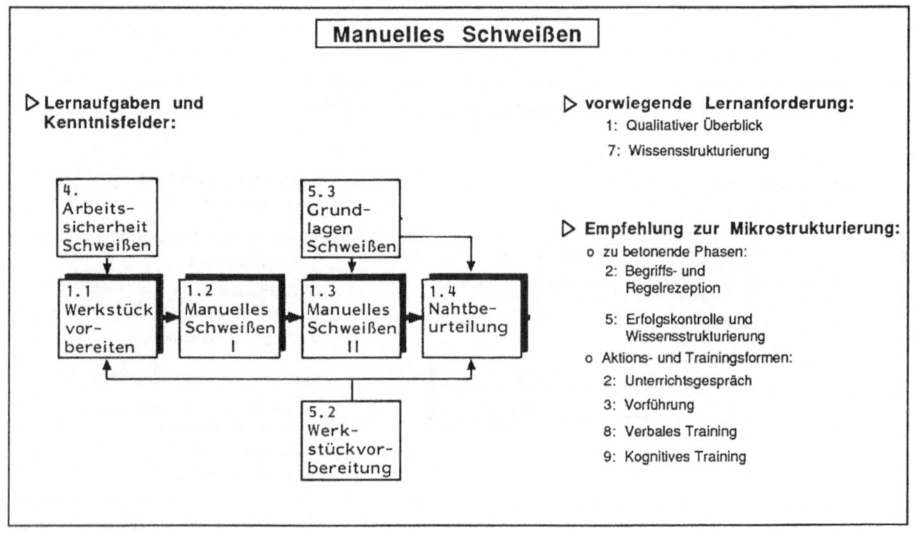

<u>Bild 5.13</u>: Mikrostrukturierung in Block 4 "Manuelles Schweißen"

Das Wiederaufgreifen des manuellen Schweißens hat zum Ziel, die schweißtechnischen Vorkenntnisse der Zielgruppe festzustellen und eine gewisse Systematisierung dieser Vorkenntnisse als Vorbereitung für Block 5 (Schweißtechnische Grundkenntnisse) herbeizuführen. Insofern ist dieser Block etwas atypisch. Die Lernanforderung ist als Mischung aus Typ 1 Überblick und Typ 7 Wissensstrukturierung einzustufen. Als Lernphasen sind - sozusagen der praktischen Bearbeitung übergelagert - vor allem die Einführung und Wiederholung von Begriffen und Regeln (Phase 2) und die Systema-

tisierung vorhandener Erfahrungen (Phase 5) zu betonen. Methode
ist vor allem die Kombination aus praktischer Übung mit verbalem
(8) und kognitivem (9) Training mit Unterrichtsgespräch (2) und
Vorführung (3). (Bild 5.13)

Block 5: Schweißtechnische Grundkenntnisse

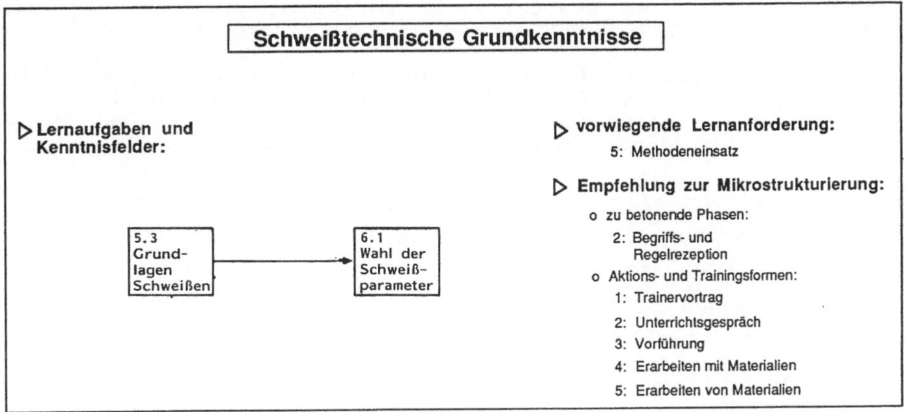

Bild 5.14: Mikrostrukturierung in Block 5 "Schweißtechnische
Grundkenntnisse"

Der Block 5 "Schweißtechnische Grundkenntnisse" zielt auf die
Vermittlung hinreichender physikalisch-technischer Grundkenntnisse über das Schweißen, damit Werkstückvorbereitung, Wahl der
Schweißparameter und Nahtbeurteilung weniger intuitiv, sondern
vielmehr exakt und systematisch vorgenommen werden. Das methodische Problem dieses Blocks ist es, eine Vielzahl von Kenntnissen
ohne direkte Anwendungsmöglichkeit vermitteln zu müssen. Deshalb
ist zum einen verstärkt auf Medien (Film, Lichtbogenprojektion,
Schemazeichnungen) zurückzugreifen. Zum zweiten kann manuelles
Schweißen in Form eines verbal-kognitiven Trainings eingesetzt
werden, um die Wirkung der vermittelten physikalisch-technischen
Zusammenhänge praktisch erfahrbar zu machen. Wichtig ist gerade
hier die Verfahrensweise. (Bild 5.14)

Am Beispiel: Eine Sequenz A zur Behandlung des Themas "Arbeits-
punkt" könnte wie folgt deduktiv gestaltet werden: Atommodell,
Elektronengas in Metallgitter, thermische Bewegung, Widerstand,
Formel des Ohm'schen Gesetzes, Lichtbogenkennlinie, Kennlinie der
Stromquelle, Arbeitspunkt, Einstellen des Arbeitspunktes.

Kritik: Diese sachlogische deduktive Strukturierung enthält in
den ersten Punkten Themen, die für den Lerner irrelevant sind, da
sie nicht auf seine praktische Handlung beziehbar sind und mangels Vorwissen nicht verstanden werden können. Der bei der Zielgruppe herauszubildende Begriff von "Strom" und "Arbeitspunkt"
ist ein anderer als der des Schweißfachingenieurs, der "Strom"
wiederum anders sieht als der Elektroingenieur oder Physiker, der
vielleicht von den Maxwell'schen Gleichungen ausgeht.

Alternative Sequenz B: Einstellübungen, Demonstrationen von
Lichtbogenformen am Projektor, Stromstärke, Proportionalität
Strom/Spannung, Diagramme mit Kennlinie, Einstellübungen, Beur-
teilung des jeweiligen Lichtbogens und des Schweißergebnisses.

Block 5 ist vor allem durch Begriffs- und Regelrezeption (Phase
2) gekennzeichnet, der Typ der Lernanforderung ist aber zumeist
Typ 5 (Methodeneinsatz). Aus dieser Spannung heraus rechtfertigt
sich die Lösung in der Makrostrukturierung (4.6), den Block 5
zeitlich sehr stark zu verteilen: praktische Problembezüge werden
so möglich.

Block 6: Schweißen gerader Nähte

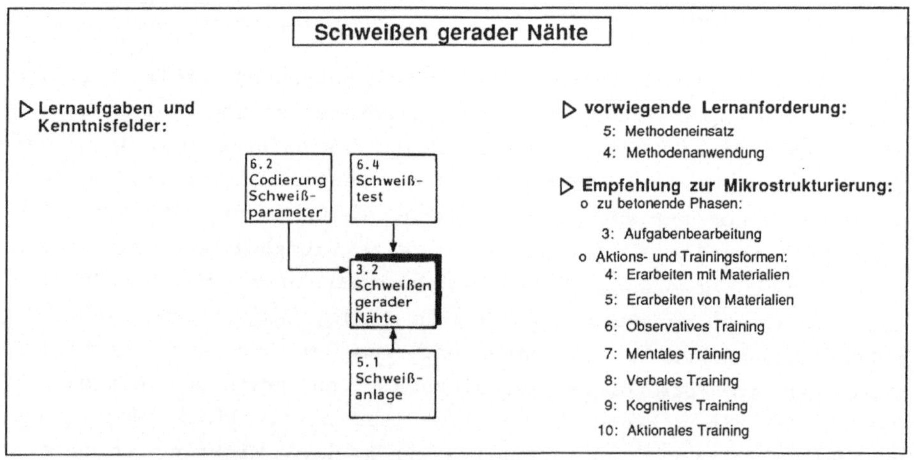

Bild 5.15: Mikrostrukturierung in Block 6 "Schweißen gerader
Nähte"

In Block 6 "Schweißen gerader Nähte" werden die bisher behandelten Blöcke zusammengeführt, er enthält also ein starkes Moment von Ganzheitlichkeit. Ziel ist, das Schweißen einer einfachen Naht als Handlungsroutine verfügbar zu machen. Der Typ der Lernanforderung ist der Methodeneinsatz (5), mit hohen Anteilen von Methodenanwendung (4). Entsprechend sind alle Lernphasen gefordert, besonders aber die Anwendung von Methoden (Phase 3). Die Aktions- und Trainingsmethoden sind vorwiegend auf praktisches Training ausgerichtet (Form 6 - 10), das durch die Arbeit an Materialien (Form 4 und 5) und Unterrichtsgespräche unterstützt wird. (<u>Bild 5.15</u>)

Block 7: Spezielle Nähte

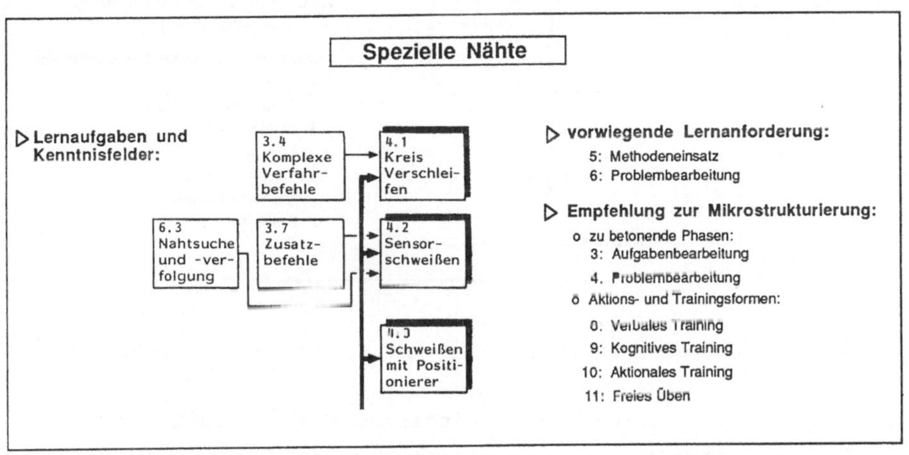

<u>Bild 5.16</u>: Mikrostrukturierung in Block 7 "Spezielle Nähte"

Block 7 "Spezielle Nähte" beinhaltet das Schweißen mit speziellen Befehlen und Einrichtungen. Die Lernanforderung baut zwar auf Methodenanwendung (Typ 4) auf, ist aber mehr durch Methodeneinsatz (Typ 5) und teilweise durch Problembearbeitung (Typ 6) gekennzeichnet. Entsprechend sind die Phasen der Aufgaben- und Problembearbeitung (3 und 4) zu betonen. Nach einer Phase der Systematisierung (5) ist entdeckendes Lernen sehr sinnvoll, da allmählich praxisrelevante Problemstellungen angegangen werden können. Entsprechend liegt der Schwerpunkt der Aktions- und Trainingsformen beim verbalen, kognitiven und aktionalen Training sowie beim freien Üben. Die Einführung eines neuen Befehls- oder Hilfsmittel wird jeweils als Unterrichtsgespräch (am besten mit Vorführung) begonnen. Nachfolgend zu den Übungen ist das Wissen z.B. über die Arbeit mit Materialien zu systematisieren und zu vervollständigen. (Bild 5.16)

Block 8: Programmstrukturen

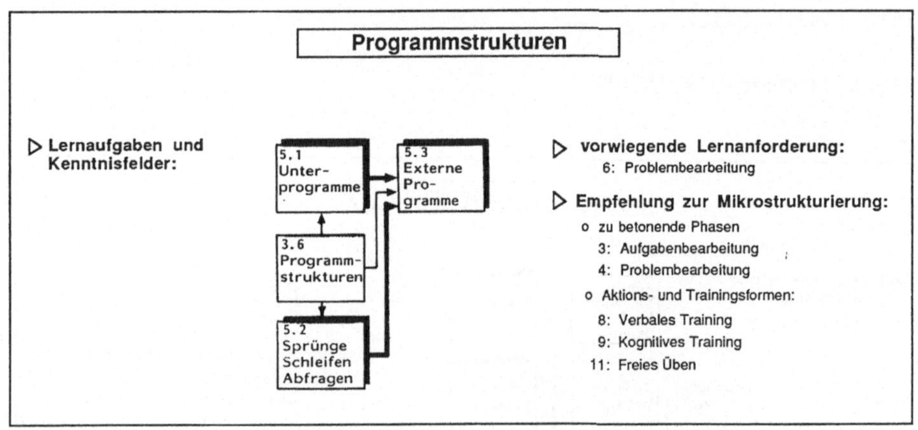

Bild 5.17: Mikrostrukturierung in Block 8 "Programmstrukturen"

Block 8 "Programmstrukturen" beinhaltet die Anwendung abstraktformaler Strukturen der Programmierung. Die Lernanforderung ist Typ 6 Problembearbeitung zuzuordnen, wobei Übergänge zu Typ 5 Methodeneinsatz und zu Typ 7 Wissensstrukturierung gegeben sind. Für die Phasengliederung sind zwei Formen der Anwendung zu unterscheiden: Die wesentliche Problembearbeitung erfolgt hier - wie teilweise auch schon in Block 7 - durch die geistige Arbeit auf dem Papier; die physikalische Realisierung einer Programmstruktur über das Automatikprogramm am IR ist nur der letzte Nachweis der sachlichen Korrektheit der entwickelten Problemlösung. Die beiden Formen sind - nicht zuletzt aus Aufwandsgründen - hintereinander auszuführen. Die Phasengliederung betont somit nach der Begriffs- und Regelrezeption (2) die Bearbeitung von Aufgaben- und

Problemstellungen (3 und 4). Methode ist das verbale und kognitive Training vor allem anhand von Materialien, zumeist als angeleitete Kleingruppenarbeit. Günstig ist hier auch das freie Üben /11/. (<u>Bild 5.17</u>)

<u>Block 9: Werkstücke</u>

Das Programmieren kompletter Werkstücke ist in Bild 7.7 beim Erlernen der Programmstrukturen mitsubsumiert, soll aber hier nochmals unter dem Aspekt der Ganzheitlichkeit angesprochen werden. Zur Zusammenführung des gelernten Sach- und Methodenwissens schweißen die Teilnehmer gegen Schluß des Kurses Werkstücke, die möglichst viele der gelernten Kenntnisse erfordern. Dieser Lernprozeß sollte weitgehend als entdeckendes Lernen stattfinden, in dem der Trainer nur auf Anforderung tätig wird. Er ist hier vor allem unter lerndiagnostischen Aspekten gefordert. Eine solche offene Übungsphase ist eine sinnvolle Vorbereitung auf die Prüfung und die Praxis.

In diesem Kapitel werden auf der Bearbeitungsebene 4 Prinzipien und Hilfsmittel entwickelt, mit denen durch eine präzisere Fassung geistiger und kommunikativer Prozesse und Strukturen der Lernprozeß - also der Aufbau eines OAS und der Handlungsregulation für den speziellen Lerngegenstand - unterstützt werden kann. Die Anwendung der entwickelten Ansätze wird für das Lichtbogenschweißen mit IR dargestellt.

6.1   Problemstellung und Bearbeitungsansatz

6.1.1   Problemstellung

Die bisher entwickelten Elemente zur Methodik einer Qualifizierung an IR - Verfahrensweise, 6-Phasen-Schema, Aktions- und Trainingsformen für verschiedene Typen von Lernaufgaben - strukturieren die Formen der Auseinandersetzung des Lernenden mit dem Lerngegenstand. Wie aber neue Sachverhalte erfaßt werden und begrifflich zu strukturieren sind, damit sich Begriffe und Regeln in der kognitiven Struktur des Lernenden herausbilden, wie aber die Anwendung neuer Methoden handlungsregulatorisch unterstützt wird, damit sie für den Lernenden verfügbar werden, darüber geben diese Formen weniger Auskunft. Konzepte observativen, mentalen, verbalen, aktionalen Trainings besagen zwar, daß beobachtet, vorgestellt, gesprochen, ausgeführt wird, aber nicht, worauf es dabei jeweils ankommt. Lediglich die kognitiven Trainingsverfahren - speziell die heuristischen Regeln - geben einige differenziertere Hinweise.

Für eine durchgängige Methodik der Qualifizierung erscheint es deshalb erforderlich, eine weitere Ebene der Betrachtung einzuführen. Gegenstand der Betrachtung und Gestaltung auf dieser Ebene sind die kognitiven Prozesse bei der Auseinandersetzung des Lernenden mit dem Lehrstoff. Aufgrund der Ergebnisse der Denk- und Lernpsychologie ist davon auszugehen, daß eine sach- und lernergerechte Gestaltung auf dieser Ebene zusätzliche Vorteile für die Herausbildung kognitiver Strukturen beim Lernenden, also für das Lernen, mit sich bringt, als wenn lediglich die benannten Formen angewendet würden. Da es einerseits um die Strukturierung des Lehrstoffs und des Lernverhaltens nach Aspekten der Kognition geht, da andererseits kognitive Strukturen beim Lernenden herausgebildet werden sollen, wird die Thematik in Anlehnung an den Begriff der "kognitiven Struktur" /176/, der auf Dörner /170/ und Gluwe /177/ zurückgeht /179/, zusammenfassend als "kognitive Strukturierung" bezeichnet (vgl. <u>Bild 6.1</u>).

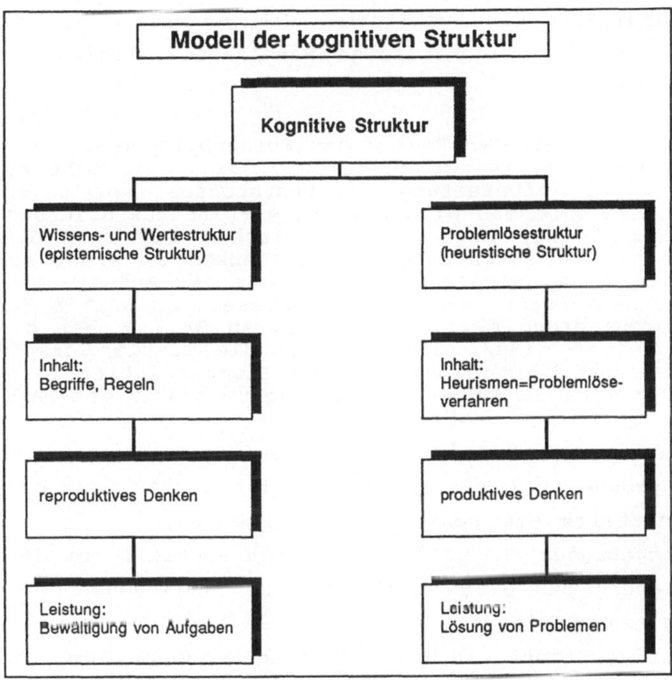

<u>Bild 6.1</u>: Modell der kognitiven Struktur (nach /179/)

Ein Problem ist, daß es für diese Frage eine Vielzahl von Einzelbefunden, aber keine geschlossene Theorie, schon gar nicht eine anwendungsbezogene gibt (vgl. Anhang A 4.2). Es wird deshalb so verfahren, daß versucht wird, im Hinblick auf die hier vorliegende Problemstellung - Qualifizierung an IR - einige Arbeitstechniken der pädagogischen Methodik aus den verfügbaren Theorien und Ergebnissen zu entwickeln.

6.1.2 Aufgabe und Prinzipien der kognitiven Strukturierung

Aufgabe der kognitiven Strukturierung ist es also, Arbeitstechniken und Hilfsmittel anzugeben, mit denen der Lehrstoff, die Trainer-Lerner-Interaktion, das Übungshandeln des Lernenden sowie seine sprachlichen Äußerungen so strukturiert werden können, daß die Herausbildung von Sachwissen, Methodenwissen und Methodenbewußtheit und eine eigenständige Handlungsregulation gezielt gefördert werden.

Es geht also darum, den Prozeß der Herausbildung eines operativen Abbildsystems beim Lerner zu fördern. Dies geschieht z.T. vorbereitend in der Aufbereitung des Lehrstoffes, vor allem aber im Unterricht selbst. Daß eine derartige Feinstrukturierung sinnvoll und notwendig ist, möge ein empirisches Ergebnis beispielhaft illustrieren: Beim schlußfolgernden Denken in einer Aufgabe der Art "A > B, B > C, also A > C" variierte der Anteil richtiger Lösungen je nach Formulierung der Prämisse; von 60,5 % für die genannte Formulierung der Prämisse bis zu 38,3 % bei der Vorgabe "B > C, C < A" /188/. D.h., allein die simple Veränderung von Reihenfolge und Richtung einer transitiven Relation in der Aufgabenstellung verändert den Übungserfolg um nahezu den Faktor 2.

Aufgabe der kognitiven Strukturierung soll es nicht sein, den Lehr-Lernprozeß vollständig zu algorithmisieren. Zum ersten, weil Lernen letztlich ein subjektiver Prozeß ist, der individuell und situationsgebunden abläuft; zum zweiten speziell bei der Technik-Qualifizierung aus Gründen des Aufwands, der wegen der laufenden Technologieinnovationen nur selten zu rechtfertigen sein wird. Die kognitive Strukturierung wird also Methode, Empfehlung, Leitlinie oder Hilfsmittel für den Trainer und - bei Selbstinstruktion - für den Lerner sein.

Aufgrund einer Sichtung vorfindlicher Theorien, empirischer Ergebnisse und pädagogischer Methoden /12/ scheinen sechs Prinzipien als Leitlinien für die kognitive Strukturierung von Instruktion identifizierbar zu sein, die speziell für Tätigkeiten an programmierbaren Betriebsmitteln wie das Erlernen der Programmierung von Schweißrobotern geeignet sein dürften (Bild 6.2).

Die grafische Anordnung in Bild 6.1 beruht auf folgender Überlegung:
Ausgangspunkt für das Handlungslernen ist die Eigenregulation und deren Aktivierung. Diese ist aber erstens nicht unspezifisch, sondern bezieht sich auf bestimmte Zwecke und Abläufe. Die Len-

kung der <u>Aufmerksamkeit</u> ist ein die Eigenregulation unterstüt-
zendes Prinzip, das aber auch noch andere Funktionen haben kann.
Zum zweiten erfordert eine effektive Eigenregulation einen Wechsel von Ziel- und Gegenstandsebenen, auf die die Regulation sich
bezieht (vgl. Bild 2.3). Ein zweites, die Eigenregulation unter-
stützendes Prinzip ist deshalb das der <u>Bewußtheit</u> von Operationen. Aus der Bewußtheit über die aktuell ausgeführte Operation
ergibt sich die Rückbindung an die Zielhierarchie der Regulation.
Eigenregulation, Aufmerksamkeit und Bewußtheit von Operationen
werden unterstützt durch Ordnungsmittel. Dabei hat die <u>sprach-</u>
<u>liche Äußerung</u> die Funktion, den Denkprozeß zu stabilisieren,
während das Prinzip der <u>Strukturiertheit des Wissens</u> auf klare
Strukturen des Gedächtnisbesitzes abhebt. Das letzte Prinzip des
<u>ganzheitlichen Handelns</u> besagt, daß es zwar durchaus zweckmäßig
und erfolgreich sein kann, den Lernprozeß in sehr kleine Elemente des Lerngegenstandes oder (wie in den bisher genannten
Prinzipien) der Lernhandlung zu zerlegen, daß es aber ganz wesentlich ist, diese Elemente wieder zu einem Handeln zusammenzu-
fügen, das horizontal (Aspekt der Abschlossenheit einer Handlungsausführung) und vertikal (Aspekt der Vollständigkeit der Regulation von der Zielbildung bis zur Erfolgskontrolle) ganzheitlich ist. Die grafischen Verbindungen deuten an, daß über die
skizzierten Beziehungen hinaus weitere bestehen: so kann z.B. der
Spracheinsatz eigenregulativ intiiert werden, umgekehrt kann der
Spracheinsatz die Eigenregulation aktivieren.

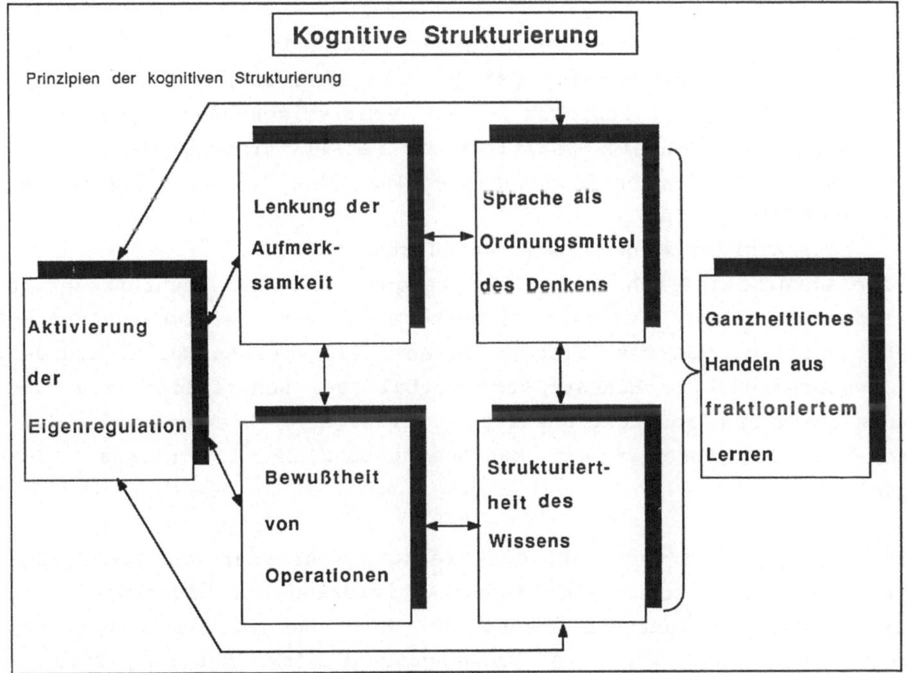

<u>Bild 6.2</u>: Prinzipien der kognitiven Strukturierung

Die Prinzipien werden im folgenden begründet und erläutert; sie gliedern die Vielfalt der Möglichkeiten kognitiver Strukturierung.

6.2 Aktivierung der Eigenregulation

Der Begriff des Handlungslernens beinhaltet in der Zielsetzung und im Lernprozeß - im Gegensatz zu Lernen nach Versuch und Irrtum oder nach Vormachen und Nachmachen - als konstituierende Komponente die eigenständige Handlungsregulation durch den Lernenden. Die Herausbildung einer bewußt einsetzbaren Eigenregulation erfolgt nur bedingt naturwüchsig im spontanen Lernen, sie ist vielmehr zu unterstützen. Gerade beim Lernen kognitiv bestimmter Tätigkeiten ist dieses Prinzip wichtig: "Der Anteil von Fremd- und Eigenregulation erweist sich als durchgehende Variable verschiedener Gestaltungsmöglichkeiten" des kognitiven Übens von verschiedenen kognitiven Prozessen und bei der "Kopplung kognitiver Operationen mit praktischer Tätigkeit" /190/.

In der Literatur werden entsprechende Methoden unter dem Begriff der "heuristischen Regeln" gefaßt, die sich auch auf andere Aspekte der Tätigkeit beziehen können. Heuristische Regeln können
o   nach Allgemeinheit/Spezifität und Detaillierungsgrad,
o   nach Grad des Aufforderungsgehalts (als Aussage, Frage oder Imperativ) oder
o   nach Ausführlichkeit oder Verkürztheit
sehr unterschiedlich formuliert werden. Mit dem Lernfortschritt wird man von ausführlichen zu verkürzten, von eher imperativen zu eher offenen, von spezifischen zu eher allgemeinen Formulierungen fortschreiten. Der Einsatz kann verbal oder schriftlich (z.B. auf kurz gefaßten Instruktionskarten) erfolgen. (Die bekannte Kepner-Tregoe-Methode in der Management-Schulung ist nichts anderes).

In _Bild 6.3_ wird versucht, die Vielzahl mehr oder weniger spezifischer heuristischer Regeln zur Aktivierung der Eigenregulation nach ihrer Stellung im Ablauf der Handlung zu systematisieren (vgl. auch /189, 191/). Am Ausgangspunkt einer Handlung steht - ggf. nach dem Verstehen der Aufgabenstellung - die _Orientierung_ über Problemlage, Ausgangssituation und Zielstellung. Eine typische derartige Orientierungsleistung ist das Erkennen des Betriebszustandes eines IR, da in bestimmten Zuständen (z.B. im Editor-Betrieb) eben nur bestimmte Eingaben möglich sind.

Eine heuristische Regel könnte lauten: "Prüfen Sie vor einer Eingabe, in welchem Betriebszustand der Rechner/der Roboter sich gerade befindet!". Verkürzt: "Zulässige Eingabe?" oder "Betriebszustand?".

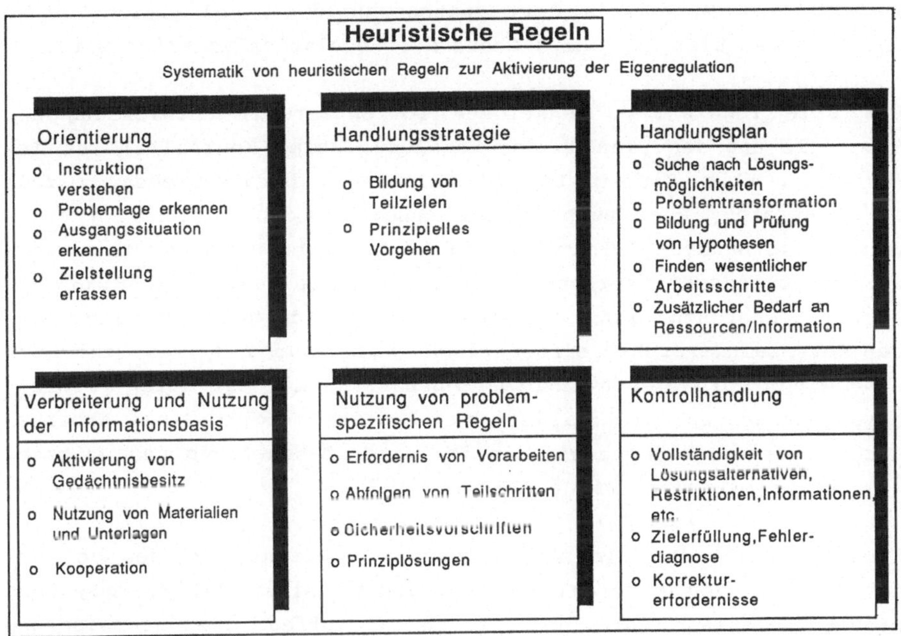

<u>Bild 6.3</u>: Systematik von heuristischen Regeln zur Aktivierung der Eigenregulation

Die beiden wohl wichtigsten Aspekte der Aktivierung der Eigenregulation sind der Entwurf der <u>Handlungsstrategie</u> und sodann des genaueren <u>Handlungsplans</u>. Gerade bei komplexeren, vom Lernenden wenig überschaubaren Problemstellungen ist die Bildung von Teilzielen und die Entwicklung eines prinzipiellen Vorgehens anzuregen.

Formulierungsbeispiele: "Welche Teilziele verfolgen Sie?", "Wie gehen Sie vor?", "Worauf kommt es Ihnen an?". Beim Entwurf des Handlungsplans steht die Suche nach Lösungsmöglichkeiten im Vordergrund; ggf. muß das Problem aus einer ganz anderen Sicht betrachtet werden. Beispiel: "Welche Lösungsmöglichkeiten sehen Sie?", "Sind das alle?", "Sind Sie sicher, daß es sich nur um ein Syntaxproblem handelt?".

Entsprechend wird bei der Überleitung der prinzipiellen Lösungsmöglichkeiten in konkrete Arbeitshypothesen und Arbeitsschritte verfahren. Von zentraler Bedeutung für den Lern- und Handlungserfolg ist die Systematik der Hypothesenbildung- und prüfung /189, 190/, so daß hier eine Meta-Ebene der Regulation deutlich wird.

Für alle regulativen Funktionen (Orientierung, Entwicklung der Strategie und des Planens der Handlung, deren Kontrolle) ist Information über Ziel-Mittel-Weg-Relationen heranzuziehen. Gerade im Lernprozeß, aber auch in der Arbeitspraxis wird häufig prinzipiell vorhandene Information nicht genutzt: Bekannte Dinge werden nicht bedacht, vorhandene Bedienungsanleitungen nicht konsultiert, Recherchen nicht angestellt. Es ist deshalb auf allen Ebenen der Zielhierarchie erforderlich (vgl. Bild 2.3), auf die Nutzung einer vorhandenen Informationsbasis bzw. auf deren Verbreiterung zu achten. Stabilisiert als Fähigkeit, gilt diese Arbeitstechnik der problembezogenen Informationsbeschaffung und -nutzung als Schlüsselqualifikation /157/.

Es ist deshalb auf die Aktivierung von gelerntem Wissen und auf die Nutzung von Materialien zu dringen. Diese Aktivierung kann problemspezifisch oder unspezifisch, als offene oder geschlossene Frage erfolgen. Beispiel: "Was haben wir über die Kreisinterpolation gelernt?", "Schlagen Sie doch mal nach!". Dieser Bereich der Aktivierung der Eigenregulation eignet sich zudem zu der Initiierung von Kooperation und Kommunikation ("Fragen Sie doch mal...").

Bei vielen Tätigkeiten sind _spezifische Regeln_ zu beachten, vor allem der Arbeitssicherheit, oft sind Prinziplösungen nutzbar. Beispiel: "Ist diese Stellung der Handachsen sinnvoll?" (...weil sie beim weiteren Verfahren an einen Endanschlag gelangen würden.) Oder allgemeiner: "Wie haben wir das gestern gemacht?". Dieser Bereich der heuristischen Regeln ist z.T. eine Speziali-

sierung des vorher diskutierten, z.T. eine Erweiterung unter dem
Aspekt des Aufrufs fester Handlungsschemata. Insofern setzt der
Einsatz dieses Heurismus schon einen gewissen Lernfortschritt
voraus. Er eignet sich aber auch zur Herausbildung solcher Routinisierungen und Handlungsschemata, indem diese mehrfach aktiviert werden.

Gedanklich voreilend bei der Hypothesenprüfung, aber auch nach
der praktischen Ausführung, erfolgt die <u>Kontrollhandlung</u>. Sie
dient der Ableitung von Korrekturerfordernissen, von weiteren Lö-
sungsalternativen oder von Lernerfordernissen. Bei der Fehlerdiagnose ist das Festhalten von Ursache-Wirkungs-Zusammenhängen
wichtig. Beispiel: "Weshalb kam das so?", "Ist das so richtig?".

Die Anregung von Kontrollhandlungen hat zudem die Funktion, die
Stellung der geplanten oder abgeschlossenen (Teil-)Handlungen in
der Gesamthierarchie der logischen Aufgabenstrukturen zu verdeutlichen, so daß hier eine Beziehung zur orientierenden und planen-
den Funktion der Handlungsregulation und zum Prinzip der Bewußtheit von Operationen gegeben ist.

Der Einsatz der heuristischen Regeln zur Aktivierung der Eigenregulation bezieht sich üblicherweise auf eine Aufgabenstellung,
die die Lerner selbständig bearbeiten. Sie können aber auch -
z.B. in frühen Lernstadien - für recht einfache (Teil-)- Handlungen als Fremd- oder Selbstinstruktion eingesetzt werden.

Beispiel: Verfahren des IR, Werkzeug soll Tischplatte berühren.
In verkürzter Formulierung: "Ziel: TCP auf Tisch, also Hauptachsen nach unten verfahren. Situation: Werkzeug 10 cm über der
Tischplatte. Situation vollständig beschrieben? Nein; Geschwindigkeit ist 10 %, das ist zulässig. Handlungsentwurf: nach unten
bedeutet Taste Z- im CP-Betrieb, ganz vorsichtig tasten, zum
Schluß Geschwindigkeit reduzieren oder in Inkrement-Betrieb gehen."

6.3   <u>Lenkung der Aufmerksamkeit</u>

Zur Unterstützung der Selbststrukturierung der Aufgabe durch Eigenregulation soll die Aufmerksamkeit des Lernenden auf lern-
oder leistungsbestimmende Komponenten oder Aspekte des Lerngegenstandes gelenkt werden. Dies gilt speziell für die psychoregula-

tiven Trainingsverfahren, aber auch für darbietende Aktionsformen und für kognitive Trainingsformen. Am Beispiel: Es kommt beim verbalen Training nicht primär darauf an, daß alle Tasten der Tastatur am HPG eines IR terminologisch korrekt benannt werden, sondern darauf, welche Funktion sie haben, wie sie angewendet werden, welche Risiken und Fehlermöglichkeiten bestehen etc. Vor allem dieses ist zu benennen und in Begründungszusammenhänge zu bringen. Es geht nicht um den Wortschatz, sondern um Denkmuster. Entsprechendes gilt für das mentale oder observative Training.

Dem Trainer muß aufgrund von Lernziel und Lernfortschritt klar sein, worauf er die Aufmerksamkeit der Lernenden gerichtet haben will. Die typische Anleitung hierzu ist "Achten Sie dabei auf...". Die Anleitung sollte möglichst konkret sein, also nicht etwa: "Achten Sie darauf, daß Sie alles richtig machen" sondern:

"Achten Sie beim Verfahren des IR darauf, daß Sie die Taste mit der richtigen Bewegungsrichtung nehmen".

Die Lenkung der Aufmerksamkeit steht im Wechselspiel mit der Aktivierung der Eigenregulation und der Bewußtheit von Operationen. Entsprechend vielfältig sind die möglichen Dimensionen. Neben den handlungsregulierenden Aspekten (siehe 6.2) ist auf Fragen der Motorik, der Vollständigkeit, der korrekten Reihenfolge, der Merkmalsausprägungen und der Begründungs- und Verwendungszusammenhänge aufmerksam zu machen.

6.4   Bewußtheit von Operationen

"Theoretisches Denken" wird "in der dialektischen Logik" in Abgrenzung vom empirischen Denken u.a. durch die "Einheit von Begriff und Methode und Methodenbewußtheit" gekennzeichnet /190/. Deshalb, und weil nur so eine zielgerichtete Eigenregulation auf einem bestimmten Abstraktionsgrad über der Handlungsausführung möglich ist, wird als drittes Prinzip der kognitiven Strukturierung das der Bewußtheit von Operationen angesehen. Für eine Herausbildung und Stabilisierung kognitiver Strukturen wird es als notwendig erachtet, daß der Lernende sich über den Zusammenhang von Sachverhalt, Begriff, Methode und Bedingungen des Methodeneinsatzes klar und bewußt ist. Sowohl faktische wie logische Operationen sollen vom Lernenden bewußt ausgewählt, angewendet und auf ihren Erfolg hin kontrolliert werden können. Nur damit sind sie letztlich wirklich verfügbar (vgl. dazu auch Bild 5.1).

"Bewußtheit" wird dabei als Relation zwischen der Ausführung einer Handlung und dem Nachdenken über diese Handlung aufgefaßt. Unter "Bewußtheit von Operationen" wird also verstanden, daß Sach- und Methodenwissen nicht nur in sich korrekt angewendet wird, sondern daß der Lernende auch kausale und finale Begründungszusammenhänge für die Auswahl sowie die Art und Weise der Anwendung von Denkoperationen und Teilhandlungen angeben und nutzen kann. Zweck dieses Prinzips ist es, eine Beliebigkeit beim Wissens- und Methodeneinsatz zugunsten einer Transparenz nach Zielverfolgung und Fehlerursachen zurückzudrängen. Praktisch bedeutet dies, daß der Lernende vor, während und nach einer Handlung angeregt werden muß, zu erläutern, weshalb und wie er gerade diese oder jene gedankliche Operation - also vor allem Methoden - anwendet. Das Prinzip beinhaltet eine kognitive Differenzierung des Anwendungsbezugs der Operationen, über die deren Verfügbarkeit und Übertragbarkeit verbessert wird. Übergeordnete Operatoren werden durch Bewußtmachung ihrer Teiloperatoren in ihrer Ausführungsqualität verbessert. Die Verbalisierungen des Lernenden werden mit zunehmenden Lernfortschritt immer mehr zu Superzeichen /192/ verkürzt.

Dieser Aspekt der Methodenbewußtheit bedeutet weiterhin, daß innerhalb einer Operation der angewendete oder anzuwendende Operator bewußt ist. Dies ist eines der "Spezifika der kognitiven Prozesse...: Dominieren von Strukturerkennung gegenüber Behalten von Beispielen, von Transformationsregeln gegenüber Klassifikationsregeln, von Operatorstrategien gegenüber Schemastrategien..." /190/.

Das Prinzip der Bewußtheit von Operatoren korrespondiert sehr stark mit dem Prinzip der Aktivierung der Eigenregulation, ist aber spezifischer. Es kann auf sehr umfassende Methoden - z.B. das gesamte Vorgehen bei der Programmierung -, aber auch auf sehr elementare Methoden und Verfahrensweisen wie z.B. Denkoperatoren angewendet werden. Letztere Funktion ist vor allem bei den hier vorliegenden abstrakt-symbolischen Objekten und Algorithmen wichtig, wo es sehr auf exakte Aufnahme und Verarbeitung von formallogischen Informationen ankommt. Als Hilfsmittel für die Diagnose von Fehlern des Lernenden und zu seiner Unterstützung wird eine Systematik für die Vielzahl von Denkoperatoren (vgl. 5.1.3 und A 4.2) vorgeschlagen, mit der die arbeitsanalytische Kategorisierung aus Abschnitt 4.2.2 in diesem Bereich zu einer "lernanalytischen" erweitert und differenziert wird.(Bild 6.4)

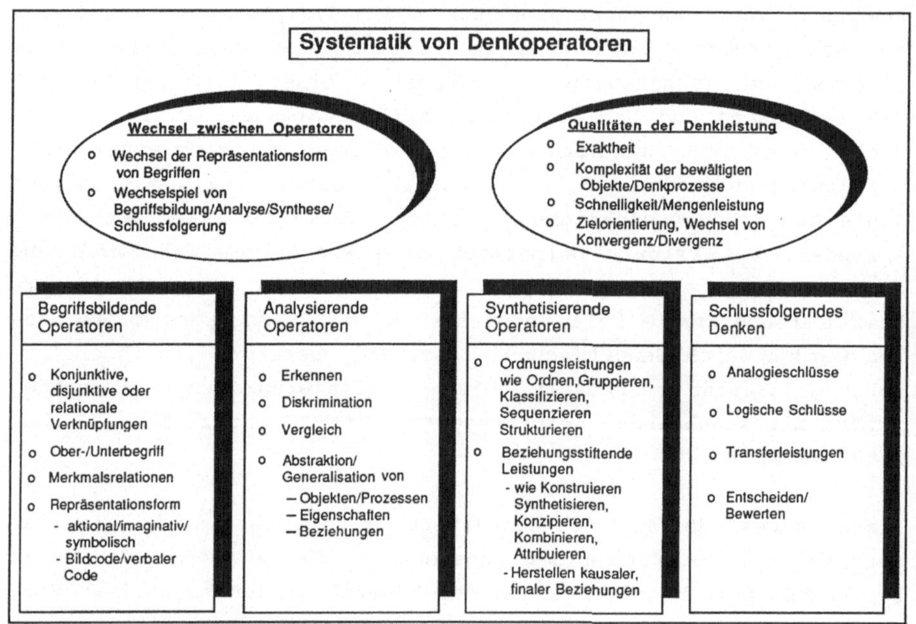

<u>Bild 6.4</u>: Systematik von Denkoperatoren

Die Arbeitstechnik der Bewußtheit von Operatoren erleichtert es in Verbindung mit der Eigenregulation des Handelns, wenig strukturierte (Problem-)Situationen systematisch und nicht nach Art der vielfach üblichen "Panikreaktionen" anzugehen. So kann z.B. in der Produktion des öfteren beobachtet werden, daß bei Nichterfolg der ersten Versuche einer Störungsbeseitigung einfach sämtliche Bedienelemente eines Betriebsmittels "durchprobiert" werden.

6.5   Sprache als Ordnungsmittel des Denkens

Da das Denken häufig "inkonsistent und fluktuierend" ist /191/,
ist der Einsatz (laut-)sprachlicher Formulierungen zu allen Teilschritten einer Handlung ein Mittel, Denkoperationen zu stabili-
sieren und eventuelle Defizite aufzudecken und ggf. zu kompensieren. Allerdings sollten die jeweiligen Ordnungsaspekte (z.B. Wir-
kungszusammenhänge, Enthaltungsbeziehungen, logische Verknüpfungen) gemäß Prinzip 2 und 3 möglichst bewußt und präsent sein, um
den Spracheinsatz effektiv zu gestalten. Der Spracheinsatz dient
also der Aktivierung der Eigenregulation, der Lenkung der Aufmerksamkeit und der Förderung der Bewußtheit von Operationen. Er
hat darüber hinaus den Eigenwert, daß durch sprachliche Formulierungen die Gedanken klarer gefaßt werden (müssen), als wenn sie
nicht geäußert werden. Wesentlich ist dabei weniger die formale
Korrektheit von Terminologie und Grammatik als vielmehr die sachliche Korrektheit nach bezeichneten Objekten und Handlungen und
nach ihren inhaltlichen, logischen oder handlungsstrukturellen
Zusammenhängen. Die Regel der zunehmenden Verkürzung mit dem
Lernfortschritt gilt auch hier /192/. Bei der Fehlerdiagnose wird
man umgekehrt immer feiner differenzieren.

Praktisch heißt dies: es kommt darauf an, daß jeder Teilnehmer in
Planung und Ausführung seiner Aufgabenbearbeitung aktiv, frei
formulierend spricht. Dabei hat der Trainer gemäß dem Prinzip 2
"Lenkung der Aufmerksamkeit" die Aufgabe, die Ausrichtung der
sprachlichen Äußerung je nach angestrebtem Lernziel zu steuern.
Operative Hilfsmittel für diese Steuerung sind die heuristischen
Regeln zur Aktivierung der Eigenregulation (s.o.), die bekannten
W-Fragen ("Was? Weshalb? Womit? Wozu?" etc.), die Systematik der
Denkoperatoren (s.o.) und die sachlogischen Strukturmerkmale des
Lehrstoffs (s.u.). Gegenstandsspezifisches Hilfsmittel ist die
logische Voraussetzungstruktur des Kurses nach Kenntnissen und
nach Aufgaben in Bild 4.6. Als praktisches Hilfsmittel können zunehmend verkürzte Formulierungen von aufgabenspezifischen Wissensbestandteilen oder Bearbeitungsregeln schriftlich fixiert
sein (z.B. in sogenannten Lernkarten) (vgl. z.B. /193/). Darüber
hinaus hat der Spracheinsatz im Training die übergreifende Funktion, als wesentliches operatives Moment der kognitiven Strukturierung den anderen Prinzipien zur Anwendung zu verhelfen.

6.6 Strukturiertheit des Wissens

Das zu erlernende Sach- und Methodenwissen soll nicht eine Ansammlung von Einzelheiten ("Kreuzworträtselwissen") sein, sondern in einem strukturierten Zusammenhang stehen.

Am Negativbeispiel: In der Berufsausbildung wird vielfach gelehrt, es gebe drei Ohm'sche Gesetze: $U = RxI$, $R = U/I$, $I = U/R$. Anstelle enumerativer Klassifikationsregeln (wann welches "Gesetz" anzuwenden sei) sind aber i.a. Transformationsregeln (im Beispiel: algebraische Umformungen) viel effektiver für die Handlung und damit wesentlicher für die Vermittlung /189/, so daß zweckmässiger algebraische Umformungen gelehrt würden.

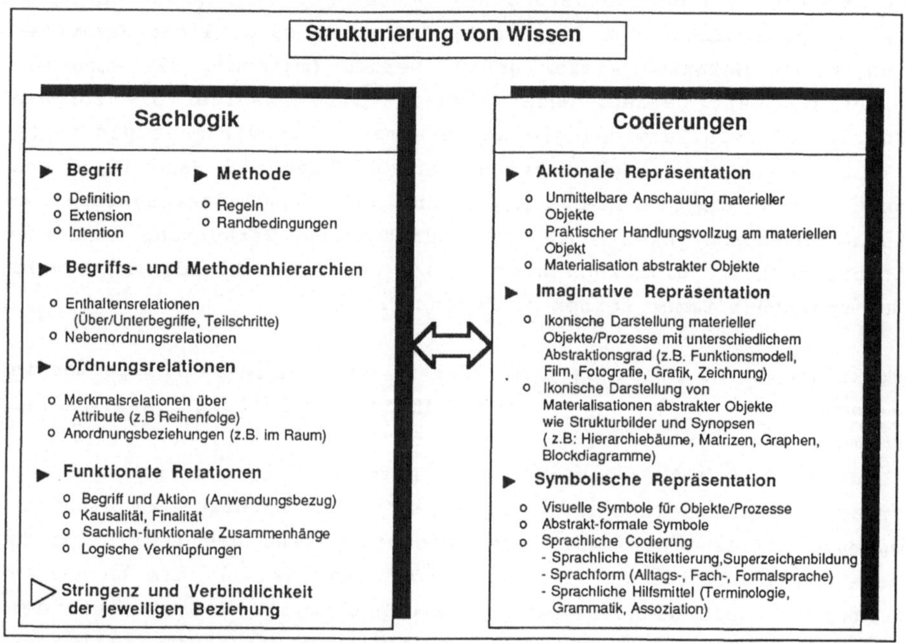

Bild 6.5: Strukturierungsmerkmale von Wissen

Strukturierungsaspekte für das Sach- und Methodenwissen sind (vgl. **Bild 6.5**; vgl. auch das Beispiel des semantischen Netzes in Bild 2.7):

o   Begriffshierarchien über die Oberbegriffs- bzw. Enthaltensrelation (Beispiel: "Programmstrukturen sind: Unterprogramm, Schleifen, Abfrage...").

o   Zusammenhang von Begriff und Aktion (Beispiel: "Der Editor dient zum...; den Editor ruft man auf über das Kommando EDI; innerhalb des Editors gibt es Befehle zum...").

o   Funktionale Zusammenhänge aufgrund von Kausalität oder Finalität (Beispiel: "Nach dem Einschalten des IR muß referiert werden, weil...").

o   Ordnungsrelationen wie z.B. Reihenfolgen aufgrund von Merkmalen (Beispiel: Abfolgen von Bedienschritten innerhalb einer Bedienroutine geordnet nach Zulässigkeit oder Notwendigkeit).

o   Extension und Intention von Begriffen: Welche Elemente schließt ein Begriff mit ein? Welche Merkmale eines Objektes entscheiden, ob es unter den Begriff fällt?

Beispiel:

Häufig wird "Teachen" gleich "Programmieren" gesetzt; wenn beide Vorgänge als getrennte dargestellt werden, kommt es zu Diskussionen. Der Grund für derartige Mißverständnisse liegt in der unterschiedlichen Extension und Intention der jeweils verwendeten Begriffe:
o   In einem Fall wird bei "Teachen" lediglich das Abspeichern der Punkte, nicht aber deren Verbindung über ein (Verfahr-)Programm verstanden.
o   Im anderen Fall wird - bedingt durch eine andere Steuerungstechnik - die Programmerstellung mit eingeschlossen.

Das Verständnis darüber, welche Tätigkeiten "Teachen" mit einschließt (Extension) und was erreicht werden soll (Intention) ist also unterschiedlich. Die bewußte Frage nach Umfang (Extension) und Merkmalen (Intention) eines Begriffs kann derartige Mißverständnisse, wie sie gerade beim Lernenden häufig vorkommen, vielfach aufklären und Lernschwierigkeiten und -defizite vermeiden.

Für das Lernen wesentlich ist vor allem die Bildung von Oberbegriffen anhand von Definitionen oder - mehr noch - aufgrund von zusammenhängenden Handlungen. Durch die Bildung von Superzeichen - die nicht notwendig sprachlich gefaßt sein müssen - wird die Gedächtnisökonomie und die Herausbildung kognitiver Strukturen verbessert.

Praktisch bedeutet dies vor allem , daß bei der Einführung neuer Begriffe erstens deren Stellung in einem Begriffsgerüst dargelegt werden muß und daß zweitens ein funktionaler, operativer Zusammenhang für den Lerner ersichtlich sein muß.

Beispiele:

Der Begriff "PTP" ist im Komplement zu "CP" leichter zu erklären als allein.

Das Navigieren im Betriebssystem des Rechners wird erleichtert durch einen netzebenenartig strukturierten synoptischen Überblick, der die Vielzahl möglicher Zustände und Zustandsübergänge ordnet und im Gedächtnis verfügbar macht.

Mit dem Begriff "Editor" muß verbunden sein, welche Stellung der Editor im Betriebssystem hat (Oberbegriffsrelation) und wie man ihn aufruft und nutzt (Zusammenhang von Begriff und Methode).

In der Anwendung sollten diese Strukturen als Hilfsmittel zum Lernen genutzt, nicht aber als Selbstzweck verstanden werden.

Für die Begriffsbildung und das Regellernen, also letztlich für die Herausbildung kognitiver Strukturen, ist der Form der Repräsentation des Begriffsinhaltes ganz wesentlich (vgl. Bild 6.4 und 6.5).
Es werden drei Grundformen unterschieden: Aktionale, imaginative und symbolische Repräsentation (vgl. z.B. /194/). Ein Informationsangebot in unterschiedlichen, aber abgestimmten Codierungen erleichtert das Lernen. Speziell das Wechselspiel von "Bildcode" und "verbalem Code" verändert das Gedankengebäude und kann als Denkmittel eingesetzt werden /195/. Sprachliche Codierung gilt als notwendige Voraussetzung für einen geordneten Denkablauf: "Bildhafte Vorstellungen sind instabil, variieren leicht, gleiten ineinander", die sprachliche Codierung wirkt stabilisierend und fixierend. /195/

Praktisch bedeutet dies, daß vor allem die aktionale und die symbolische, speziell die verbale, Repräsentation eng zu koppeln sind. Dies ist in Verbindung mit den Merkmalen der Wissenstrukturierung und der Systematik der Denkoperatoren (vgl. Bild 6.4, 6.3 und 5.1) die tiefere Begründung für die Betonung des strukturierten Spracheinsatzes.

6.7   Ganzheitliches Handeln aus fraktioniertem Lernen

"Die motivierende Wirkung einer fraktionierten, d.h. auf klar
überschaubare Teilziele gerichteten Tätigkeit, die dem Arbeitenden ständig die Möglichkeit eigener Leistungskontrolle bietet"
ist bekannt /196/. Sie liegt auch den obigen Prinzipien 1 bis 4
mit zugrunde. In Weiterführung der Prinzipien 1 und 5 ist aber zu
fordern, daß didaktische Reduktionen auf bestimmte Teiloperationen oder Teilaspekte eines Lerngegenstandes wieder rückgängig zu
machen sind zum ganzheitlichen Handlungsvollzug. "Ganzheitlich"
bezieht sich hier sowohl vertikal auf die Einheit von Zielbildung, Planung, Ausführung und Kontrolle als auch horizontal auf
die realiter in der Praxis vorfindliche Komplexität der Handlung
mit ihrer Verflechtung verschiedener Sach- und Methodenbezüge.
D.h., mit fortschreitender Beherrschung von Teil-Operationen werden diese immer mehr zu stabil-flexiblen Superzeichen verkürzt,
die innerhalb immer umfangreicherer Handlungsvollzüge routinisiert werden, so daß die übergeordnete Handlungsregulation sich
ihrer als Instrumente bedienen kann.

Beispiel: Zu Beginn des Lernprozesses wird u.U. noch das Drücken
einer einzelnen Taste des HPG intellektuell reguliert und differenziert verbalisiert; gegen Ende des Kurses ist das Teachen
als Ganzes eine relativ nachgeordnete Routine, bei der lediglich
die Wahl der Punktfolgen, Kollisionsbedingungen und die Genauigkeit noch eine gewisse Aufmerksamkeit auf der perzeptiv-begrifflichen Ebene erfordern.

Praktisch heißt das, daß mit dem Lernfortschritt einmal gelernte
Teil-Tätigkeiten immer wieder im übergeordneten Handlungsvollzügen mit aufzurufen sind, damit sie sich festigen. Dieses Prinzip
ist in der Makrostrukturierung des Kurses (Kapitel 4) über die
Bildung und Sequenzierung der Lernaufgaben bereits mit berücksichtigt. Der Trainer sollte aber - gerade unter dem Gesichtspunkt der Bewußtheit von Operatoren - darauf achten, daß derartige hierarchisch-sequentielle Handlungsstrukturen dem Lerner auch
bewußt werden. Hilfsmittel dazu können Teilzielhierarchien und
Ablaufplanungen sein, wie sie aus der Arbeitstechnik der Netzplantechnik bekannt sind.

6.8 Anwendung der Prinzipien der kognitiven Strukturierung

6.8.1 Allgemeine Empfehlungen zur Anwendung

Die Anwendung der Prinzipien der kognitiven Strukturierung erfolgt mehrstufig:

1. in der Aufbereitung und Strukturierung des Lehrstoffes z.B. für Lehr- und Lernunterlagen.
2. in der Vorbereitung des Ablaufs, z.B. in Überlegungen, durch welche Erläuterungen die Lerner einen bestimmten Sachverhalt "verstehen" oder "begreifen" können,
3. in der praktischen Durchführung des Unterrichtes bzw. Trainings im Rahmen der verschiedenen Aktions- und Trainingsformen.

Neben diesen Anwendungen durch den Trainer steht noch

4. die Anwendung durch den Lernenden: er muß ja letztlich sich die Dinge zurechtlegen, verstehen, in seine bestehende Kognitions- und Aktionsstruktur einbauen und integrieren.

Die Anwendung der definierten Prinzipien der kognitiven Strukturierung ist zwar auch für die darbietenden, besonders aber für die aktionalen Formen der Instruktion gedacht. Es gilt ja, im Wechselspiel von Kognition und Aktion dem Lerner Sach-, Methoden- und Strategiewissen zu vermitteln. Da das praktische Handeln hier bei fast allen Lernaufgaben als Vermittlungsform dominiert, ist als Anwendungsform der definierten Prinzipien neben der Anleitung vor allem die Diagnose des Lernerverhaltens durch den Trainer und seine nachfolgende Reaktion wichtig.

Hilfsmittel für eine differenziertere Diagnose des individuellen Lernfortschrittes, als sie das Übungsergebnis als solches liefern würde, ist die Verbalisierung durch den Lernenden. Worauf sie sich richtet, ist - wie ausgeführt - vom Trainer je nach Lernziel oder eben Diagnoseinteresse festzulegen. Die Verbalisierung hat hier eine doppelte Funktion: zum einen als Informationsquelle für den Trainer, zum zweiten als Denk- und Strukturierungshilfe für den Lernenden.

Wenn aufgrund einer Äußerung oder Handlung ein Lerndefizit zu vermuten ist, hat sich der Trainer zunächst einmal die Frage zu stellen, worin der Fehler begründet ist. Die genannten Prinzipien können dazu als Grundlage für eine einfachen Checkliste dienen:

o   Gibt es Probleme des Instruktionsverstehens? Worin liegen sie begründet?
o   Liegt es an der Regulation der Handlung als Ganzes, speziell
    -   an der Wahrnehmung der Ausgangssituation,
    -   an der Ziel- und Strategiebildung,
    -   am Vorgehen, speziell an der Auswahl von Lösungsmöglich-
        keiten,
    -   an einer falschen Analyse des eigenen Handelns?
o   Werden verfügbare Methoden zwar korrekt, aber problem- und situationsinadäquat eingesetzt?
o   Gibt es Probleme in der Zusammenführung von Teilhandlungen zu einem Ganzen?

Während die obigen Fragen mehr auf die Handlungsregulation abzielen, also auf das Erkennen von Fehlhandlungen, geht es im zweiten Teil um die nachgeordneten möglichen Fehlleistungen:

o   Liegt es an der Motorik?
o   Liegt es an einer unangemessenen Fokussierung der Aufmerksamkeit (z.B. wird über die Genauigkeit beim Teachen der Wechsel CP/PTP vergessen)?
o   Werden Denkoperatoren nicht beherrscht?
o   Liegen möglicherweise Mißverständnisse in der Begriffs- und Regelstrukturierung vor?
o   Liegen Defizite in der Wissensbasis (am verfügbaren Sach- und Methodenwissen) vor?
o   Liegen Mißverständnisse aufgrund von Artikulationsproblemen oder aufgrund unterschiedlicher impliziter Annahmen oder Voraussetzungen seitens Trainer und Lerner vor?

Zweckmäßig wird der Trainer versuchen, über zunächst sehr offene Fragen ("Erläutern Sie mal, wie Sie das gemacht haben") seine Hypothese über das vorliegende Lerndefizit immer mehr einzuengen. Der Interaktionsprozeß mit immer differenzierteren Fragen und Antworten wird so selbst zum Lernprozeß, so daß eine eigentliche Intervention oft kaum mehr erforderlich sein wird. Gegebenenfalls sollte diese "auf den Punkt" gehen, dann aber wieder den größeren Zusammenhang herstellen und dem Lerner erneut aktivieren.

Eine weitere Einsatzform der kognitiven Strukturierung ist der Einsatz der genannten Prinzipien, vor allem der heuristischen Regeln zur Aktivierung der Eigenregulation, im individuellen oder kollektiven Selbstinstruktionstraining. Die Lerner nutzen schrift-

lich verfügbare Regeln (z.B. auf Kärtchen, mehr oder minder verkürzt) als Anleitung für die Strukturierung ihres Problemlösevor-
gangs.

6.8.2   Anwendung der kognitiven Strukturierung im Lehrgang

Entsprechend der Anwendung der Mikrostrukturierung (Abschnitt
5.8) werden im folgenden die Anwendung der kognitiven Strukturierung beispielhaft auf Blöcke von Lernaufgaben erörtert. Die vorgeschlagene Anwendung kann naturgemäß sach-, personen- und situa-
tionsspezifisch zu modifizieren sein.

Block 1: Inbetriebnahme und Referieren

Die Aufmerksamkeit wird auf das Erkennen des Systemzustandes, der
Diagnose erforderlicher und zulässiger Eingriffe sowie auf die
korrekte Reihenfolge der Prüf- und Einschaltschritte gelenkt. Die
Aktivierung der Eigenregulation dient hier vor allem der Festigung des Gedächtnisbesitzes. Sie erfolgt primär über die Bereiche
Orientierung, Nutzung spezifischer Regeln und Kontrollhandlungen.
Die Bewußtheit von Operationen bezieht sich auf die Stellung der
Operationen im Gesamtablauf und auf ihre Begründung und Wirkung
im Funktionszusammenhang des IR. Sprache wird vor allem als Mittel der Selbstkontrolle bezüglich Reihenfolge und Zulässigkeit
der Eingriffe eingesetzt. Wiederholte Übungen mit zunehmend verkürzter Verbalisierung fördern eine stabile Routinisierung.

Block 2: Verfahren und Teachen

Die Aktivierung von Eigenregulation und die Lenkung der Aufmerksamkeit zielt vor allem auf den sorgfältig kontrollierten Einsatz
der Motorik des IR; also auf die laufende Kontrolle der Verfahr-
geschwindigkeit und die richtige Wahl der Achsen. Hinzu kommt die
Abfolge beim Teachen mehrerer Punkte (Hilfspunkte, Kollisionsbedingungen). Sprache wird als voreilende Kontrolle von IR-Betäti-
gungen eingesetzt. Die Strukturierung des Wissens bezieht sich
vor allem auf die Verbindung von räumlichem Vorstellungsvermögen,
Koordinatensystem, Kinematik des IR und Verfahrtastatur, da hier-
in die zu erwartenden Lernschwierigkeiten (s.o., 3.4.4) haupt-

sächlich begründet sind. Koordinatensysteme sind hier lediglich kognitive, formale Instrumente, um die Kinematik des IR begrifflich faßbar und damit geistig verfügbar zu machen. Wichtiger aber als die mathematisch korrekte Beherrschung der diversen Kordinatensysteme ist eine räumliche Vorstellung des Lerners von den Bewegungen des IR, die in Verfahrbefehle bzw. Tastendrücke umsetzbar ist. Das Erlernen des abstrakten Instruments "Koordinatensystem" ist durch konkret-gegenständliche Visualisierungen (z.B. eines Lattengerüsts für das kartesische Koordinatensystem) oder durch Veranschaulichungen (z.B. verschiedene Bauformen von Kränen oder IR für das kartesische, zylindrische und Kugelkoordinatensystem) zu erleichtern. Hinzu kommt die Einordnung des Verfahrens und Teachens im gesamten Funktionszusammenhang des IR (Betriebszustände) und im Vorgang der Programmerstellung.

Block 3: Programmieren gerader Nähte

Die Aktivierung der Eigenregulation ist in allen ihren Bereichen wichtig und sinnvoll. Auf schnelle Verkürzung ist zu achten. Die Aufmerksamkeit wird vor allem auf die formal-logischen Strukturen und Abläufe gelenkt; dazu sind insbesondere Denkoperatoren des Wechsels der Objektrepräsentation und der Analyse heranzuziehen. Entsprechend ist der Spracheinsatz wichtig. Die Wissensstrukturierung wird durch graphisch visualisierte Begriffshierarchien, Funktionszusammenhänge und Ablaufdiagramme gefördert (vgl. Anhang 5). Ihre Integration der einzelnen Lernaufgaben in eine Ganzheitlichkeit wird durch das reflektierte Abarbeiten der Erstellung eines einfachen Programmes vom Einschalten des IR bis zum Verfahrtest sichergestellt. Die geforderte Exaktheit im Umgang mit abstrakt-symbolischen Objekten (s.o., 3.4.4) wird durch laufende Betonung der Wissensaktivierung und der Bewußtheit von Operationen gefördert.

Block 4: Manuelles Schweißen

Die kognitive Strukturierung zielt vor allem darauf ab, bisher intuitiv gehandhabte Operationen (vor allem Parametereinstellung, Brennerführung) bewußt zu machen, um eventuelle Defizite in der Handlungsregulation und im Fachwissen erkennen zu können. Der

Spracheinsatz konzentriert sich auf vertiefende Beschreibung und Begründung der einzelnen Operationen.

Block 5: Schweißtechnische Grundkenntnisse

Die in 5.7 diskutierten Beispielsequenzen beinhalten natürlich auch kognitive Strukturierungen. Insgesamt zielt die kognitive Strukturierung hier vor allem auf ein Orientierungswissen über die physikalisch-technischen Grundlagen des Schweißens, durch das die operativen Wissenselemente (vor allem über die Parametereinstellung) strukturiert werden. Die Sachlogik ist über Begriffshierarchien und Kausalbeziehungen herauszustellen (vgl. z.B. Bild 3.8). In der Bearbeitung von Lehrmaterialien kann die Aufmerksamkeit auf spezielle Punkte gelenkt werden. Zur Bewußtmachung von Operationen - also vor allem der Reproduktion von Sachwissen und der Parameterwahl - wird die Sprache vor allem über Begründungszusammenhänge eingesetzt. Für die spezielle Lernschwierigkeit der Bestimmung des Arbeitspunktes beim Schweißen (s. o., 3.4.4) kann eine Verbindung von praktischer Anschauung (Schweißvorgang, Nahtqualität) mit theoretischem Wissen (Wahl des Arbeitspunktes) über die Demonstration am Lichtbogenprojektor erreicht werden: der Einfluß der Parameter auf die Tröpfchenbildung und den Materialübergang wird unmittelbar sichtbar. Über die Zusammenführung der gewohnten aktustischen Erfahrung (Brennergeräusch) und der neuen visuellen (Lichtbogenprojektor) mit der sprachlichen Erläuterung wird eine Verfügung über die geistige Vorstellung des Prozesses erreicht, die über die Zuordnung von Handlungswissen (Parameterwahl) in der Handlung, operativ nutzbar wird.

Block 6: Schweißen gerader Nähte

Die kognitive Strukturierung spricht alle Komponenten der Aktivierung der Eigenregulation an: Orientierung, Handlungsstrategie, Handlungsplan, Informationsbasis, spezifische Regeln, Kontrolle. Entsprechend wichtig ist der Spracheinsatz, da über ihn die Handlungsregulation intensiviert und kontrolliert wird. Die Aufmerksamkeit ist auf die Wechselwirkung von Programmierung und Schweißen zu lenken sowie auf Detailbeachtung. Arbeitsablauf, Arbeitsmethode, benutzte Sachlogik und spezielle Erfahrungen aus

der praktischen Übung müssen in der Phase 5 (Wissenstrukturierung) unbedingt aufbereitet werden. Die Übungen sollten mit zunehmender Verkürzung der regulatorischen und wissensstrukturellen
Äußerungen durchgeführt werden, um zu einer Routinisierung der
Teilhandlungen zu gelangen.

Block 7: Spezielle Nähte

Die kognitive Strukturierung richtet sich - neben der Beherrschung der einzelnen Befehle und Anlagenkomponenten - vor allem
auf die eigenständige systematische Handlungsregulation. Ansonsten vergleichbar mit Block 6.

Block 8: Programmstrukturen

Die kognitive Strukturierung ist vor allem auf die Bewußtmachung
der einzelnen Arbeitsschritte - ggf. bis hin zu den Denkoperatoren - zu lenken, damit die für die Lerner ungewohnten formalen
Strukturen sicher verfügbar werden. Dazu ist die Aufmerksamkeit
auf das Erlernen von Verzweigungsbedingungen (Fallunterscheidun-
gen und Abfragen) und auf sich exakt oder strukturell wiederho-
lende Abläufe zu lenken. Die Strukturierung des Sach- und Methodenwissens ergibt sich ziemlich dirckt aus den vorgegebenen formalen Strukturen der jeweiligen Programmiersprache. Durch den
Aufbau vollständiger Programme "mit allen Finessen" wird auf
Ganzheitlichkeit hin gearbeitet. Die Kenntnisse aus den vorangegangenen Blöcken sind mit zu aktivieren.

7   DISKUSSION DER ARBEIT

In diesem Kapitel wird versucht, eine Einschätzung zum Standort
der Arbeit in einigen praktischen und theoretischen Bezügen zu
geben.

7.1   Einordnung in die Qualifizierungsforschung

Im Prozeß der angewandten industriellen Qualifizierungsforschung
ist die Arbeit als aufarbeitende und konzeptionelle Leistung nach
den ersten Anwendungen von handlungstheoretisch orientierten
Trainingsverfahren auf programmierbare Betriebsmittel zu sehen.

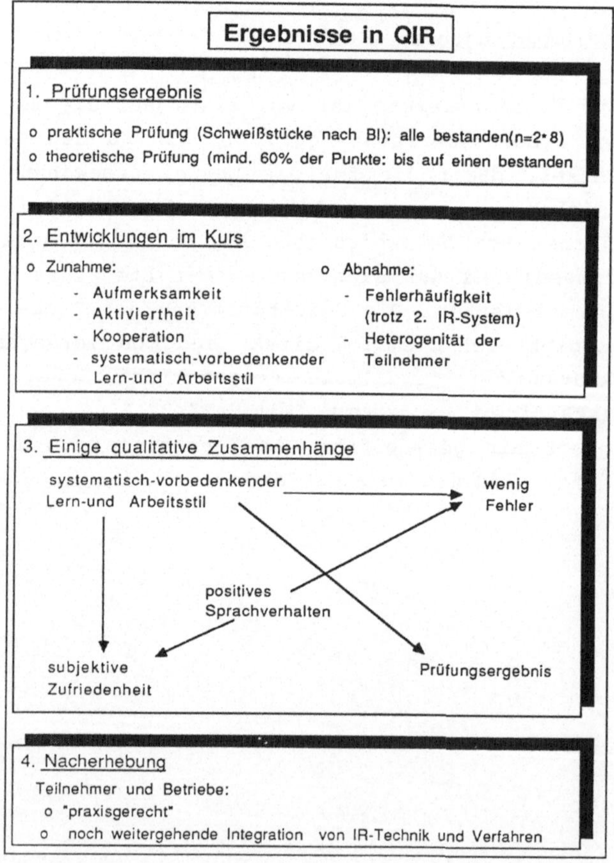

<u>Bild 7.1</u>: Schematisierte Darstellung der Ergebnisse in QIR /5/

Hier sollte eine weitere Phase der Empirie folgen. Vor dem Hintergrund der vorliegenden Ergebnisse, vor allem aus QIR, wird die Auffassung vertreten, daß die Arbeit einen weiteren Schritt in die richtige Richtung darstellt, auch wenn eine strikte empirische Bestätigung aussteht.

Die Ergebnisse und Erfahrungen aus dem Vorhaben QIR können meines Erachtens nämlich durchaus dahingehend interpretiert werden, daß eine Weiterführung des dort beschrittenen Weges zu einer weiteren Verbesserung führt. Wie in <u>Bild 7.1</u> qualitativ dargestellt, war eines der dortigen Ergebnisse, daß die Lernerfolge um so höher waren, je konsequenter die angewandte Trainingsmethode genutzt wurde. Das hier vorgelegte Konzept ist in einer Reihe von Punkten vollständiger, differenzierter, systematischer und tiefgreifender, so daß hier Fortschritte in Bezug auf die Effektivität und die Übertragbarkeit erreicht werden konnten.

7.2 <u>Übertragbarkeit und Umsetzung</u>

Die Übertragbarkeit der Ergebnisse der Arbeit ist für die IR-spezifischen Lehrinhalte, für die Methoden und Vorgehensweisen sowie für die theoretischen Aspekte getrennt zu diskutieren, da sie sich nach Spezifität bzw. Exemplarität differenzieren.

Die erarbeiteten Ziele und Inhalte sind sicher auf unterschiedliche Fabrikate von IR übertragbar; für andere Produktionsverfahren können die verfahrensspezifischen Lehrinhalte nach der entwickelten Vorgehensweise erarbeitet werden. Die Methodik und die zugehörigen Empfehlungen können meines Erachtens ohne größere Modifikationen für Qualifizierungsmaßnahmen an anderen programmierbaren Betriebsmitteln in der Produktion (z.B. SPS, CNC-Technik) übernommen werden. Eine Nutzung für den Rechnereinsatz im technischen und administrativen Büro erscheint grundsätzlich denkbar, allerdings müßte dort stärker auf Anwendungssoftware und spezifische Fachkenntnisse hin orientiert werden /197, 198/. Eine Anwendung auf andere Zielgruppen als die benannten erscheint zumindest beim Einlernen zweckmäßig und lernförderlich; in QIR jedenfalls half die dort angewandte Trainingsmethodik auch den teilnehmenden Schweißfachingenieuren und Meistern.

Der Weg der Umsetzung wird vor allem über die Schulung von Trainern gehen müssen. Aufgrund erster positiver Erfahrungen in der Trainerschulung wurde vom Verfasser ein Forschungs- und Praxisprojekt initiiert, das hier weitere Erkenntnisse und Umsetzung bringen soll.[8] Im Umsetzungsweg Publikation wird das hier vorgestellte Konzept in verallgemeinerter und vereinfachter Form in die Refa-Methodenlehre /199/ Eingang finden.

7.3 Einordnung in die Debatte um den Einsatz neuer Produktionstechnologien

In der Debatte um den Einsatz neuer Produktionstechnologien und -konzepte (vgl. z.B. /200, 201/) wird Qualifikation vor allem als Folgegröße, zunehmend aber auch als Voraussetzung bestimmter Formen des Technikeinsatzes und der Arbeitsorganisation erörtert. Ziele, Inhalte und Methoden von Qualifizierungsmaßnahmen sind in diesem Kontext zunächst instrumentell im Hinblick auf die Funktionalität der Produktionssysteme zu sehen. Umgekehrt aber eröffnet die Qualifizierung Möglichkeiten der organisatorischen Gestaltung (vgl. z.B. /202/). Unter beiden Aspekten hat die Arbeit einen Beitrag zur Verbesserung der Lehr- und Lernbarkeit neuer Technologien geleistet.

In Bezug auf die Debatte um Weiterbildungskonzepte (vgl. z.B. /203/) ist hier der Aspekt bedeutsam, daß mit effektiveren Maßnahmen der Anpaßqualifizierung partiell Facharbeiter durch qualifiziert angelernte Kräfte ersetzt werden können.

Die Einsatzplanung komplexer Produktionssysteme wird durch die Arbeit insofern ergänzt, als unter der Perspektive eines Systemdenkens ein differenziertes Instrumentarium zur Vorgehensweise sowie Empfehlungen zur Qualifizierung zur Verfügung gestellt wurden.

7.4   Einordnung in die Diskussion um Handeln und Lernen

Die Arbeit hat versucht, Arbeiten, Lernen und Lehren einerseits unter analytischen Aspekten klar voneinander zu trennen, andererseits unter methodischen Aspekten immer wieder sehr eng aufeinander zu beziehen. Während das Arbeitshandeln relativ gut erforscht ist, stehen vergleichbare Konzepte für das Lern- und Lehrhandeln noch aus (vgl. z.B. /204, 205/). Mit den vorgenommenen Modell- und Begriffsbildungen und der vorgeschlagenen und ansatzweise vorgenommenen Verbindung von Handlungs- und Kognitionspsychologie mag hier ein Ansatzpunkt für weitere Entwicklungen entstanden sein.

Beim Einsatz neuer Technologien und Organisationskonzepte wird Qualifikation zunehmend als einer der Schlüsselfaktoren der betrieblichen Effizenz, aber auch der Humanisierung und der sozialen Differenzierung erkannt. Allerdings haben sich Praxis und Theorie der Qualifizierung bisher nur bruchstückhaft darauf eingestellt, komplexe und abstrakte Lehrinhalte wie das Programmieren von Industrierobotern dem Werkstattpersonal als einer lernungewohnten Zielgruppe mit anschauungsorientierten Vorerfahrungen zu vermitteln. Die vorliegende Untersuchung entwickelt am Beispiel des Lichtbogenschweißens mit Industrierobotern in einem disziplinen-übergreifenden Ansatz zu diesem Problem ein praktikables und theoretisch fundiertes Konzept. Dieses beinhaltet

o   in seinem praktischen Aspekt die Bestimmung von Zielen, Inhalten und Methoden für die Qualifizierung an Industrierobotern,

o   in seinem theoretischen Aspekt die Entwicklung von Methoden und Hilfsmitteln, mit denen die Verbindung von Kognition und Aktion besser lehr- und lernbar gemacht wird.

Empirischer Hintergrund der Untersuchungen ist ein Forschungsprojekt zur Qualifizierung an Industrierobotern, in dem u.a. praktische Kurserprobungen stattfanden. Den theoretischen Hintergrund der Untersuchungen bildet vor allem die psychologische Theorie der Handlungsregulation, die einerseits in ein didaktisches Konzept eingebunden wird, andererseits mit Ansätzen und Ergebnissen der kognitivistischen Denk-, Lern- und Problemlösungsforschung verbunden wird.

Die Arbeit zeigt in ihren Ergebnissen zum einen eine Reihe von Ansatzpunkten für weitere empirische und theoretische Forschungen auf. Zum zweiten ist das entwickelte Konzept praktisch anwendbar und - gestuft nach der Spezifität der entwickelten Inhalte, Methoden und Empfehlungen - übertragbar auf andere programmgesteuerte Betriebsmittel und auf andere Zielgruppen.

Die Arbeit stellt so im Sinne eines Systemdenkens einen weiteren Baustein für die Planung und den Betrieb von automatisierten Produktionsanlagen dar.

<u>ANMERKUNGEN</u>

1) Dieses einleitende erste Kapitel zum Thema Automation und
    Qualifikation fußt auf einer umfangreichen Literaturauswer-
    tung des Verfassers, die als zusammenfassende Darstellung
    vorliegt /13/. Im Text sind aus Gründen der Lesbarkeit nur
    die wichtigsten Belege aufgeführt.

2) Hier ist auf die Diskussion um neue Formen der Arbeitsorga-
    nisation und Neue Technologien zu verweisen, die derartige
    Zusammenhänge näher thematisiert.

3) Auffallend bei der Literaturrecherche zum breiten Thema "Au-
    tomation und Qualifikation" waren die hohen Selektionsver-
    luste: Von ca. 600 lt. Deskriptoren interessanten Quellen aus
    Datenbanken kamen nur 24 über globale Aussagen hinaus und
    waren überhaupt themenbezogen auswertbar. Die anderen
    benannten das Thema "Qualifikation" lediglich oder be-
    schränkten sich darauf, einen Bedarf zu konstatieren. Inso-
    fern kann – zumindest anhand der Publikationen – zwar von
    einem sehr breiten, positiven Konsens von Politikern, Tarif-
    parteien, Industriepraktikern und Wissenschaftlern zum Be-
    darf an Qualifikation bei neuen Technologien ausgegangen
    werden. Zu allen konkreteren Fragen aber – wie z.B. Qualifi
    zierungsstrategie, Zielgruppen, Lehrinhalte, Dauer, Lehrper-
    sonal, Didaktik und Methodik, Bewertung und Erfolg der Maß-
    nahmen etc. – waren nur punktuelle und verstreute Aussagen
    unterschiedlichster Aggregation auffindbar, so daß eine sy-
    stematische Auswertung und Würdigung äußerst schwer fällt.
    Der Dokumentationsstand der Qualifizierungspraxis ist in
    Übereinstimmung mit anderen Quellen /207/ als äußerst unbe-
    friedigend einzustufen. Um wenigstens gewissen Anhaltspunkte
    über den Stand der Praxis zu erhaltn, werden hier z.T. Aus-
    sagen zur Qualifizierung an CNC-Maschinen zusätzlich mit
    herangezogen.

4) Das vollständige Zitat lautet: ""Hierbei entsteht aber so-
    fort die nicht unwesentliche Frage, welchem der heute ver-
    tretenen psychologischen Systeme die grundlegenden Aussagen
    eines solchen einführenden Lehrganges zu entnehmen wären.

Der psychologische Pluralismus der Gegenwart nötig dazu, hier eine klare Stellung einzunehmen" (Heimann 1976, S. 80). Heimann schlug als Lösung die Entwicklung eines besonnen operierenden Eklektizismus vor, der versucht, aus allen verfügbaren relevanten Theorien den spezifischen Beitrag zur Erhellung des pädagogischen Handelns herauszuarbeiten und für die unterrichtliche Arbeit fruchtbar zu machen. Die jeweilige Brauchbarkeit und Verwendbarkeit würde sich in pragmatischer Sicht dann durch die jeweilige Situationsnähe der psychologischen Ansätze entscheiden, einerseits in eher methodischer, andererseits in eher thematischer Hinsicht". /104/ mit Bezug auf: Heimann, P.: Grundriß einer Pädagogik der nonverbalen Kommunikation, Kastelaun 1976

5) Wenn hier nicht der Begriff der "leistungsbestimmenden Teiltätigkeiten" herangezogen wird wie z.B. in CLAUS /143/, so geschieht dies vor allem aus zwei Gründen: erstens konnte auch dort kein Verfahren zur Identifikation von leistungsbestimmenden Teiltätigkeiten aufgezeigt werden /143/, es wurde nach persönlicher Erfahrung vorgegangen; zweitens stammt der Begriff der leistungsbestimmenden Teiltätigkeit aus Konzepten der Arbeitsanalyse und Arbeitsgestaltung (Hacker) und steht nur insofern in Verbindung zur Qualifizierung, als dort betont wird, daß die leistungsbestimmenden Teiltätigkeiten besonders zu trainieren seien. Dies ist aber eine andere Frage als die nach besonderen Diskrepanzen von Lernvoraussetzungen und Anforderungen: leistungsbestimmende Teiltätigkeiten mögen zu Lernproblemen führen und besonders trainingsbedürftig sein, sind aber begrifflich (extensional und intentional) etwas anderes als Lernschwierigkeiten.

In QIR wurden Lernschwierigkeiten oder leistungsbestimmende Teiltätigkeiten nicht speziell untersucht, so daß hier auf qualitative Erfahrungen aus diesem Vorhaben mit zurückzugreifen ist.

6) Im Projekt QIR konnten wichtige praktische Vorarbeiten und Fortschritte der Qualifizierung an Industrierobortern dadurch geleistet werden, daß sich das Konzept sehr stark auf

die Anwendung psychoregulativer Trainingsformen im Rahmen des Galperin'schen Etappenkonzeptes konzentriert hat. Kernpunkte waren ein Artikulationsschema ("4-Etappen-Modell" /208/) und der Einsatz des verbalen Trainings und heuristischer Regeln. Das Konzept QIR deckt somit (wie auch CLAUS /11/) einen wichtigen Teil der anstehenden Fragen der pädagogischen Methodik ab. Die dortige Fokussierung auf spezielle Aspekte leitet sich zum einen aus dem Auftrag des Projektes, zum anderen aus dem sehr speziellen Ansatz (Galperin /209, 210/) ab. Der Ansatz von Galperin gibt zwar sicher wichtige Impulse für bestimmte Trainingsmethoden, kann aber aus didaktisch-methodischer Sicht nicht voll befriedigen /211 bis 213/, zumal er lediglich einen analytischen Ansatz, aber kein Synthesekonzept darstellt /214/. Dies mag auch klären, weshalb die Nachvollziehbarkeit der Methodik in den beiden genannten Vorhaben verbessert werden sollte. Gleiches gilt für die Differenziertheit des Methodeneinsatzes für unterschiedliche Lerngegenstände, die nur ansatzweise ausgeführt ist. Die o.a. Ansätze sind auch zu erweitern, daß der Problemzugang der pädagogischen Methodik ausschließlich aus psychologischen Theorien und zudem aus einem einzigen Konzept entwickelt ist, also unter grundsätzlichen Erwägungen zu hinterfragen ist /215 bis 217/.

7) Das hier skizzierte Konzept eines strukturierten und strukturierenden Spracheinsatzes als Ordnungsmittel des regulativen, reproduktiven und verarbeitenden Denkens stellt u.U. eine Erweiterung und auch eine Operationalisierung des bei Wygotski und Galperin benannten Konzeptes der Interiorisation durch Spracheinsatz dar, das nach Kenntnis des Verfassers weder bei den benannten Autoren /218/ präziser operationalisiert ist als in einigen unscharf abgegrenzten Etappen /219 bis 223/, und das auch in der pädagogischen Anwendungsforschung /11/ nur insofern näher gefaßt ist, als Einsatzbereiche des Spracheinsatzes und Prinzipien der Verkürzung, nicht aber zu betonende Denkmuster benannt werden /224/.

Hier wäre eine vertiefende theoretische Diskussion über die Vereinbartheit, aber auch Leistungsfähigkeit des handlungs-, des tätigkeits- und des kognitionspsychologischen Ansatzes zu führen. Aufgrund der benannten Ergebnisse der Kognitionspsychologie (vgl. Anhang 4.2) wird hier die Auffassung vertreten, daß die handlungs- und tätigkeitstheoretisch fundierten Konzepte der Ausfüllung und Präzisierung bedürfen und daß eine solche mit Ansätzen der Kognitionspsychologie leistbar ist.

8) "Entwicklung, Erprobung und Implementierung einer Trainerschulung für Qualifizierungsmaßnahmen an neuen Technologien in der Produktion-Trainerschulung".
Vorhaben des Bundesministeriums für Forschung und Technologie im Programm "Humanisierung des Arbeitslebens" (Förderungs-Kennzeichen 01HG176 5). Bearbeitet von der Abteilung Personalwirtschaft des Fraunhofer-Instituts für Arbeitswirtschaft und Organisation, Stuttgart.

SCHRIFTTUMSVERZEICHNIS

/1/   Sonntag, K.:   Qualifikationsanforderungen im Werkzeug-
maschinenbereich. In: /2/ Sonntag, K.
(Hrsg.), 1985 S. 81 – 100

/2/   Sonntag, K.   Neue Produktionstechniken und qualifi-
(Hrsg.):   zierte Arbeit.
Wirtschaftsverlag Bachem, Köln 1985

/3/   Lay, G.,   Werkstattprogrammierung – ja oder nein?
Lemmermeier, L.:   In: VDI-Z (126), 1984 S. 525 – 601

/4/   Auch, M.,   Fertigungszellen organisieren mit flexib-
Bullinger, H.-J.:   blem Konzept vermindert die Gemeinkosten.
In: Maschinenmarkt 91 (1985) 69, S. 1290
– 1292

/5/   Korndörfer, V.:   Qualifikationsanforderungen und Qualifizierung beim Einsatz von Industriero-
botern.
In: /2/ Sonntag (Hrsg.) 1985, S. 117 –
138; S. 118

/6/   Astrop, A.:   How Ford trained for Automation.
In: Machinery and Production-engineering
141 (1983) 3630, S. 41 – 42

/7/   Basey, R.W.:   Training for new Technology (robots and
control systems, operation and main-
tenance).
In: Proc. of the 6th Britis Robot Ass.
Annual Conf., Birmingham 16. –
19.05.1983, (1983) Mai, S. 44

/8/   Biallowons, H.:   Fehlanzeige bei Metallarbeitern. Lehrgeld
kostete fast die Existenz.
In: Aktions Report, 17/1985, S. 42 – 43

/ 9/ Arbeitsgemein-   Einsatzmöglichkeiten von flexibel auto-
     schaft Hand-   matisierten Montagesystemen in der in-
     habungssysteme: dustriellen Produktion. Montagestudie.
                         VDI-Verlag. Düsseldorf 1984
                         In: Bundesminister für Forschung und
                         Technologie (Hrsg.): Schriftenrihe "Hu-
                         manisierung des Arbeitslebens", Band 61.
                         S. 148 ff

/10/ Downs, S.:   Retraining for new skills.
                         In: Ergonomics, 1985, Vol 28, No. 8, p.
                         1208

/11/ Krogoll, T.,   CLAUS - CNC-Lernen Arbeit und Sprache.
     Pohl, W.,   Forschungsbericht Humanisierung des
     Wanner, C.:   Arbeitslebens. Stuttgart 1986; S. 12

/12/ Korndörfer, V.:   Theorien des Handelns, Denkens und
                         Lernens. Aufarbeitung im Hinblick auf die
                         Qualifizierung an Industrierobotern.
                         In: Warnecke, H.J., Bulliner, H.-J.
                         (Hrsg.): Beiträge zur Arbeitspädagogik
                         und Arbeitspsychologie. FhG-IAO Stuttgart
                         1987

/13/ Korndörfer, V.:   Automatisierung und Qualifizierung. Li-
                         teraturstudie zum Technikeinsatz und zur
                         Qualifizierungspraxis.
                         In: Warnecke, H.J., Bullinger, H.-J.
                         (Hrsg.): Beiträge zur Arbeitspädagogik
                         und Arbeitspsychologie, FhG-IAO Stuttgart
                         1987

/14/ Schweizer, M: 8 800 Roboter in Deutschland, 60 000 in
                         Japan.
                         In: Roboter 1/86, S. 12 - 17

/15/ v. Bardeleben, R.,   Strukturen betrieblicher Weiterbildung-
     Böll, G.,   Ergebnisse einer empirischen Kosten-
     Kühn, H.:   untersuchung.
                           In: Berichte zur beruflichen Bildung,
                           Heft 83/1986

/16/ Ross, E.:   Die CNC-Technik in Aus- und Weiterbildung
                          - eine Übersicht.
                          In: BWP 4/85, S. 144

/17/ Gilde, W.,   Entwicklung neuer Schweißausrüstungen -
     Thieme, G.:   Anforderung an die Qualifikation schweiß-
                          technischer Kader. 1419. Mitteilung aus
                          dem Zentralinstitut für Schweißtechnik
                          der DDR, Halle
                          In: ZIS-Mitteilungen 4/82, S. 356

/18/ Ryan, M.:   Customer service - its changing role with
                          the advent of advanced manufacturing sy-
                          stems.
                          In: Robotics Trends: Proceedings of the
                          8th Annual Converence of the British Ro-
                          bot Association, 14. - 17 May 1985, Bir-
                          mingham, S. 217

/19/ Biber, J.,   Unterrichtshilfe für Lehrkräfte. Grund-
     Herrmann, P.:   lagen des Programmierens von NC-Maschinen.
                          In: Metallverarbeitung 37 (1983) 3, S. 91
                          - 92

/20/ Witte, H.:   Überbetriebliche CNC-Ausbildung.
                          In: /21/ Bullinger (Hrsg.) 1985, S. 266 -
                          277

/21/ Bullinger, H.-J.:   Menschen, Arbeit, Neue Technologien.
     (Hrsg.)   Konferenzband der 4. IAO Arbeitstagung
                          11. - 13. Juni 1985 in Stuttgart, zusam-
                          men mit der 2. Internationalen Konferenz
                          "Human Factors in Manufacturing".
                          Springer-Verlag Berlin, Heidelberg, New
                          York, Tokyo 1985

/22/ Hasebrink, J.P.   Aspekte der modernen Weiterbildung. Vor-
     (Hrsg.):   träge - Lehrmittel - Seminare. Fachtagung
                          "Automatisierung-Technik und Weiterbil-
                          dung" am 23. u. 24. Juni in Esslingen.
                          Math. Techn. Verlag Hasebrink, Esslingen
                          1986

/23/ Hofmann, D.:   Unterstützung - Fundierte NC-Ausbildung:
                          Entscheidende Voraussetzung für den Ein-
                          satz numerisch gesteuerter Fertigungs-
                          mittel.
                          In: NC-Fertigung 2-82, S. 67

/24/ Laur-Ernst, U.:   "Mit G00 nach X40 Z 2 ... 2". Erste Er-
                          fahrungen in der CNC-Ausbildung.
                          In: BWP 2/85, S. 45

/26/ Downs, S.:   Retraining for new skills.
                          In: Ergonomcis, 1985, Vol. 28, No. 8, S.
                          1207

/27/ Schmitz, G.,   Zur Qualifizierung von Arbeitskräften an
     Gottschalch, H.:   CNC-gesteuerten Maschinen.
                          In: Z.f. Arb.wiss. 1981/4, S. 241

/28/ Basey, R.W.:   Training for new Technology (robots and
                          control systems, operation and mainten-
                          ance).
                          In: Proc. of the 6the British Robot Ass.
                          Annual Conf., Birmingham 16. -
                          19.05.1983, (1983) Mai, S. 46 f.

/29/ Downs, S.:   Retraining for new skills.
                       In: Ergonomics, 1985, Vol. 28, No. 8, S.
                       1200, S. 1207

/30/ Laur-Ernst, U.:   "Mit G00 nach X40 Z 2 ... 2". Erste Er-
                       fahrungen in der CNC-Ausbildung.
                       In: BWP 2/85, S. 45

/31/ Semmer, N.,   Qualifikation und berufliche Entfaltung
     Schardt, L.P.:   bei der Arbeit.
                       In: Zimmermann, Lothar (Hrsg.): Humane
                       Arbeit. Leitfaden für Arbeitnehmer.
                       Rowohlt, Reinbek 1982, Bd. 4 Teil II, S.
                       132

/32/ Korndörfer, V.,   Qualifizierung von ungelernten und
     Bell, H.,   angelernten Arbeitnehmern beim Einsatz
     Brüning, R.:   von Industrierobotern. Endbericht des
                       Vorhabens "Qualifizierung an Industriero-
                       botern" (QIR) im Programm "Humanisierung
                       des Arbeitslebens" des Bundesministeriums
                       für Forschung und Technologie.
                       FhG-IAO Stuttgart 1986. (Im folgenden zi-
                       tiert als "Qualifizierung an Industrie-
                       robotern"). S. 80 ff

/33/ Hunzinger, I.:   Fehlerursache: Mangelnde Schulung. Ergeb-
                       nisse einer Umfrage zum Thema "Werkstatt-
                       programmierung".
                       In: Betriebstechnik 9/79, S. 78

/34/ Cziudaj, M.,   Probleme der NC-Ausbildung.
     Schleucher, H.,   In: Angew.Arbeitswiss., (1983) 97,
     Spieler, B.:   S. 11

/35/ Blume, Ch.,   IRDATA - Eine Einführung.
     Frommherz, B.:   In: Elektronik Jg. 22 (1984) Nr. 25, S.
                       60 - 66

/36/ Blume, Ch.,   teach in und mehr.
     Jakob, W.:   In: Roboter 1/84, S. 40 - 45

/37/ Niehaus, T.,   Unbequeme Standardschnittstellen.
     Zühlke, D.:   In: Roboter 4/84, S. 42

/38/ Duelen, G.,   Off-line-Programmierung von Industrie-
     Bernhardt, R.:   robotern und der Einfluß ihrer Positio-
                       niergenauigkeit - Teil 1
                       In: Fertigungstechnik und Betrieb,
                       Berlin, 36 (1986) 9, S. 550 - 553

/39/ Schweizer, M.:   Zuwachsraten bei Industrierobotern unge-
                       brochen.
                       In: Schweißen und Schneiden, Bd. 36
                       (1984) Nr. 5, S. 530

/40/ Niedermayr, E.:   Programmieren am Bildschirm.
                       In: Roboter 1/85, S. 48

/41/ Eichhorn, F.,   Schweißen und Schneiden.
     Borowka, J.:   In: VDI-Z, Bd. 127 (1985) Nr. 15, S. 615
                       - 623

/42/ Kolbe, G.:   Werden Roboter den Schweißer verdrängen?
                       In: Der Praktiker 2/1983, S. 43 - 45

/43/ Krogoll, T.,   Benutzerfreundliche CNC-Programmier-
     Pohl, W.,   systeme contra Qualifizierung?
     Wanner, C.:   In: Humane Produktion, 8. Jg., 1986, Heft
                       4, S. 26 - 30

/44/ Niedermayr, E.:   Am Bildschirm programmieren.
                       In: Roboter 1/85, S. 48 u. S. 50

/45/ Abele, E.,   Reisebericht Japan USA September 1985
     Schweizer, M.,   (15. ISIR, Robotermesse Tokyo'85,
     Walther, J.:   Firmenbesuche USA u. Japan). Manuskript
                       Fraunhofer-Institut für Produktonstechnik
                       und Automatisierung (IPA), Stuttgart 1985

/46/ Reich, K.:   Unterricht - Bedingungsanalyse und Ent-
                       scheidungsfindung. Klett-Cotta, Stuttgart
                       1979, S. 46

/47/ Blankertz, H.:   Theorien und Modell der Didaktik. Grund-
                       fragen der Erziehungswissenschaft.
                       Iuventa, München 1980[11], S. 90 ff, S.
                       102

/48/ Kaiser, F.-J.,   Bedingungen und Voraussetzungen des Ler-
     Söltenfuß, G.:   nens im Lernbüro unter der Perspektive
                       einer "Didaktik des Handelns".
                       In: ZBW, Beiheft 5 (1985), S. 75 ff.

/49/ Müller, Ch.:   Entwicklung eines Verfahrens zur wert-
                       mäßigen Bestimmung der Produktivität und
                       Wirtschaftlichkeit von Personalentwick-
                       lungsmaßnahmen in Arbeitsstrukturen.
                       Diss. Universität Stuttgart 1983. Sprin-
                       ger Verlag Berlin, Heidelberg, New York,
                       Tokyo, 1983

/50/ Hacker, W.:   Allgemeine Arbeits- und Ingenieurpsycho
                       logie - Psychische Strukturen und Regula-
                       tion von Arbeitstätigkeiten. Huber, Bern,
                       Stuttgart, Wien 1978^2,

/51/ ebd.   S. 88

/52/ ebd.   S. 78

/53/ ebd.   S. 105

/54/ Duscheleit, S.:   Arbeitspädagogische Maßnahmen auf der
                       Grundlage der psychologischen Handlungs-
                       theorie.
                       In: ZBW, 79. Bd., Heft 3 (1983), S. 163 -
                       175

/55/ Edelmann, W.:   Lernpsychologie.
                      Urban und Schwarzenberg München und Wein-
                      heim 1986, S. 8, S. 254, S. 309 ff.

/56/ Simon, Dieta: Lernen im Arbeitsprozeß.
                      Der Beitrag von Hackers Arbeitspsycholo-
                      gie und Piagets Entwicklungstheorie.
                      Campus Forschung, Frankfurt/New York
                      1980, S. 223

/57/ Fischbach, D.,   Ein Versuch, die psychologische Handlungs-
     Notz, Gisela: theorie auf Lernprozesse in der beruf-
                      lichen Bildung anzuwenden.
                      In: Volpert, W. (Hrsg.): Beiträge zur
                      Psychologischen Handlungstheorie. Bern,
                      Stuttgart, Wien 1980, S. 210 - 225

/58/ Weinert, F.E.:   Kognitives Lernen: Begriffsbildung und
                      Problemlösen.
                      In: DIFF (Hrsg.): Funkkolleg Pädagogische
                      Psychologie, Studienbegleitbrief 9,
                      Kollegstunde 21, S. 15 Tübingen 1973
                      Beltz Verlag Weinheim und Basel

/59/ Watson, J.B.,   Conditioned Emotional Reactions.
     Rayner, R.:   In: Journal of Experimental Psychology,
                      1920, 3, S. 1 - 14

/60/ Skinner, B.F.:   Verhaltenpsychologische Analyse des Denk-
                      prozesses.
                      In: /61/ Skinner, B.F., Correl, W., 1971
                      S. 11 - 60

/61/ Skinner, B.F.,   Denken und Lernen.
     Correll, W.:   G. Westermann Verlag, Braunschweig 1971

/62/ Klix, F.:   Information und Verhalten. Berlin 1971

/63/ Klix, F.:   Über die Nachbildung von Denkanforderun-
                    gen, die Wahrnehmungseigenschaften, Ge-
                    dächtnisstruktur und Entscheidungsopera-
                    tionen einschließen.
                    In: Z.f. Psychol., 193 (1985) 3, S. 175 -
                    211

/64/ Dörner, D.:   Die kognitive Organisation beim Problem-
                    lösen. Versuche zu einer kybernetischen
                    Theorie der elementaren Informationsver-
                    arbeitungsprozesse beim Denken.
                    Verlag Hans Huber, Bern, Stuttgart, Wien
                    1974

/65/ Krause, W.:   Problemlösen - Stand und Perspektiven,
                    Teil I
                    In: Zeitschrift für Psychologie, Band 190
                    (1982), Heft 1, S. 29

/66/ Spada, H.:   Modelle des Denkens und Lernens. Verlag
                    Hans Huber, Bern, Stuttgart, Wien, 1976,
                    S. 79

/67/ ebd.   S. 169

/68/ ebd.   S. 187

/69/ Reich, K.:   Unterricht-Bedingungsanalyse und Ent-
                    scheidungsfindung. Klett-Cotta, Stuttgart
                    1979, S. 45

/70/ Ausubel, D.P., School learning: An introduction to
     Robinson, F.G.: educational psychology. Holt, Rinehart &
                    Winston, New York 1969

/71/ Bruner, J.S.:   The act of Discovery.
                    In: Anderson, R.C., Ausubel, D.P.
                    (Hrsg.): Readings in the psychology of
                    cognition. New York 1965, S. 606 ff.

/72/ Bandura, A.:   Sozial-kognitive Lerntheorie.
                       Klett-Cotta Stuttgart 1979

/73/ Weinert, F.E.:   Kognitives Lernen: Begriffsbildung und
                       Problemlösen.
                       In: DIFF (Hrsg.): Funkkolleg Pädagogische
                       Psychologie, Studienbegleitbrief 9, Kol-
                       legstunde 21, S. 22 f. Tübingen 1973
                       Beltz Verlag Weinheim und Basel

/74/ Simon, D.:   Lernen im Arbeitsprozeß. Der Beitrag von
                       Hackers Arbeitspsychologie und Piagets
                       Entwicklungstheorie. Campus Forschung,
                       Frankfurt New York 1980 Darstellung: S.
                       105 - 219, Quellen: S. 282 - 284

/75/ Wygotski, L.S.:   Denken und Sprechen.
                       Fischer, Frankfurt/M. 1972

/76/ Galperin, P.J.:   Die Entwicklung der Untersuchungen über
                       die Bildung geistiger Operationen. (1959)
                       In: Hiebsch (Hrsg.): Ergebnisse der so-
                       wjetischen Psychologie. Klett, Stuttgart
                       1969, S. 367 - 405

/77/ Galperin, P.J.,   Probleme der Lerntheorie.
     Leontjew, A.N.:   Volk und Wissen, Berlin (DDR) 1974[4]

/78/ Gagné, R.M.:   Die Bedingungen menschlichen Lernens.
                       Schroedel, Hannover 1969

/79/ Gagné, R.M.:   Lernhierarchien.
                       In: Unterrichtswissenschaft 4/76, S. 290
                       - 303, S. 291

/80/ Macke, Gerd: Entwicklungsarbeiten an einem Text zur
                       Erfassung von Operationen (Lernbereich
                       Mathematik).
                       In: Unterrichtswissenschaft 1978 (Nr. 4),
                       S. 298 - 306

/81/ Nenninger, P.: Kognitive Strukturen - einige Beschrei-
bungsmöglichkeiten hinsichtlich ihrer Ko-
härenz.
In: Unterrichtswissenschaft 6 (1978), 4,
S. 291 - 297

/82/ Hoffmann, J.: Experimente und Hypothesen zur Kodierung
verbaler Items im menschlichen Gedächtnis.
In: /83/ Klix, F., Sydow, H. (1977), S.
81 - 98,

/83/ Klix, F., Zur Psychologie des Gedächtnisses.
  Sydow, H.: Verlag Hans Huber, Bern, Stuttgart, Wien
1977

/84/ Sydow, H.: Gedächtnisleistungen in komplexen kognitiven Prozessen.
In: /83/ Klix, F., Sydow, H. (1977), S.
99 - 116; S. 101 ff

/85/ Hoffmann, J., Lernprozesse und Strukturbildung im
  Rushkowa, N.: menschlichen Gedächtnis.
In: /86/ Lompscher, J. (Hrsg.): 1977, S.
154 - 166; S. 155

/86/ Lompscher, J., Zur Psychologie der Lerntätigkeit. Volk
  (Hrsg.): und Wissen, Berlin 1977

/87/ Postman, N.: Wir amüsieren uns zu Tode. Urteilsbildung
im Zeitalter der Unterhaltungsindustrie.
S. Fischer, Frankfurt/M., 1985

/88/ Mager, R.F., Kursentwicklung für die Berufsausbildung
  Beach, K.M.: Beltz Verlag, Weinheim und Basel, 1972,
S. 15

/89/ Eicker, F.: Zur Diskussion über das Handlungslernen
in der Berufsbildung.
In: ZWB, 80. Bd., Heft 8 (1984), S. 694 -
704

/90/ Bäuerle, H.-G.:   Zum Stand der Netzplantechnik in der Di-
                     daktik - insbesondere in der Didaktik der
                     Physik.
                     In: Lernzielorientierter Unterricht, Heft
                     1/1980, S. 16 - 24

/91/ Michelsen, U.A.,   Ein strukturanalytisches Modell zur Be-
     Binstaudt, P.:   stimmung des logischen Schwierigkeits-
                         grades - Ein Beitrag zur Sequenzierung
                         von Lerninhalten.
                         In: Zeitschrift für Empirische Pädagogik
                         und Pädagogische Psychologie, Jg. 9, Heft
                         2, 1985, S. 55 - 88

/92/ Reich, K.:   Unterricht - Bedingungsanalysen und Ent-
                     scheidungsfindung.
                     Klett-Cotta, Pädagogik Theorie, Stuttgart
                     1979, S. 28 f.

/93/ Deutsche   Hochschulschriftenverzeichnis
     Zentralbibliothek   Deutsche Bibliographie Frankfurt.
     Frankfurt: Gesichtet: 1975 bis 1986

/94/ DOMA   Dokumentation Maschinenbau. Literaturda-
                     tenbank, FIZ Technik.

/95/ BEFO   Betriebsführung und Betriebsorganisation.
                     Literaturdatenbank, FIZ Technik.

/96/ SOLIS   Sozialwissenschaftliches Informationssy-
                     stem. FIZ Sozialwissenschaften.

/97/ Gomershall, A.,   Robotics.
     Farmer, P.:   An International Bibliography with Ab-
                        stracts.
                        IFS (Publications) Ltd, UK, 1984 Springer
                        Verlag Berlin, Heidelberg, New York,
                        Tokyo 1984

/ 98/ Farmer, P.,   Robotics Bibliography 1970-1981
       Gomershall, A.:   IFS (Publications) Ltd. Kempston, Bedford
                           MK 427 BT, England

/ 99/ IAB: Forschungsdokumentation zur Arbeits-
                          markt- und Berufsforschung (FoDokAB),
                          Jahrgänge 1980 - 1985

/100/ Hagendorff, F.,   Industrieroboter und Qualifizierung.
      Korndörfer, V.:   Eine systematische Literaturrecherche.
                          Große Studienarbeit Nr. 101/1459 am In-
                          stitut für Industrielle Fertigung und
                          Fabrikbetrieb der Universität Stuttgart
                          (Betreuer: V. Korndörfer). Manuskript,
                          Stuttgart 1985

/101/ Korndörfer, V.,   Qualifizierung insbesondere von unge-
      Bell, H.,   lernten und angelernten Arbeitnehmern
      Brüning, R. u.a.:   beim Einsatz von Industrierobotern -
                          Hauptphase. Teilvorhaben: Qualifizierung
                          beim Einsatz von Schweiß-Industrierobo-
                          tern (Qualifizierung an Industrierobotern
                          - QIR). Forschungsbericht Humanisierung
                          des Arbeitslebens. Stuttgart/Bonn 1986.

/102/ Bell, H.,   Qualifizierung für prozessgesteuerte
      Korndörfer, V.:   Technologien in der Produktion, darge-
                          stellt am Beispiel Industrieroboter.
                          In: FhG-Berichte, Heft 1/86 und in: Tech-
                          nische Rundschau, 78, Jg. (1986), Nr. 5

/103/ DIHT: IHK-Lehrgang "CNC-Technik" Lehrgangsbe-
                          schreibung. Manuskript. DIHT, Bonn 1983

/104/ Reich, K.:   Unterricht - Bedingungsanalyse und Ent-
                          scheidungsfindung. Klett-Cotta, Stuttgart
                          1979, S. 55

- 190 -

/105/ Bullinger, H.-J.,   Qualifizierungsgerechte Arbeitsstruk-
      Kohl, W.:   turen
                          In: REFA-Nachrichten 29. Jg. 1976, H.
                          6, S. 331 - 337

/106/ Bullinger, H.-J.,   Production and Qualification, Quality
      Kohl, W.:   Research contributions regarding the
                          Achievement of Higher Qualifications in
                          New Work Structures.
                          Vth. ICPR Aug. 1979, S. 97 - 100

/107/ Kohl, W. u.a.:   Qualifizierung in der
                          Elektromotorenmontage.
                          In: Humane Produktion 4/81, S. 16 - 19

/108/ Kohl, W.,   Qualifizierung von Angelernten und
      Bullinger, H.-J.:   Ungelernten.
                          In: Planung und Produktion 10/83

/109/ Kohl, W.:   Neue Unterweisungsverfahren in der Pro-
                          duktion.
                          In: Industrieanzeiger. 100 Jg., Nr. 100
                          v. 15.12.1978, HGF 86, 78/94

/110/ Witzgall, E.:   Ein adressatengerechtes Lehr- und Trai-
                          ningsprogramm für Mitarbeiter in der
                          Teilefertigung.
                          In: Industrieanzeiger, 103. Jg., Nr. 71
                          v. 02.09.1981, S. 50 - 51

/111/ Witzgall, E.:   Ein alternatives Lehr-/Lernprogramm für
                          lernungewohnte Industriearbeiter.
                          Symposium "Ingenieurpädagogik '81",
                          17.09.1981 Klagenfurt/Österreich. Refe-
                          rat-Sonderdruck Leuchtturm-Verlag o.O.,
                          o.J.

/112/ Warnecke, H.J.,   Höherqualifizierung in neuen Arbeits-
      Kohl, W.:   strukturen. Entwicklung und Erprobung
                         eines kombinierten Unterweisungs-
                         konzepts.
                         In: Z.f.Arb.wiss. 1979/2, S. 69 ff.

/113/ Brandstetter, W., Arbeitsstrukturierung in der hochauto-
      Korndörfer, V.:   matisierten Fertigung - Was kann durch
                          geeignete Qualifizierungsmaßnahmen er-
                          reicht werden?
                          In: /114/ Bullinger, H.-J., Warnecke,
                          H.J. (ed.): 1983, S. 381 - 389

/114/ Bullinger, H.-J., Wettbewerbsfähige Arbeitssysteme -
      Warnecke, H.J.:   Problemlösungen für die Praxis.
                          IPA/IAO- Arbeitstagung 1983,
                          Fraunhofer-Institut für
                          Arbeitswirtschaft und Organisation
                          (IAO), Stuttgart, 1983

/115/ Blankertz, H.:   Theorien und Modelle der Didaktik, Iu-
                         venta München, 1974[8]

/116/ Reich, K.:   Theorien der allgemeinen Didaktik.
                         Ernst Klett Verlag, Stuttgart 1977

/117/ Heid, H.:   Können "die Anforderungen der Arbeits-
                         welt" Ableitungsvoraussetzungen für
                         Maßgaben der Berufserziehung sein?
                         In: DBFsch, Heft 11/77, S. 833

/118/ Kutschera, F.v.:   Einführung in die Logik der Normen,
                         Werte und Entscheidungen.
                         Freiburg/München 1973. Zitat nach /117/
                         Heid 1977, S. 835

/119/ Heid, H.:   Können "die Anforderungen der Arbeits-
                            welt" Ableitungsvoraussetzungen für
                            Maßgaben der Berufserziehung sein?
                            In: DBFsch, Heft 11/77, S. 833

/120/ Gebert, D.:   Entwicklung von Sozialkompetenz durch
                            Kooperations- und Kommunikationstraing.
                            In: /2/ Sonntag (Hrsg.) (1985); S. 195
                            - 207.

/121/ Bloom, B.S.   Taxonomie von Lernzielen im kognitiven
      (Hrsg.):   Bereich. Beltz, Weinheim, Basel 1972

/122/ Witzgall, E.:   Höherqualifizierung in der Industriear-
                            beit. Dissertation an der Universität
                            Bamberg.
                            Manuskript Dortmund, November 1984,
                            S. 96 f

/123/ Kaiser, F.-J.,   Bedingungen und Voraussetzungen des
      Söltenfuß, G.:   Lernens im Lernbüro unter der Perspek-
                            tive einer "Didaktik des Handelns".
                            In: ZBW, Beiheft 5 (1985), S. 75 - 85

/124/ Reich, K.:   Unterricht-Bedingungsanalyse und Ent-
                            scheidungsfindung. Klett-Cotta,
                            Stuttgart 1979, S. 113

/125/ Bell, H.,   Neue Technologien - Neue Produktions-
      Brüning, R.:   konzepte - Neue Bildungsoffensive:
                            Öffentliche Diskussion und betriebliche
                            Realität. IAO, Manuskript Stuttgart
                            1987. Erscheint als Bericht zur
                            Humanisierung des Arbeitslebens im
                            Rahmen des Projektes "Qualifizierung an
                            Industrierobotern" (vgl. Anhang 5), S.
                            18 ff

/126/ Marschner, G.:   Konzentrative Belastung bei Schweißarbei-
                        ten
                        In: 31 (3NF) 1977/4, Z.Arb.wiss. S. 238 -
                        239

/127/ Hoff, E.,   Sozialisationstheoretische Überlegungen
      Lappe, L.,   zur Analyse von Arbeit, Betrieb und Beruf
      Lempert, W.:   In: Soziale Welt, Heft 3/4 1982, S. 508 -
                        536

/128/ Greif, S.:   Altersabbau intellektueller Fähigkeiten
                        und sozialer Kompetenzen - eine Folge re-
                        duzierter Arbeitsbedingungen?
                        In: Groskurth, P. (Hg.) Arbeit und Per-
                        sönlichkeit. Rowohlt, Reinbek 1979, S. 71

/129/ Greif, S.:   Intelligenzabbau und Dequalifizierung
                        durch Industriearbeit?
                        In: /130/ Frese, M., Greif, S., Semmer,
                        N. (Hrsg.), 1978, S. 231

/130/ Frese, M.,   Industrielle Psychopathologie.
      Sommer, N.   Huber, Bern Stuttgart 1978
      (Hrsg.):

/131/ Kohn, M.L.:   Occupational experience and psychological
                        functioning: An Assessment of reciprocal
                        effects.
                        In: Am. Social. Rev. 38, 97, 197. Zit.
                        nach: /129/ Greif 1978

/132/ Witzgall, E.:   Höherqualifizierung in der Industriear-
                        beit. Dissertation an der Universität
                        Bamberg.
                        Manuskript Dortmund, November 1984, S. 126

/133/ Greif, S.:   Intelligenzabbau und Dequalifizierung
                        durch Industriearbeit?
                        In: /130/ Frese, M., Greif, S., Semmer,
                        N. (Hrsg.), 1978, S. 247

/134/ Schleicher, R.:   Die Intelligenzleistung Erwachsener in
                       Abhängigkeit vom Niveau beruflicher Tä-
                       tigkeit.
                       In: Probl. Erg. Psychol. 44, 1073, S. 25
                       - 56. Zit. nach /50/ Hacker 1978, S. 370,
                       S. 414 bzw. /135/

/135/ Hacker, W.:   Spezielle Arbeits- und Ingenieurpsycholo-
                       gie, Bd 1: Psychologische Bewertung von
                       Arbeitsgestaltungsmaßnahmen - Ziele und
                       Bewertungsmaßstäbe -. VEB Deutscher Ver-
                       lag der Wissenschaften. Berlin 1980, S. 84

/136/ ebd.   S. 85

/137/ ebd.   S. 84

/138/ Derriks, F.:   Weiterbildungskonzept für Elektrofach-
                       kräfte in der Instandsetzung und Wartung
                       für Roboter in der Automobilindustrie.
                       In: /139/ Meyer, N., Friedrich, H.R.
                       (Hrsg.) 1984, S. 102,

/139/ Meyer, N.,   Neue Technologien in der beruflichen
      Friedrich, H.R., Bildung. Ergebnisse einer Fachtagung des
      (Hrsg.):   Berufsförderungszentrums Essen e.V., Ver-
                       lagsgesellschaft Schulfernsehen vgs Köln
                       1984

/140/ Korndörfer, V., Qualifizierung an Industrierobotern,
      Bell, H.,   Stuttgart 1986
      Brüning, R.:   (= /32/), S. 73 ff.

/141/ ebd.,   S. 331 ff.

/142/ Mertens, D.:   Schlüsselqualifikationen.
                       In: Mitt AB Nr. 4/1973, S. 39

/143/ Krogoll, T.,   CLAUS - CNC Lernen Arbeit und Sprache.
       Pohl, W.,   Forschungsbericht Humanisierung des
       Wanner, C.:   Arbeitslebens, Stuttgart 1986, S. 57

/144/ Korndörfer, V.:   Qualifikationsanforderungen beim IR-
                         Einsatz.
                         In: /145/ Warnecke/Schraft (Hrsg.),
                         1984/1986

/145/ Warnecke, H.J.,   Handbuch Handhabungs-, Montage- und
       Schraft, R.D.:   Industrierobotertechnik. Loseblattwerk.
                         Verlag moderne Industrie, Landsberg/ Lech
                         1984/1986

/146/ Korndörfer, V.,   Qualifizierung an Industrierobotern
       Bell, H.,   - QIR (= /32/), Stuttgart 1986
       Brüning, R. u.a.: S. 96 f

/147/ ebd.   S. 97

/148/ Edelmann, W.:   Lernpsychologie. Psychologie Verlags-
                         union Urban und Schwarzenbeck, München/
                         Weinheim 1986, S. 276 ff

/149/ ebd.   S. 261

/150/ Hacker, W.:   Allgemeine Arbeits- und Ingenieurpsy-
                         chologie - Psychische Strukturen und
                         Regulation von Arbeitstätigkeiten. Huber,
                         Bern, Stuttgart, Wien 1978^2, S. 366 ff

/151/ Dedering, H.:   Zur Qualifikationsbestimmung unter dem
                         Anspruch einer "Humanisierung der Ar-
                         beit" und ihren Konsequenzen für die
                         berufliche Bildung.
                         In: DBFsch Nr. 12/76, S. 883 - 895

/152/ Volpert, W.:   Pädagogische Aspekte der Handlungsregu-
                        lationstheorie. Arbeitspapier für den
                        Workshop "Handlungs- und problemorien-
                        tiertes Lernen" auf den Hochschultagen
                        "Berufliche Bildung '84" in Berlin,
                        Oktober 1984 (10 S.)

/153/ Sievers, H.-P.:   Lernen-Wissen-Handeln.
                        Untersuchungen zum Problem der didakti-
                        schen Sequenzierung Frankfurt/M., 1984 S.
                        42 ff., S. 197 ff.
                        Zit. nach: Sievers, H.-P.: "Theorie" und
                        "Praxis" in der kaufmännischen Be-
                        rufsausbildung. Überlegungen zum hand-
                        lungsorientierten Lernen am Beispiel des
                        Lernbüros. ZBW, 81 Bd., H. 2 (1985), S.
                        116 - 133, s. 129

/154/ Kugemann, W.F.:   Lerntechniken für Erwachsene.
                        DVA, Stuttgart 1972

/155/ Clauß, G.,   Wörterbuch der Psychologie.
      Kulka, H.,   Pahl-Rugenstein, Köln 1976
      Lompscher, I.,
      u.a. (Hrsg.):

/156/ Pawlek, K.:   Datenverarbeitung in der technischen-
                        gewerblichen und kaufmännischen Ausbil-
                        dung bei IBM.
                        In: Arlt, W., Hafner, K. (Hrsg.): In-
                        formatik als Herausforderung an Schule
                        und Ausbildung. GI Fachtagung Berlin, 8.
                        - 10. Oktober 184, Bd. 90 der Infor-
                        matik-Fachberichte (Hrsg.: W. Brauer),
                        Springer Verglag Berlin Heidelberg, New
                        York, Tokyo, 1984

/157/ Mertens, D.:   Schlüsselqualifikationen.
                        In: MittAB, 4/1973, S. 39

/158/ Michelsen, U.A.,   Ein strukturanalystisches Modell zur
      Binstaudt, P.:   Bestimmung des logischen Schwierig-
                        keitsgrades - Ein Beitrag zur Sequen-
                        zierung von Lerninhalten.
                        In: Zeitschrift für Empirische Pädago-
                        gik und Pädagogische Psychologie, Jg. 9,
                        Heft 1, 1985, S. 55 - 88

/159/ Junginger, W.:   Stundenpläne aus dem Computer - ein Be-
                        richt zur momentanen Lage in Deut-
                        schland.
                        In: Angewandte Informatik 4/1985 S. 168 -
                        174

/160/ Hacker, W.:   Allgemeine Arbeits- und Ingenieurpsy-
                        chologie,
                        Huber, Bern-Stuttgart-Wien 1978^2, S. 82
                        ff, S. 157, S. 300

/161/ ders.   ebd., S. 83

/162/ ders.   ebd., S. 82

/163/ ders.   ebd., S. 84

/164/ Leu, H.R.:   Berufsausbildung als allgemeine und
                        fachliche Qualifizierung.
                        In: Z.f.Päd., 24 Jg., 1978, Nr. 1, S. 21
                        - 35

/165/ Edelmann, W.:   Lernpsychologie.
                        Psychologie Verlagsunion Urban und
                        Schwarzenberg München-Weinheim 1986, S.
                        315

/166/ Hacker, W.:   Allgemeine Arbeits- und Ingenieurspsy-
                      chologie
                      Huber, Bern-Stuttgart-Wien, 1978[2] S. 183

/167/ ebd.   S. 83 f.

/168/ Fürstenberg, F., Sozialkulturelle Fragen der Quali-
      Steinmayer, S.:   fikationsentwicklung beim Technologie-
                      einsatz. Ergebnisse einer international
                      vergleichenden Studie.
                      In: 40 (12 NF) 1986, 3 Z.Arb.wiss., S.
                      129 - 131

/169/ Edelmann, W.:   a.a.O. /151/, S. 155 - 240

/170/ Oerter, R.:   Psychologie des Denkens.
                      Verlag Ludwig Auer, Donauwörth 1977[5]

/171/ Edelmann, W.:   a.a.O /151/, S. 276 - 308.

/172/ Krause, W.:   Problemlösen - Stand und Perspektiven,
                      Teil I.
                      In: Zeitschrift für Psychologie, Band 190
                      (1982), Heft 1, S. 17 - 36

/173/ Krause, W.:   Problemlösen - Stand und Perspektiven,
                      Teil II.
                      In: Zeitschrift für Psychologie, Band 190
                      (1982), Heft 2, S. 141 - 169

/174/ Spöttl, G.:   Entwicklung von Problemlösungsstrate-
                      gien beim Lerner. Dargestellt an einem
                      Unterrichtsbeispiel.
                      In: technic didact, 6 (1981) 3, S. 173 -
                      190

/175/ Dörner, D.:   Denken, Problemlösen und Intelligenz.
                      In: Psychologische Rundschau 1984, Bd.
                      XXXV, Heft 1, S. 10 - 20

/176/ Eigler, G.:   Kognitive Struktur - Kognitive Strukturen.
In: Unterrichtswissenschaft 6. Jg., H. 4, Dez. 1978, S. 277 - 290

/177/ Kluwe, R.:   Wissen und Denken, Kohlhammer Stuttgart 1979

/178/ Dörner, D.:   Problemlösen als Informationsverarbeitung. Kohlhammer, Stuttgart 1979^2

/179/ Edelmann, W.:   a.a.O. /151/, S. 213 f

/180/ Oerter, R.:   Psychologie des Denkens. Verlag Ludwig Auer, Donauwörth, 1975^5. S. 137 ff, S. 197 ff, S. 216 ff, S. 235 ff

/181/ Lompscher, J., Matern, B.:   Das Tätigkeitskonzept als Grundlage für die Analyse und Gestaltung von Lernprozessen.
In: Psychologie u. Praxis 2/1983, S. 33

/182/ Lompscher, J.:   Theoretische und experimentelle Untersuchungen zur Entwicklung geistiger Fähigkeiten.
Volk und Wissen, Berlin 1972. Zit. nach: /162/ Eigler 1978, S. 285

/183/ Klix, F.:   Über die Nachbildung von Denkanforderungen, die Wahrnehmungseigenschaften, Gedächtnisstruktur und Entscheidungsoperationen einschließen.
In: Z.f. Psychol., 193 (1985) 3, S. 175 - 211

/184/ Edelmann, W.:   Lernpsychologie. Urban und Schwarzenberg München und Weinheim 1986, S. 309 f

/185/ Klafki, W.:   Unterricht - Didaktik, Curriculum, Me-
                    thodik.
                    In: Grothoff, H.-H. (Hrsg.): Pädagogik.
                    Fischer Lexikon 36, Ffm. 1973, S. 334

/186/ Reich, K.:   Unterricht - Bedingungsanalyse und Ent-
                     scheidungsfindung.
                     Klett-Cotta, Stuttgart 1979, S. 28

/187/ Lange, O.,   Bewertung von Problemaufgaben und Be-
      Wilde, G.:   urteilung von Problemlöseprozessen als
                     Voraussetzung für Binnendifferenzierung
                     bei problemlösendem Unterricht.
                     In: Lernzielorientierter Unterricht, Heft
                     4/1981, S. 4

/188/ Oerter, R.:   Psychologie des Denkens.
                     Verlag Ludwig Auer, Donauwörth 1977^5,
                     S. 201 f

/189/ Höpfner, H.-D., Zur Systematisierung von Formen der
      Skell, W.:   Übung kognitiver Prozesse - Klassifika-
                       tionsgesichtspunkte und Darstellung
                       entscheidender Variablen.
                       In: Forschung der soz. Berufsbildung 17
                       (1983) 4, S. 161 - 166; S. 162

/190/ Lompscher, J., Das Tätigkeitskonzept als Grundlage für
      Matern, B.:   die Analyse und Gestaltung von Lernpro-
                       zessen.
                       In: Psychologie u. Praxis 2/1983, S. 27 -
                       36; spez. S. 33 f

/191/ Oerter, R.:   a.a.O. /173/, S. 103

/192/ Bense, M.:   Semiotische Prozesse und Systeme in
                     Wissenschaftstheorie und Design, Ästhe-
                     tik und Mathematik.
                     Agis-Verlag Baden-Baden, 1975, S. 100 ff

- 201 -

/193/ Krogoll, T.,   CLAUS - CNC-Lernen Arbeit und Sprache.
      Pohl, W.,   Forschungsbericht Humanisierung des
      Wanner, C.:   Arbeitslebens. Stuttgart/Bonn 1986, S. 74

/194/ Edelmann, W.:   a.a.O. /151/, S. 158 ff

/195/ Dörner, D.:   Denken, Problemlösen und Intelligenz.
                          In: Psychologische Rundschau 1984, Bd.
                          XXXV, Heft 1, S. 14

/196/ Höpfner, H.-D.,   Zur Systematisierung von Formen der
      Skell, W.:   Übung kognitiver Prozesse - Klassifika-
                          tionsgesichtspunkte und Darstellung
                          entscheidender Variablen.
                          In: Forschung der soz. Berufsbildung 17
                          (1983) 4, S. 162

/197/ Diepold, P.:   Technologische Determinierung oder al-
                          ternative Gestaltungsmöglichkeit am Ar-
                          beitsplatz. Wie sollen berufliche Schu-
                          len mit den neuen Informations- und
                          Kommunikationsteil schon als Lerngegen-
                          stand im Unterricht umgehen?
                          In: Hessisches Institut für Bildungs-
                          planung und Schulentwicklung: Schule und
                          Datenverarbeitung in Hessen, Heft 23,
                          Hrsg. v. Jurk, V. u.a., Wiesbaden 1986,
                          S. 29 - 46

/198/ Korndörfer, V.:   Integrierte Bürokommunikation - Verän-
                          derung der betrieblichen Qualifika-
                          tionsanforderungen.
                          In: ebd., S. 47 - 82

/199/ REFA Verband   Planung und Gestaltung komplexer Pro-
      für Arbeits-   duktionssysteme. REFA, Darmstadt 1987
      studien e.V.:   S. 327 - 339

/200/ Kern, H.,
      Schumann, M.:   Das Ende der Arbeitsteilung?
                           Rationalisierung in der industriellen
                           Produktion.
                           C.H. Beck, München 1984

/201/ Brödner, P.:   Fabrik 2000: Alternative Entwicklungs-
                           pfade in die Zukunft der Fabrik. Ed.
                           Sigma Rainer Bohn, Berlin 1985

/202/ Brandstetter, W.,   Arbeitsstrukturierung in der hochauto-
      Korndörfer, V.:   matisierten Fertigung - Was kann durch
                           geeignete Qualifizierungsmaßnahmen er-
                           reicht werden?
                           In: Bullinger, H.-J., Warnecke, H.J.
                           (ed.):
                           Wettbewerbsfähige Arbeitssysteme - Pro-
                           blemlösungen für die Praxis. IPA/IAO-
                           Arbeitstagung 1983, Fraunhofer-Institut
                           für Arbeitswirtschaft und Organisation
                           (IAO), Stuttgart, 1983, S. 381- 389

/203/ Kommission   Weiterbildung, Herausforderung und
      "Weiterbildung"   Chance. Bericht der Kommission "Weiter-
                           bildung" erstellt im Auftrag der Lan-
                           desregierung von Baden-Württemberg
                           Stuttgart 1984/Bräuer Verlag Kirchheim-
                           /Teck 1983

/204/ Edelmann, W.:   Lernpsychologie.
                           Urban und Schwarzenberg, München, Wein-
                           heim 1986, S. 264 ff

/205/ Huber, G.L.,   Pädagogische Psychologie als Grundlage
      Krapp, A.,   pädagogischen Handelns.
      Mandl, H. (Hrsg.):   Urban und Schwarzenberg, München, Wien,
                           Baltimore 1984

/206/ Edelmann, W.:   Lernpsychologie.
                        Urban und Schwarzenberg, München und Wien
                        1986, S. 7

/207/ Noll, H.-H.:   Weiterbildung und Berufsverlauf. Empi-
                        rische Analysen zum Weiterbildungsver-
                        halten von Erwerbstätigen in der Bun-
                        desrepublik Deutschland. BWP 1/86, S. 7 -
                        14, insbes. S. 8, 9

/208/ Bell, H.,   Qualifizierung für prozessgesteuerte
      Korndörfer, V.:   Technologien in der Produktion, darge-
                        stellt am Beispiel Industrieroboter.
                        In: FhG-Berichte, Heft 1/86 und in: Tech-
                        nische Rundschau, 78, Jg. (1986), Nr. 5

/209/ Korndörfer, V.:   Qualifizierung von ungelernten und
      Bell, H.,   angelernten Arbeitnehmern beim Einsatz
      Brüning, R.:   von Industrierobotern. Endbericht des
                        Vorhabens "Qualifizierung an Industrie-
                        robotern" (QIR) im Programm "Humanisie-
                        rung des Arbeitslebens" des Bundesmini-
                        steriums für Forschung und Technologie,
                        IAO Stuttgart 1986. S. 80 ff

/210/ Krogoll, T.,   CLAUS - CNC-Lernen Arbeit und Sprache
      Pohl, W.,   Forschungsbericht Humanisierung des
      Wanner, C.:   Arbeitslebens. Stuttgart 1986, S. 12

/211/ Geier, M.,   Die Funktion der Sprache für das kogni-
      Hasse, A.,   tive Lernen.
      Jaritz, P.,   In: DIFF (Hrsg.): Fernstudienlehrgang
      u.a.:   Sprache im Unterricht, Studienbrief 4.
                        DIFF Tübingen 1975, S. 129

/212/ diess.:   ebd. S. 136 f.

/213/ Blankertz, H.:   Theorien und Modelle der Didaktik.
                      Grundfragen der Erziehungswissenschaft
                      In: Iuventa, München 1980^{11}, S. 105

/214/ Jantzen, W.:   Galperin lesen, Anmerkungen zur Ent-
                      wicklung einer historisch-materialisti-
                      schen Theorie schulischen Lernens.
                      In: Demokratische Erziehung 5/83, S. 30 -
                      37; S. 35

/215/ Reich, K.:   Unterricht - Bedingungsanalyse und Ent-
                      scheidungsfindung.
                      Klett-Cotta, Stuttgart 1979, S. 53 ff

/216/ Blankertz, H.:   Theorien und Modelle der Didaktik.
                      Grundfragen der Erziehungswissenschaft.
                      Iuventa, München 1980^{11}, S. 26 f

/217/ ders.:   ebd., S. 33 f

/218/ Roth, H.:   Pädagogische Psychologie des Lehrens und
                      Lernens. Schroedel, Berlin/Hanno-
                      ver/Darmstadt 1957. Zit. nach:
                      Weinert, F.E.: Instruktion als Optimie-
                      rung von Lernprozessen. Teil I: Lehr-
                      methoden.
                      In: DIFF (Hrsg.): Funkkolleg Pädagogi-
                      sche Psychologie, Studienbegleitbrief 11,
                      Kollegstunde 26, S. 18 DIFF Tübingen
                      1973, Verlag Beltz Weinheim und Basel 1973

/219/ Geier, M.,   Die Funktion der Sprache für das kogni-
      Hasse, A.,   tive Lernen.
      Jaritz, P.,   In: DIFF (Hrsg.): Fernstudienlehrgang
      u.a.:   Sprache im Unterricht, Studienbrief 4.
                      DIFF Tübingen 1975, S. 62 ff

/220/ diess.:   ebd., S. 63

/221/ diess.:   ebd., S. 66

/222/ diess.:   ebd., S. 67

/223/ Jantzen, W.:   Galperin lesen. Anmerkungen zur Entwicklung einer historisch-materia-
listischen Theorie schulischen Lernens.
In: Demokratische Erziehung 5/83, S. 30
37; s. 35

/224/ Krogoll, T.,   CLAUS - CNC-Lernen Arbeit und Sprache
      Pohl, W.,   Forschungsbericht Humanisierung des
      Wanner, C.:   Arbeitslebens. Stuttgart 1986. S. 12

/225/ Nollek, H.,   Begriffe der Industrierobotertechnik.
      Schiele, G.:   In: wt-Z.ind.Fert. 75 (1985) Nr. 12, S.
710 - 716, S. 710

/226/ VDI-Richtlinie   Montage- und Handhabungstechnik.
      2860 (Entwurf)   Handhabungseinrichtungen, Begriffe, De-
finitionen, Symbole.
VDI-Verlag GmbH, Düsseldorf 1982

/227/ VDI-Richtlinie   Montage- und Handhabungskenngrößen
      2861 (Entwurf)   für Handhabungsgeräte.
Beuth, Berlin, Köln 1982

/228/ Schraft, R.D.:   Einführung in die Industrierobotertechnik.
In: /145/ Warnecke, H.J., Schraft, R.D.,
1984, Teil II, S. 1./1 bis 1.4/1

/229/ ders.:   ebd., S. 1./5

/230/ Bartenschlager,   Industrierobotereinsatz, Stand und Ent-
      H.P., u.a.:   wicklungstendenzen. Schriftenreihe Hu-
manisierung des Arbeitlebens.
VDI-Verlag GmbH, Düsseldorf, 1982, S. 17

/231/ diess.:   ebd., S. 18

/232/ Hölldampf, K.,   Werkzeuge für Industrieroboter.
       Boley, D.:   In: /145/ Warnecke, H.J., Schraft, R.D.
                           1984, Teil II. S. 7./1 bis 7.9/3

/233/ diess.:   ebd., S. 7./4

/234/ diess.:   ebd., S. 7./11

/235/ diess.:   ebd., S. 7./12

/236/ DVS-Merkblatt   Gütesicherung beim vollmechanischen
       0924 (Entwurf)   bzw. automatischen MIG/MAG-Schweißen.
                           Anforderungen an MIG/MAG-Schweißgeräte.
                           Manuskript, o.O., o.J., 11 S.

/237/ Hölldampf, K.,   Werkzeuge für Industrieroboter.
       Boley, D.:   In: /145/ Warnecke, H.J., Schraft, R.D.,
                           1984, Teil II, S. 7.9/1

/238/ Korndörfer, V.,   Computer und Roboter.
       Scharff, R.:   Tessloff Verlag Hamburg, 1983

/239/ Projektgruppe   Lehrgangsunterlagen.
       QIR: Sachbuch Cloos.
                           Manuskript, FhG-IAO Stuttgart/GfAH
                           Hamburg 1985

/240/ diess.:   ebd., S. 6

/241/ diess.:   ebd., S. 17

/242/ Projektgruppe   Lehrgangsunterlagen.
       QIR: Sachbuch Asea.
                           Manuskript, FhG-IAO Stuttgart 1985

/243/ Autorenge-   Qualifikations- und Arbeitsanalyse.
       meinschaft: Bericht über gemeinsamen Workshop der
                          BBF, IAB, BA, Ende 73,
                          Manuskript o.O., o.J., S. 164 - 189

/244/ Frieling, E.   Bestandsaufnahme der in den arbeitsor-
       u.a..   ganisatorischen Forschungsvorhaben ein-
                         gesetzten Methoden zur Analyse der Ar-
                         beitssituation (Synopse). Manuskript
                         München 11'79

/245/ Frieling, e.:   Psychologische Arbeitsanalyse.
                         Kohlhammer Stuttgart 1975

/246/ Hennecke, A..   Neuere Verfahren der Anforderungser-
                         mittlung durch Arbeitsanalyse.
                         In: IfaA 64, S. 3 - 19

/247/ Kannheiser, W.,   Zum Stand der Arbeitsanalyse in den
       Frieling, E.:   USA (II).
                         In: Z.Arb.wiss. 36 (8NF) 1982, S. 132 -
                         137

/248/ Katy, P.W.,   Analyse der Arbeitssituation
       Staehle, W.H.:   Verfahren und Instrumente. Rudolf Haufe
                         Verlag, Freiburg im Breisgau 1982

/249/ Hackstein, R.,   Ein Kategorienschema zur Kennzeichnung
       u.a.:   der Tätigkeiten gewerblicher Arbeit-
                         nehmer i.d. Industrie
                         MittAB, 8. Jg. (1975) Nr. 2, S. 149 - 163

/250/ Rüger, S.:   Tätigkeitsanalysen zur Erhebung beruf-
                         lichen Bildungsinhalte
                         In: ZfB 3/74, S. 15 - 20

/251/ Mönikes, W.:   Zur Bedeutung von Tätigkeitsanalysen für
                         die Berufsbildung. Überlegungen vor einem
                         Versuch.
                         BWP, 3 Jg. (1974) Nr. 5, S. 14 - 19

/252/ Alioth, A.,   Fragebogen zur subjektiven Arbeitsana-
      Udris, I.:   lyse. Arbeitsmaterial am Lehrstuhl für
                      Arbeits- und Betriebspsychologie. Ma-
                      nuskript ETH Zürich 1977

/253/ Hackmann, J.R.,   The Job Diagnostic Survey: An
      Oldham, G.R.:   Instrument for the Diagnosis of Jobs and
                         the Evaluation of Job Redesign Pro- jects.
                         New Haven/Conn.; Yale University, Tech-
                         nical Report Nr. 4, 1974

/254/ Rohmert, W.,   Arbeitswiss. Erhebungsbogen zur Tätig-
      Luczak, H.,   keitsanalyse.
      Landau, K.:   In: (1NF) 1975/4, Z.Arb.wiss., S. 109 -
                       207

/255/ Frieling, E.,   Fragebogen zur Arbeitsanalyse (FAA):
      Graf Hoyos, c.:   Deutsche Beschreibung des "Position
                          Analysis Quenstionnaire" (PAQ), Handbuch
                          und Frageheft, Bern 1978

/256/ Witzgall, E.:   Höherqualifizierung in der Industriear-
                        beit. Dissertation an der Universität
                        Bamberg.
                        Manuskript Dortmund, November 1984, S.
                        147 ff.

/257/ Volpert, W.,   Verfahren zur Ermittlung von Regula-
      Österreich, R.,   tionserfordernissen in der Arbeits-
      Gablenz-   tätigkeit.
      Kolakovic, S.,   Technische Universität Berlin-West 1982
      Krogoll, T.,
      Resch, M.:

/258/ Frieling, E.,   Entwicklung eins theoriegeleiteten,
      Kannheiser, W.,   standardisierten, verhaltenswissen-
      Facaoaru, C.,   schaftlichen Verfahrens zur Tätigkeits-
      Wöcherl, H.,   analyse. Forschungsbericht 01 HA 029
      Dürholt, E.:   ZA-TAP-0015 für den BMFT.
                           München 1984

/259/ Hacker, W.,   Tätigkeitsbewertungssystem
       Iwanowa, A.,   - Handanweisung
       Richter, P..   - Merkmale
                         - Erhebungsbögen.
                         Psychodiagnostisches Zentrum, Sektion
                         Psychologie der Humboldt-Universität zu
                         Berlin, Berlin 1983

/260/ diess.:   ebd., S. 10

/261/ diess.:   ebd., S. 36

/262/ diess.:   ebd., S. 26

/263/ diess.:   ebd., S. 70

/264/ diess.:   ebd., S. 11 ff.

/265/ diess.:   ebd., S. 10

/266/ Ferner, W.,   Leitfaden für die Durchführung von
       Gärtner, D.,   Fallstudien zur Arbeitssituation
       Krischok, D.,   zur Ermittlung beruflicher Lehrinhalte.
       Stolze, K.W..   Bundesinstitut für Berufsbildung (Hrsg.):
                         Berichte zur beruflichen Bildung, Heft
                         20, Berlin 1974

/267/ Bloom, B.S.,   Taxonomie von Lernzielen im kognitiven
       (Hrsg.) u.a.:   Bereich.
                         Beltz Weinheim 1976^5

/268/ Hacker, W.:   Allgemeine Arbeits- und Ingenieurpsy-
                         chologie - Psychische Strukturen und
                         Regulation von Arbeitstätigkeiten. Huber
                         Bern, Stuttgart, Wien 1978^2, S. 92

/269/ Hacker, W.:   Allgemeine Arbeits- und Ingenieurpsy-
                        chologie - Psychische Strukturen und
                        Regulation von Arbeitstätigkeiten. Huber
                        Bern, Stuttgart, Wien 1978^2, S. 92

/270/ ders.:   ebd., S. 78

/271/ ders.:   ebd., S. 209

/272/ Landa, L.N.:   Algorithmische und heuristische Denkmo-
                        delle und programmierter Unterricht.
                        In: Breuer, H. u.a.: Psychologische
                        Studientexte für die Ausbildung anpäda-
                        gogischen Hochschulen und Universitäten.
                        Volk und Wissen VEB Berlin, 1972, S. 227
                        - 237

/273/ Edelmann, W.:   Lernpsychologie.
                        Urban und Schwarzenberg München und
                        Weinheim 1986, S. 8, S. 254, S. 309 ff.

/274/ ders.:   ebd., S. 312

/275/ ders.:   ebd., S. 213 ff

/276/ Oerter, R.:   Psychologie des Denkens.
                        Verlag Ludwig Auer, Donauwörth 1977^5

/277/ Dörner, D.:   Denken, Problemlösen und Intelligenz.
                        In: Psychologische Rundschau 1984, Bd.
                        XXXV, Heft 1, S. 14

/278/ ders.:   ebd.

/279/ Häußler, P.:   Wie sich physikalisches Wissen im Ge-
                        dächtnis des Lernenden verändert.
                        In: Lernzielorientierter Unterricht, Heft
                        4/1983, S. 27 - 37

/280/ ders.:   ebd., S. 34

/281/ Klix, F.:   Information und Verhalten.
                            Berlin 1971

/282/ Dörner, D: Die kognitive Organisation beim Pro-
                            blemlösen. Versuche zu einer kyberneti-
                            schen Theorie der elementaren Informa-
                            tionsverarbeitungsprozesse beim Denken.
                            Verlag Hans Huber, Bern Stuttgart Wien
                            1974

/283/ Krause, W.:   Problemlösen - Stand und Perspektiven,
                            Teil I.
                            In: Zeitschrift für Psychologie, Band 190
                            (1982), Heft 1, S. 17 - 36

/284/ Krause, W.:   Problemlösen - Stand und Perspektiven,
                            Teil II.
                            In: Zeitschrift für Psychologie, Band 190
                            (1982), Heft 2, S. 141 - 169, S. 164

/285/ Krause, W.:   Problemlösen - Stand und Perspektiven,
                            Teil I.
                            In: Zeitschrift für Psychologie, Band 190
                            (1982), Heft 1, S. 29

/286/ Krause, W.:   Problemlösen - Stand und Perspektiven,
                            Teil II.
                            In: Zeitschrift für Psychologie, Band 190
                            (1982), Heft 2, S. 28

/287/ ders.:   ebd., S. 30

/288/ Krause, W.:   Problemlösen - Stand und Perspektiven,
                            Teil II.
                            In: Zeitschrift für Psychologie, Band 190
                            (1982), Heft 1, S. 141 - 169, S. 163

/289/ Dörner, D.:   Denken, Problemlösen und Intelligenz.
                         In: Psychologische Rundschau 1984, Bd.
                         XXXV, Heft 1, S. 13

/290/ Krause, W.:   Problemlösen - Stand und Perspektiven,
                         Teil II.
                         In: Zeitschrift für Psychologie, Band 190
                         (1982), Heft 1, S. 141 - 169, S. 142

/291/ ders.:   ebd., S. 149 f

/292/ ders.:   ebd., S. 150 f

/293/ Dörner, D.:   Denken, Problemlösen und Intelligenz.
                         In: Psychologische Rundschau 1984, Bd.
                         XXXV, Heft 1, S. 12

/294/ ders.:   ebd., S. 18

/295/ ders.:   ebd., S. 19

/296/ Lompscher, J.,   Das Tätigkeitskonzept als Grundlage für
      Matern, B.:   die Analyse und Gestaltung von Lernpro-
                         zessen.
                         In: Psychologie u. Praxis 2/1983, S. 33

/297/ Hacker, W.:   Allgemeine Arbeits- und Ingenieurpsy-
                         chologie - Psychische Strukturen und
                         Regulation von Arbeitstätigkeiten.
                         Huber, Bern, Stuttgart, Wien 1978^2, S.
                         109 ff

/298/ Heckhausen, H.:   Motivation und Handeln.
                         Springer, Berlin/Heidelberg/New York 1980

/299/ Mager, R.F.:   Lernziele und programmierter Unter-
                         richt. Beltz, Weinheim 1965

/300/ Skinner, B.F.: Verhaltenspsychologische Analyse des
Denkprozesses.
In: /61/ Skinner, B.F., Correll, W.,
Denken und Lernen. G. Westermann Ver-
lag, Braunschweig 1971, S. 11 - 60

/301/ Heckhausen, H.: Hoffnung und Furcht in der Leistungsmo-
tivation. Verlag Hain, Meisenheim, 1963

/302/ Heckhausen, H.: Die Entwicklung des Erlebens von Erfolg
und Mißerfolg.
In: Graumann, C.F., Heckhausen H. (Hrsg.)
1973, S. 95 - 105

/303/ Graumann, C.F.: Motivation.
In: Graumann, C.F.:
Einführung in die Psychologie, Bd 1,
Huber, Bern 1969

/304/ Witzgall, E.. Höherqualifizierung in der Industriear-
beit. Dissertation an der Universität
Bamberg.
Manuskript Dortmund, November 1984, S. 208

/305/ Lange, O., Bewertung von Problemaufgaben und Beur-
      Wilde, G.: teilung von Problemlöseprozessen als
Voraussetzung für Binnendifferenzierung
bei problemlösendem Unterricht.
In: Lernzielorientierter Unterricht, Heft
4/1981, S. 9 f

/306/ Korndörfer, V., DVS-Ausbildung an Industrierobotern
      Heier, W., zum Lichtbogenchweißen.
      Nölle, P.: In: Mechanisierung, Automatisierung und
Einsatz von Industrierobotern beim
Lichtbogenschweißen. DVS-Berichte; Band
94. Düsseldorf 1985, S. 103 - 106

/307/ o.V.:   Metall- und Elektrofachkräfte betreiben
                          Roboter-Modellversuche des IHK-Bil-
                          dungszentrums Grunbach.
                          In: TIBB Technische Innovation und be-
                          rufliche Bildung 4/86, S. 51 - 54

/308/ Korndörfer, V.:   Qualifikationsanforderungen und
                          Qualifizierung beim Einsatz von
                          Industrierobotern.
                          In: /2/ Sonntag, K. (Hrsg.) 1985, S. 136 f

Qualifizierung an Industrierobotern -

Ziele, Inhalte und Methoden

Anhang

<u>Vorbemerkung</u>

Der vorliegende Anhang hat für die eigentliche Untersuchung z.T. informierenden, z.T. ergänzenden Charakter:

o   <u>Anhang 1</u> gibt einige technische Grundinformationen zu Industrierobotern, speziell für die betrachteten Systeme.

o   In <u>Anhang 2</u> sind Lehrinhalte (Kenntnisgebiete) zusammengestellt.

o   <u>Anhang 3</u> vertieft die methodische Seite der vorgeschlagenen Methodik zur Qualifikationsanforderungsanalyse.

o   In <u>Anhang 4</u> werden zunächst einige Einzelaussagen aus der Empirie der Denkpsychologie referiert, auf die die Arbeit in ihrem Denkansatz Bezug nimmt; es folgen Erläuterungen zu den eingeführten Begrifflichkeiten der Makro- und Mikrostrukturierung.

o   <u>Anhang 5</u> gibt eine kurze Information zum Projekt "Qualifizierung an Industrierobotern" (QIR).

INHALTSVERZEICHNIS ANHANG

A 1   Industrierobotertechnik

Einige der wichtigsten Grundbegriffe der Industrierobotertechnik werden zunächst allgemein und dann bezogen auf die beiden Fabrikate Cloos und Asea als Beispiele für textuelle bzw. menügeführte Programmierung dargestellt.

A 1.1   Grundbegriffe

A 1.1.1 Technik von Industrierobotern

Industrieroboter werden in Westeuropa im allgemeinen wie folgt definiert: "Industrieroboter sind universell einsetzbare Bewegungseinrichtungen mit mehr als drei hinsichtlich Bewegungsfolge und Wegen bzw. Winkeln programmierbare(n, V.K.) Achsen. Sie sind mit Greifern, Werkzeugen und/oder anderen Fertigungsmitteln ausgerüstet und führen Handhabungs- und/oder Fertigungsaufgaben aus. Industrieroboter bestehen im Normalfall aus den Teilsystemen: Mechanik, Steuerung, Antriebe und Sensoren." /225/ (ähnlich: /226, /227/). Sie sind damit von den Einlegegeräten, die nur fest programmierte Bewegungsabläufe mit im allgemeinen drei oder weniger Achsen ausführen, und von den Teleoperatoren, die von Menschen gesteuert werden, abgegrenzt.

Teilsysteme und Teilfunktionen von IR zeigt Bild A 1.1.

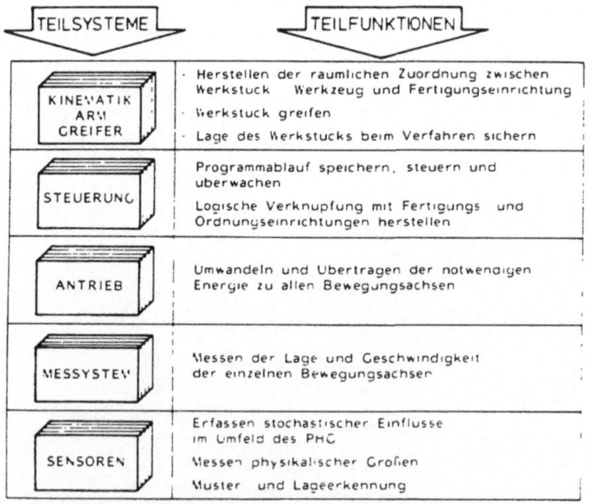

Bild A 1.1: Teilsysteme und Teilfunktionen von IR /228/

Ein wesentliches Merkmal des IR ist seine Beweglichkeit, mit der er ein größeres Volumen bestreicht, als er selbst inne hat, im Gegensatz zum Beispiel zu Werkzeugmaschinen. Die Beweglichkeit des IR ist wesentlich bestimmt durch seine <u>Kinematik</u>.

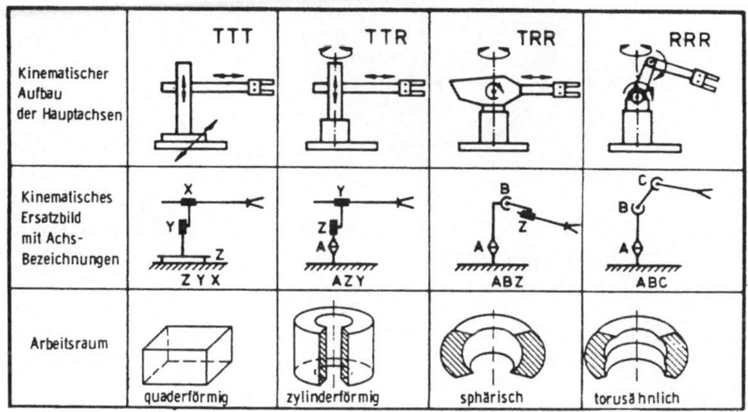

<u>Bild A 1.2</u>: Kinematische Bauformen von IR /229/

Üblich sind 6, zum Teil 5 Achsen, entsprechend den Freiheitsgraden im dreidimensionalen Raum (Lage und Orientierung).

Es sind verschiedene Koordinatensysteme zu unterscheiden /225/:
- Weltkoordinaten (frei wählbares kartesisches Bezugssystem);
- Achskoordinaten (roboterspezifisches Bezugssystem, abhängig von der Achskonfiguration);
- Werkzeugkoordinaten (bewegliches kartesisches Koordinatensystem in programmierbarem Arbeitspunkt des Werkzeugs).

Der Arbeitsraum des IR ergibt sich aus Kinematik und Abmaßen der Achsen (<u>Bild A 1.3</u>).

Bei der <u>Steuerung</u> von IR unterscheidet man PTP (point-to-point)-Steuerungen und CP (continous path) Steuerungen. Bei PTP-Steuerungen besteht kein Funktionszusammenhang zwischen den einzelnen Achsen, die Bewegungsbahn des TCP (tool center point) ist für den Programmierer schwer vorherbestimmbar und vorstellbar. Sofern eine definierte Bahn gefordert ist, wird diese durch eine sehr enge Folge einer großen Anzahl von Punkten (MP, multi-point-Steuerung)

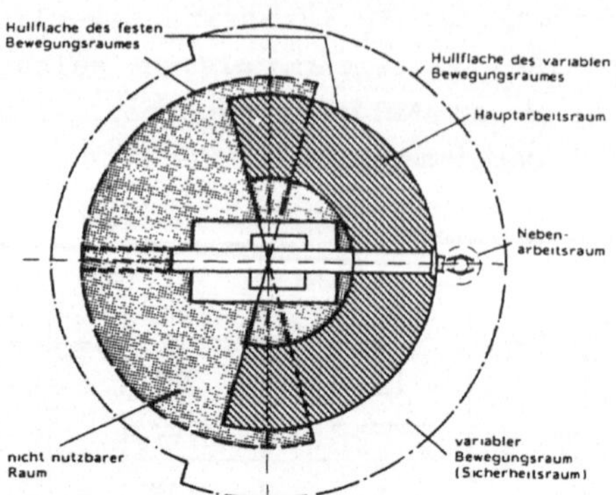

Bild A 1.3: Begriffe der Raumaufteilung von Handhabungsein-
richtungen /225/

oder - üblicher - durch lineare oder polynomische Interpolation
zwischen den definierten Raumpunkten erzeugt (CP, continous path,
Bahnsteuerung).

Bei den <u>Programmierverfahren</u> wird nach der Art des Aufnehmens der
Raumpunkte unterschieden zwischen
o   Lernprogrammierung
    - direkt über Abfahren der Bahn (play-back)
    - indirekt über Anfahren der Punkte und Speichern (teach-in)
      und
o   NC-Programmierung.
Nach der Art der Eingabe der Punkte und Programme wird unterschieden zwischen
-   Programmierung über Funktionstasten und
-   textueller Programmierung.
Beide Formen können menügeführt sein. Üblich - speziell für das
Lichtbogenschweißen - sind teach-in-Programmierung über Funktionstasten mit oder ohne Menüführung sowie textueller Programmierung.

A 1.1.2   Einsatz von Industrierobotern

Beim <u>Einsatz</u> von IR wird üblicherweise unterschieden zwischen
Werkstückhandhabung und Werkzeughandhabung (sprachlich besser:
Werkzeugführung). <u>Bild A 1.4</u> und <u>A 1.5</u> geben einen Überblick über
die Einflußfaktoren.

Kriterien Werkstückhandhabung	technologische Besonderheiten	erreichbarer Automatisierungsgrad	Investitionsumfang Investitionsrisiko	Art und Größe des Anwenderbetriebes	Peripherieanspruch
Pressenbeschickung	einfache HH-Aufgabe, oft jedoch mit prozeßbedingten Schwierigkeiten verbunden	Ein- und Ausgabearbeiten automatisierbar	wirtschaftlich nur möglich, wenn ganze Anlagen automatisiert werden	Automobilindustrie Maschinenbau Mittel- und Großbetriebe	Schwierigkeiten in der Peripherie, flexible Magazine flexible Ordnungseinr. (Greifer), Layout Veränderung an bestehenden Anlagen nicht möglich
Schmieden	Schwierigkeiten der Automatisierung des Schmiedeprozesses, unterschiedliche Schmiedeverfahren	Schmiedevorgang nur an Schmiedepressen zu automatisieren, Überwachungstätigkeiten sehr hoch	hoher Investitionsumfang Verkettung von gesamten Schmiedebereichen, Einzelarbeitsplätze nicht sinnvoll	Maschinenbau Mittel- und Großbetriebe	wenn komplette Verkettung, dann meist geringer Anspruch an Peripherie, jedoch oft hohe Werkzeugfolgekosten
Druck- und Spritzguß	Entnahme von Gußteilen aus der Form, Besprühen und Ausblasen der Formhälften	einfache maschinenintegrierte HH-Geräte in Konkurrenz zu IR weitgehend automatisierbar	meist Einzelmaschinen	Kleinmaschinenbau, z.B. Haushaltsmaschinen Mittelbetriebe	Vollautomatisierung des Gesamtablaufs, sonst nicht wirtschaftlich
Werkzeugmaschinen	Be- und Entladen von Werkzeugmaschinen Palettieraufgaben	einfache maschinenintegrierte HH-Geräte in Konkurrenz zu IR weitgehend automatisierbar	nur Mehrmaschinenverkettung sinnvoll	alle Branchen Groß- und Mittelbetriebe	Bereitstellung der Teile, geringe Peripherie

Bild A 1.4:   Einflußfaktoren auf die Werkstückhandhabung /230/

Kriterien Werkzeughandhabung	technologische Besonderheiten	erreichter Automatisierungsgrad	Investitionsumfang Investitionsrisiko	Art und Größe des Anwenderbetriebes	Peripherieanspruch
Beschichten	eingeführte Technologie, ein Anbieter marktführend, der auch Lösungen ohne IR anbieten kann	Komplettbearbeitung wird angestrebt, jedoch Restarbeit bei komplexen Teilen Kontrolle	meist kleine Anlagen mit max. 5 Geräten	verschiedene Branchen alle Betriebsgrößen	geringer Anspruch, nachträglicher Einsatz möglich
Punktschweißen	eingeführte Technologie, da vor IR-Einsatz meist Einzweckmaschine mehrere Anbieter	Setzen der Schweißpunkte, vollautomatisch meist möglich	immer große Anlagen, Entscheidung IR-Straße oder Sondermaschine	meist Automobilindustrie Großbetriebe	hoher Anspruch an Spanmittel, jedoch ist dies vorhanden, da manuelle Arbeitsplätze dies auch benötigen
Bahnschweißen	-, Schweißprozeß schwierig zu überwachen -, komplexe Bewegungen -, unterschiedliche Materialien	einfache Nähte, komplizierte Nähte durch manuelles Schweißen Kontrolle	meist Einzelmaschine, selten miteinander verkettet	Groß- bis Mittelbetriebe, Stahlbaubetriebe	Probleme mit Spanneinrichtung und Toleranzen der Teile
Entgraten	-, Formabweichungen -, Grattoleranzen -, geeignete Werkzeuge -, Werkzeugverschleiß Kräfte, Sensorprobleme, Einzweckmaschine nur bei hohen Stückzahlen	Komplettbearbeitung nicht möglich, Kontrolle und Nacharbeit -, in der Entwicklung befindliche, NC-gesteuerte Entgratmaschinen in Konkurrenz zum IR	meist Einzelmaschine, selten verkettet	Gießereibetriebe (vorwiegend GG) Groß- und Mittelbetrieb	geringer Anspruch, meist nur einfacher Spanntisch nötig
Montage	komplexe Fügeaufgaben durch IR heute noch nicht lösbar, weitere Probleme sind kurze Taktzeiten -, Werkstücktoleranzen -, kombiniertes Auftreten von HH-Tätigkeiten und Prüfaufgaben	Gesamtmontage technisch nicht zu automatisieren In der Bestückungstechnik sind z.T. für größere Serien Automaten vorhanden	bei Automatisierung größere Bereiche mit autom. und manuellen Blöcken -, großes Investitionsvolumen	überwiegend Automobil- und E-Technik	hoher Peripherieanspruch bei Automatisierung

Bild A 1.5:   Einflußfaktoren auf die Werkzeughandhabung /231/

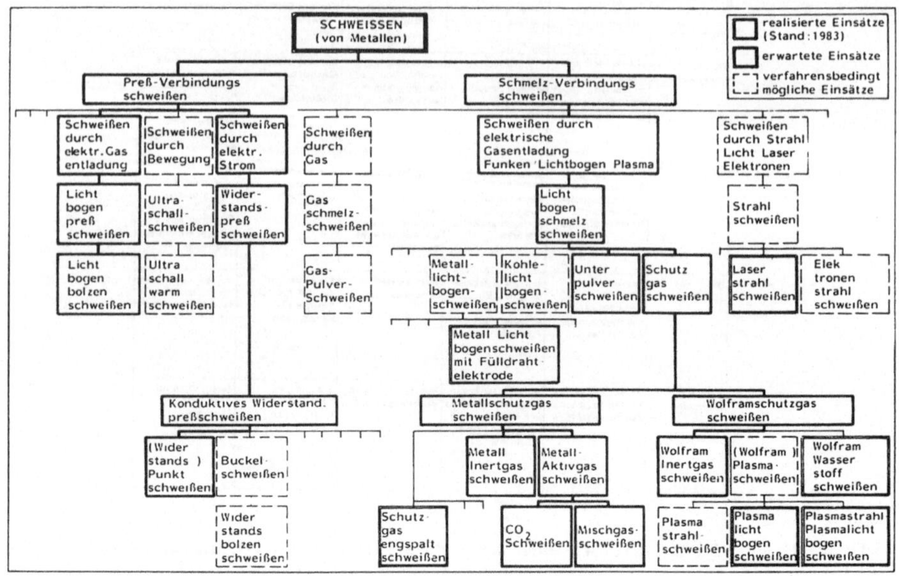

Bild A 1.6: Zuordnung der IR-Einsätze zu den verschiedenen Schweißverfahren nach DIN 1910 /232/

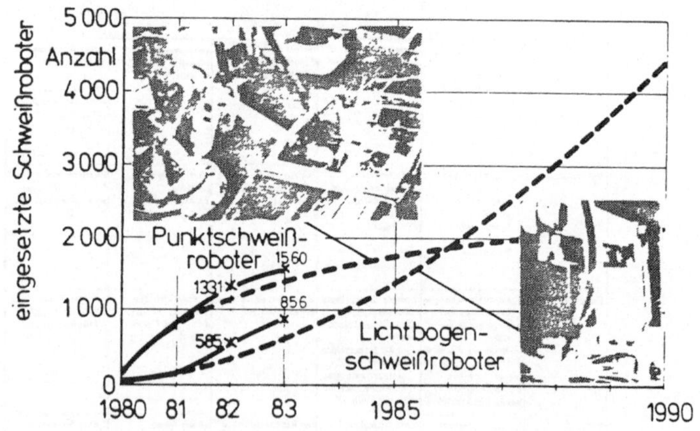

Bild A 1.7: Prognostizierte Einsätze von IR zum Schweißen in der Bundesrepublik Deutschland /233/

IR werden zum Schweißen eingesetzt, aber noch nicht für alle Verfahren (<u>Bild A 1.6</u>). Vor allem für das Lichtbogenschweißen werden
hohe Zuwachsraten erwartet (<u>Bild A 1.7</u>). IR-Systeme zum Schweißen
benötigen grundsätzlich eine Peripherie, die im Prinzip aus der
Schweißeinrichtung und den Positioniereinrichtungen besteht. <u>Bild
A 1.8</u> gibt einen schematischen Überblick.

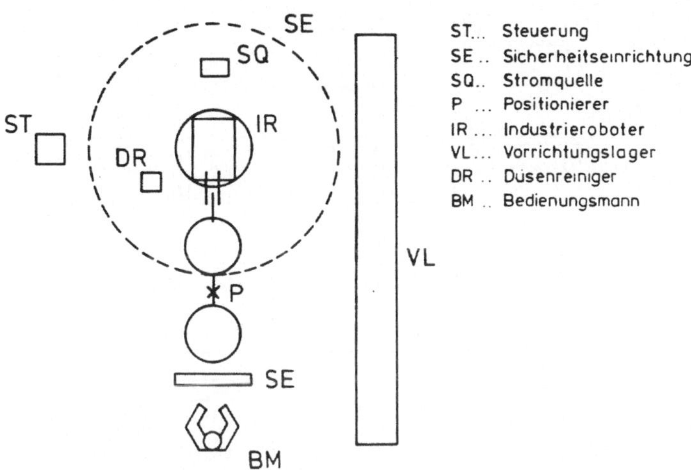

<u>Bild A 1.8</u>: Beispiel eines Layouts für ein IR-Schweiß-
system mit den wesentlichen Komponenten /234/

Schweißstromquellen für das Lichtbogenschweißen mit IR müssen einige spezielle Anforderungen an Programmierbarkeit, Ansteuerungen
und Eigenschaften des Lichtbogens aufweisen /235, 236/. Üblich
ist eine Schweißparameterüberwachung.
Beim Lichtbogenschweißen sind Sensoren zur Nahtsuche und Nahtverfolgung für die Nahtqualität wichtig. Einen Überblick über die
verwendeten Prinzipien gibt <u>Bild A 1.9</u>.
Näher soll an dieser Stelle auf die generelle Technik von Industrierobotern nicht eingegangen werden, da eine umfangreiche Literatur über IR verfügbar ist, sogar als Jugendbuch /238/.

Der Einsatz von Industrierobotern kann unter technischen und arbeitsbezogenen Aspekten sehr unterschiedliche Formen annehmen. In
<u>Bild A 1.10</u> wird eine Morphologie für eine technikbezogene Syste-
matisierung von IR-Einsätzen vorgeschlagen.

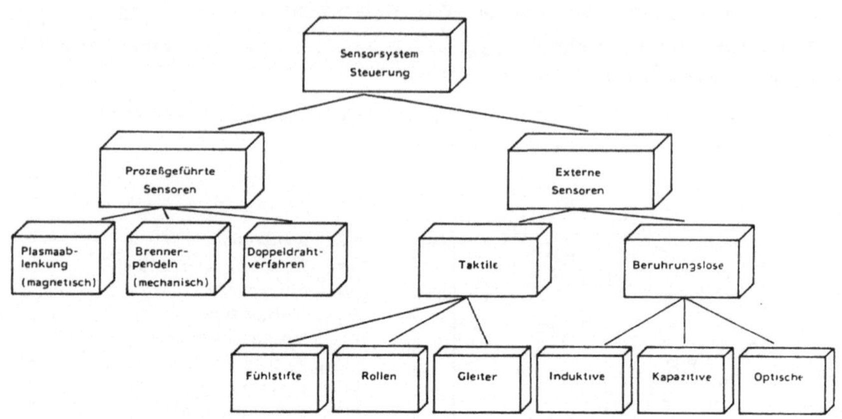

<u>Bild A 1.9</u>: Nahtführungssyteme für Lichtbogenschweißverfahren /237/

HAUPT-KATEGORIE	UNTER-KATEGORIE	MÖGLICHE AUSPRÄGUNGEN							
FUNKTIONEN DES SYSTEMS	FUNKTION DER GERÄTE	WERKZEUGFÜHRUNG				WERKSTÜCKHANDHABUNG			
		TRENNEN	BESCHICHTEN	FÜGEN	....	VERKETTUNG	VEREINZELN ORDNEN POSITIONIEREN	FÜGEN	....
KOMPLEXITÄT DER EINZEL-FUNKTIONEN	ZYKLUS PRO WERKSTÜCK	SEHR KLEIN (WENIGE SEKUNDEN)	KLEIN (BIS CA. 1 MINUTE)	MITTEL (BIS CA. 10 MINUTEN)		GROSS (BIS CA. 1 STUNDE)	SEHR GROSS (MEHRERE STUNDEN)		
	KOMPLEXITÄT DES ABLAUFS	SEHR GERING	GERING	MITTEL		HOCH	SEHR HOCH		
GRÖSSE DES SYSTEMS	ANZAHL DER EINGESETZTEN INDUSTRIEROB	EINZELNES GERÄT	WENIGE GERÄTE (BIS CA 5)	EINIGE GERÄTE (CA. 5 - 20)		VIELE GERÄTE (CA 20 - 50)	SEHR VIELE GERÄTE (CA 50 - 100)	MASSEN EINSATZ (ÜBER 100)	
EINGESETZTE GERÄTE	TRAGLAST KLASSE	≤ 1 kp	≤ 5 kp	≤ 15 kp		≤ 50 kp	≤ 150 kp	>150 kp	
	ACHSEN PRO EINHEIT (IR + PERIPHERIE)	≤ 3	4	5	6	7	8	>8	
	SENSOREN (FUNKTION)	LAGE-ERKENNUNG	KONTUR-ERKENNUNG	OBERFLÄCHEN BEURTEILUNG		ÜBERWACHUNG DER WECHSELWIRKUNG WERKZEUG / WERKSTÜCK		....	
HETEROGENITÄT / HOMOGENITÄT DES SYSTEMS	ANZAHL DER IR FABRIKATE	1 HERSTELLER	2 HERSTELLER	3 HERSTELLER		4 HERSTELLER	>4 HERSTELLER		
	ANZAHL DER STEUERUNGS-FABRIKATE	1 HERSTELLER	2 HERSTELLER	3 HERSTELLER		4 HERSTELLER	>4 HERSTELLER		
	GESAMTANZAHL VON IR TYPEN	1	2	3 - 5		6 - 10	>10		
	UNTERSCHIEDL STEUERUNGEN	1	2	3 - 5		6 - 10	>10		
STRUKTUR-MERKMALE DES SYSTEMS	AUTOMATI-SIERUNGS-LÜCKEN IM PRODUKTIONS-ABLAUF	MANUELLE UNTERSTÜTZUNG DES SYSTEMS				KEINE MANUELLE UNTERSTÜTZUNG			
		WERKSTÜCKHAND-HABUNG (ZUM BEISPIEL EINLEGEN)	PRODUKT-KONTROLLE	HILFSSTOFFE WERKZEUGE		ZWISCHEN-LIEGENDE MANUELLE ARBEITS-GÄNGE	VOLLAUTOMATISCHER ABLAUF		
							ÜBERWACHUNG VOR ORT	FERNÜBER-WACHUNG	
	ZEITSTRUKTUR	ZYKLISCH, TAKTGEBUNDEN	ZYKLISCH, ENTKOPPELT	INTERMITTIEREND					
				VORHERSEHBAR		UNVORHERSEHBAR			
	VERKETTUNG	KEINE	LOSE	FLEXIBEL (z B FTS)		STARR (STRASSE)			
	VERNETZUNG	KEINE	FOLGESTEUERUNG	PROGRAMMSTEUER ÜBER RECHNER		RECHNERNETZ OD HIERARCHIE			
FLEXIBILITÄTS ANFORDERUNGEN AN DAS SYSTEM	HÄUFIGKEIT VON NEUPRO-GRAMMIERUNGEN	SEHR SELTEN (ALLE PAAR JAHRE)	SELTEN (CA EINMAL IM JAHR)	AB UND ZU (MEHRMALS IM JAHR)		HÄUFIG (MINDESTENS EINMAL IM MONAT)	SEHR HÄUFIG (MINDESTENS EINMAL IN DER WOCHE)		
	HÄUFIGKEIT DES UMRÜSTENS	SEHR SELTEN (ALLE PAAR JAHRE)	SELTEN (CA EINMAL IM JAHR)	AB UND ZU (MEHRMALS IM JAHR)		HÄUFIG (MINDESTENS EINMAL IM MONAT)	SEHR HÄUFIG (MINDESTENS EINMAL IN DER WOCHE)		
	HÄUFIGKEIT DES PROGRAMM WECHSELS	SEHR SELTEN (WENIGER ALS EINMAL IM JAHR)	SELTEN (MEHRMALS IM JAHR)	AB UND ZU (MIND EINMAL IM MONAT)		HÄUFIG (MIND EINMAL IN DER WOCHE)	SEHR HÄUFIG (MEHRMALS TÄGLICH)	LAUFEND (BETRIEB IM MODELL MIX)	

<u>Bild A 1.10</u>: Morphologie von Formen des Einsatzes von Industrierobotern

A 1.2   <u>Textuelle Programmierung</u>

Die Firma Carl Cloos Schweißtechnik, Haiger, stellt Industrieroboter vornehmlich zum Schutzgasschweißen her. <u>Bild A 1.11</u> zeigt am Beispiel des Romat 105/106 einige Grunddaten der Spezifikation.

Die Romat Baureihe wird durch die Mehrprozessorsteuerung MPS 085 gesteuert. Diese Steuerung hat eine Programmkapazität von 600 – 700 Raumpunkten, 16 Programme können angewählt werden, Programmierung erfolgt über Handprogrammiergerät und/oder Bedienfeld der Steuerung.

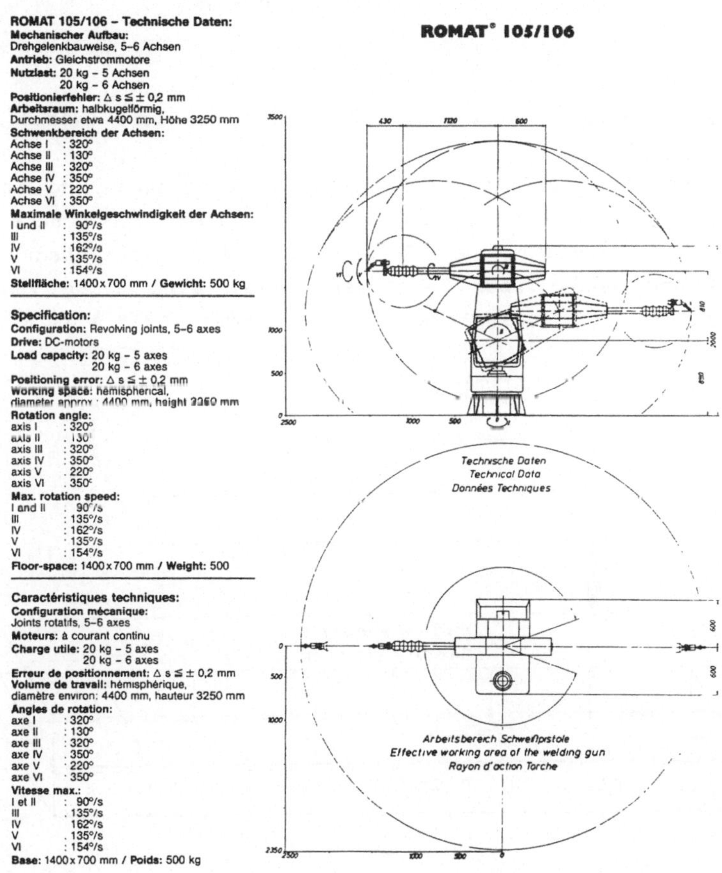

<u>Bild A 1.11</u>:   Spezifikation des Romat 105/106 der Fa. Cloos
(Werkbild)

Bild A 1.12:   Handprogrammiergerät der Baureihe Romat (Werkbild)

Die Programmierung erfolgt als textuelle Programmierung in der Sprache ROLF; Off-Line-Programmierung ist, sofern die Punkte aufgenommen sind, möglich. Der Rechner hat zwei Betriebszustände (Automatik und Hand); über letzteren können eine Reihe von Betriebsarten des Betriebssystems erreicht werden (**Bild A 1.13**).

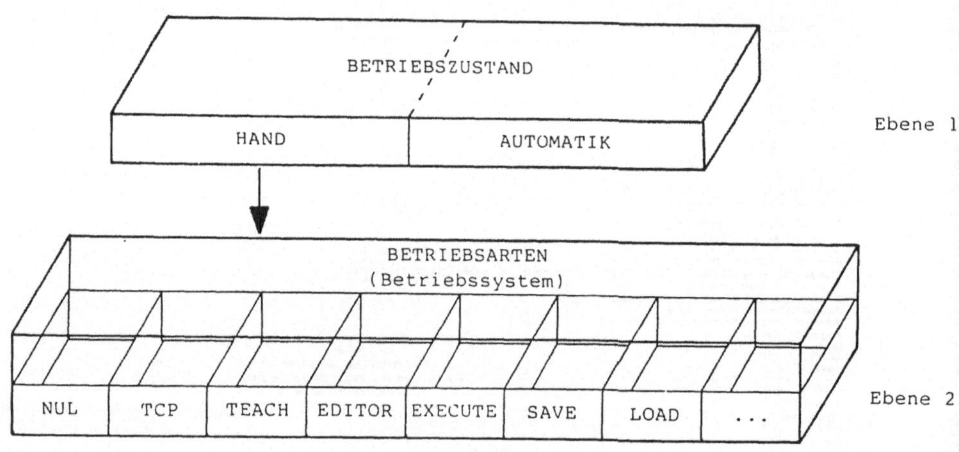

Bild A 1.13:   Ebenen der Rechnernutzung /230/
mit systemspezifischen Befehlen

Die möglichen Übergänge zwischen den verschiedenen Betriebsarten
zeigt <u>Bild A 1.14</u>:

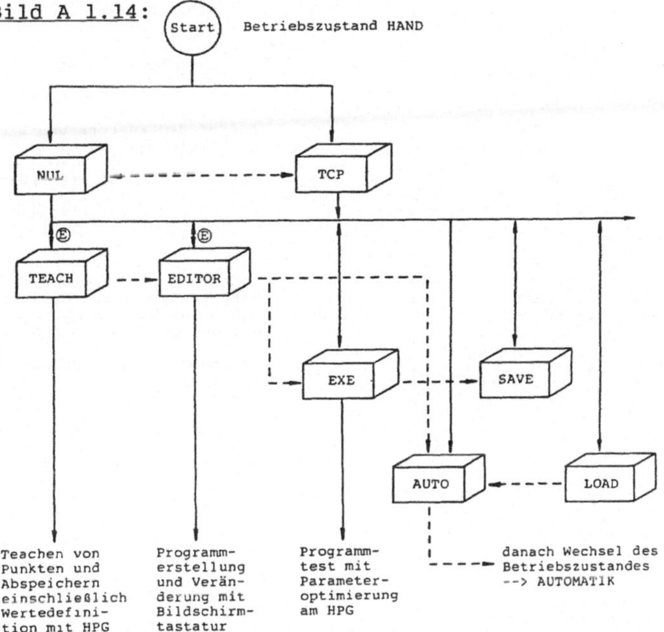

<u>Bild A 1.14</u>:   Zusammenhänge zwischen den Betriebsarten der
Steuerung MPS 085 der Fa. Cloos /240/

Die Programmerstellung erfolgt - unabhängig vom Aufnehmen der
Teachpunkte - in einem Editor (<u>Bild A 1.15</u>).

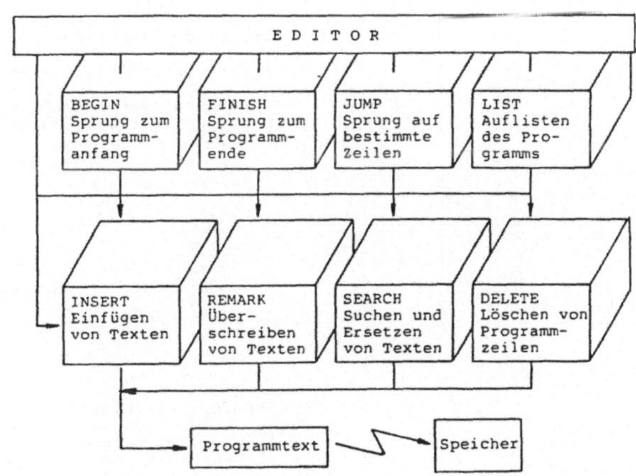

<u>Bild A 1.15</u>:   Kommandos in der Betriebsart Editor /240/

Die Programme sind in einer Blockstruktur aufgebaut. <u>Bild A 1.16</u>
zeigt ein Programmierbeispiel zur Verdeutlichung.

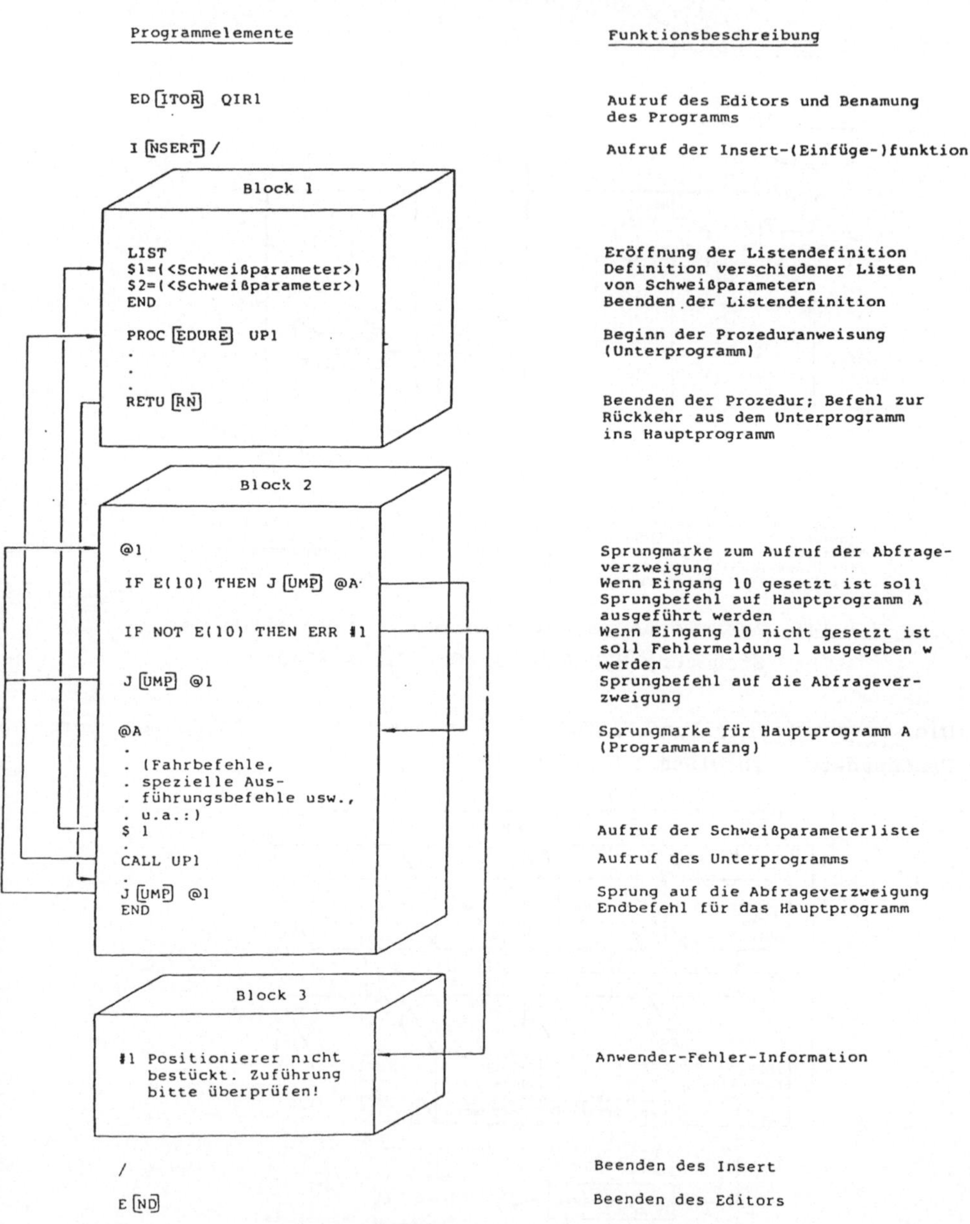

<u>Bild A 1.16</u>: Programmierbeispiel zur Verdeutlichung der
Blockstruktur in der Sprache ROLF /241/

A 1.3   Menü-Programmierung

Der Asea Industrieroboter A 30 A ist ein Knickarmroboter mit 5 oder 6 Achsen in der Grundausstattung. Der Arbeitsraum ist torusförmig. Die Bedienung erfolgt über Taster am Steuerschrank und über eine menügeführte Tastenprogrammierung (soft-key) am Programmierhandgerät. Das Verfahren des IR geschieht über einen joy-stick.

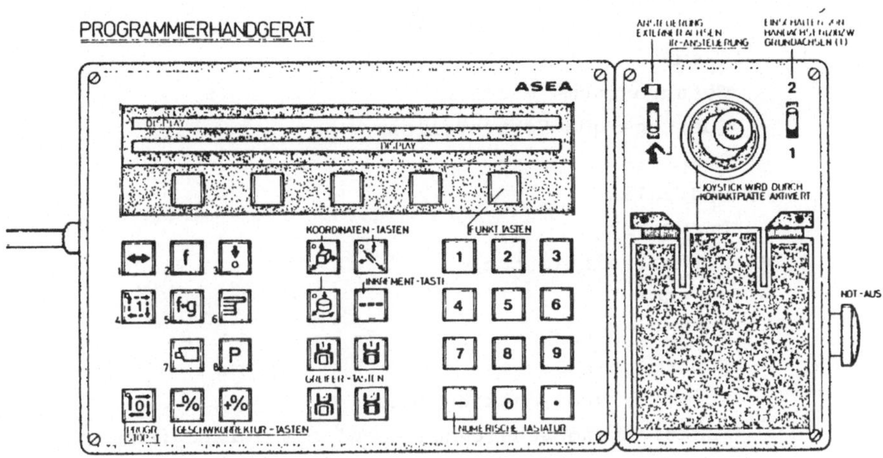

<u>Bild A 1.17</u>: Programmierhandgerät Asea /242/

Im Asea IR-System können 4 verschiedene Koordinatensysteme benutzt werden:

- kartesisches Koordinatensystem mit Ursprung im Sockel des IR;
- kartesisches Koordinatensystem mit Ursprung im Flansch der IR-Hand;
- zylindrisches Koordinatensystem mit Ursprung im Sockel des IR und
- das Achs-Koordinatensystem.

Je nach Koordinatensystem löst eine Betätigung des Steuerknüppels unterschiedliche Bewegungen aus (z.B. lineare oder rotatorische). Die Programmierung erfolgt über eine Menüwahl mit 5 Feldern wechselnder Belegung und 6 Funktionswahltasten, so daß die nähere Darstellung hier zu weit führen würde.

A 2   <u>Kenntnisinhalte und praktische Erprobung</u>

Im folgenden werden in Ergänzung zur Darstellung in Bild 3.8
Kenntisinhalte für eine Qualifizierung zum IR-Lichtbogenschweißen
aufgelistet. Mit der Benennung der Kenntnisinhalte ist immer auch
das Wissen um ihre Anwendung für das Schweißen von Werkstücken
mittels IR gemeint.

<u>Kenntnisfelder</u>

1   <u>Arbeitssicherheit IR</u>

      1.1   Risiken

- Gefahrenraum

- Quetsch- und Scherstellen

- Elektrik

- Hydraulik

- Pneumatik

      1.2   Sicherheitseinrichtungen

- NOT-AUS

- Abschrankungen

- Trittmatten

- Schweißpistolenabschaltung

- Funktion und schaltungstechnische Verknüpfung
  von Sicherheitseinrichtungen

      1.3   Vorschriften

      1.4   Verhaltensregeln

2   <u>Grundkenntnisse IR</u>

      2.1   <u>Aufbau und Funktion</u>

          2.1.1 Steuerschrank

Leistungsteil

Rechner

          2.1.2 Arm

Achsen, Beweglichkeiten (Kinematik), mechanische

und elektrische Endanschläge, Arbeitsraum,

Bewegungsraum, Gefahrenraum

Antriebe (Art, Ort)

Meßsystem (z.B. Resolver)

Maschinenleistungsdaten (Geschwindigkeiten, ge-
rätespezifische Koordinatensysteme, Tragkraft)

2.1.3 Steuerungsarten

PTP, CP, Synchron PTP

2.1.4 Steuerung

Ein/Ausgänge (Art, Belegung)

Schnittstellen, Spezifikationen

Betriebszustände der IR-Steuerung

2.2 <u>Bedienelemente und Anzeigen</u>

2.2.1 Bedienfeld am Steuerschrank

2.2.2 Terminal

2.2.3 Handprogrammiergerät

2.2.4 Schalter, Tasten, Anzeigen (Bedeutung und
Funktionen)

2.3 <u>Bedienroutinen</u>

2.3.1 Ein-/Ausschalten

Prüfpunkte (z.B. Energieversorgung, Zustände)

Ablauf

Fehlhandlungen, deren Konsequenzen

2.3.2 Referieren

2.3.3 Automatikbetrieb starten

2.3.4 Programm laden, Dateiverwaltung

2.3.5 Häufige Bedienfehler

2.3.6 Verhalten im Fehlerfall

Fehlermeldungen

"Panikreaktion" (NOT-AUS)

Fehlersuchstrategien

2.4 <u>Verfahren von Hand</u>

2.4.1 Bedienelemente

2.4.2 Verfahrtechnik (über Tasten bzw. joy-stick)

Kollisionsmöglichkeiten

Zeitökonomische Vorgehensweisen zum Verfahren

(z.B. Wechsel CP/PTP)

Genauigkeit

Achsanschläge, "Glatze"

EDITOR
- Funktionen zum Erstellen, Ändern, Einfügen,
  Erweitern, Kombinieren, Aufrufen, Abspeichern
  von Programmen oder Programmteilen
- Verfahren nach Programm

Codierung

Syntaxtest

Verfahrtest

Methodische Hilfsmittel (schriftliche Notizen,
Unterlagen, Fehlermeldungen, Testmöglichkeiten)

3.7 <u>Zusatzbefehle</u>

3.7.1 Ein/Ausgänge

3.7.2 TCP

3.7.3 Bandsynchronisation

3.7.4 Mustergenerierung (Parameterprogrammierung)

3.8 <u>Verfahrtest</u>

3.8.1 Befehle

3.8.2 Beurteilung des Verfahrtestes

3.8.3 Risiken beim Verfahrtest

3.9 <u>Fehler</u>

Der genaue Inhalt dieses Kenntnisbereiches hängt mehr
als alle anderen Bereiche von der Gerätetechnik vom
Werkstück, und von der Arbeitsorganisation ab; er ist
deshalb in Bild 3.8 nicht weiter aufgenommen worden.

3.9.1 Einrichtefehler

Bedienfehler

Systemfehler

3.9.2 Fehlererkennung

Anzeigen und Kontrolleuchten

- Bedienfeld

- Bildschirm (Fehlercode!)

- Steuerschrank (Netzteil, Interface-Karten,
  Achsrechner, Leistungselektronik)

- TCP

- mechanische Kontrolle und Korrektur

- programmtechnische Kontrolle und Korrektur

3.9.3 Fehlerquellen

- Zustand des Rechners (Einschaltroutine)

- Bewegungsprogramm

- Programmverwaltung

- Systemprogramm

5.1.5 Positionieren
      Bedienelemente
      Ansteuerung
5.1.6 Reinigungsstation
5.1.7 Schweißbrenner
      Gasdüse, Stromkontaktrohr (Sauberkeit, Verschleiß)
5.1.8 Hilfsenergiezufuhr (z.B. Druckluft)
5.1.9 Lichtbogenüberwachungssystem

5.2 <u>Werkstückvorbereitung und -beurteilung</u>
5.2.1 Schweißfolgeplan (Symbole und Begriffe)
      Nahtformen (Kehlnaht, V-Naht etc.)
      Nahtausführung (Hohlnaht etc.)
      Stoßarten
      Nahtmaße
      Schweißpositionen (w, h, ...)
      Schutzgasart
      Zusatzwerkstoffe
5.2.2 Nahtvorbereitung
      Kriterien und Toleranzen (Vorbereitungsmaße, Normen)
      Bearbeitungsverfahen der Nahtvorbereitung
      Fertigkeiten bei der Nahtvorbereitung
      Werkstoffeigenschaften
5.2.3 Nahtbeurteilung
      Schweißfehler
      Verfahren und Kriterien der Beurteilung (Sicht-prüfung, Röntgen, metallographische Schliffe etc.)
      Fehleranalyse, Fehlerursachen
5.2.4 Nacharbeit

5.3 <u>Physikalisch-technische Grundlagen des Schweißens</u>

5.3.1 Elektrotechnik/elektrischer Strom
      Stromarten,
      Wirkung des elektrischen Stroms
      Ohmsches Gesetz
      Gleichrichtung
      Trafo

5.3.2 Lichtbogen
        Lichtbogenarten
        Wirkungsweise des Lichtbogens (Materialübergang)
5.3.3 Kennlinien
        Kennlinien der Stromquelle
        Kennlinie des Lichtbogens
        Kennlinienformen
        Arbeitspunkt
5.3.4 Einflüsse auf die Nahtqualität
        - 1 Werkstück
              Vorbereitung
              Material
              Verzug
        - 2 Lichtbogen
              Draht (Material, Stärke, Beschaffenheit)
              Drahtvorschub
              Kennlinie der Stromquelle
              Drossel
              Gasgemisch
              Form des Lichtbogens
              Länge des Lichtbogens
        - 3 Brennerhaltung
              stechend/schleppend
              Mittigkeit
              Höhe
        - 4 Schweißgeschwindigkeit
        - 5 Schutzgas
              Menge
              Gemisch
        - 6 Badlage
        - 7 Kontaktrohrabstand
        - 8 Impulsdaten

6   <u>Kenntnisse der Schweißprogrammierung</u>

6.1   <u>Wahl der Schweißparamter</u>
      Nahtanfangsverzögerung
      Drahtvorschub
      Strom/Spannung

A 3   Entwurf einer qualifikatorischen Anforderungsanalyse

Ziel der hier vorzunehmenden Analyse der Qualifikationsanforderungen beim Bedienen und Programmieren von Industrierobotern zum
Lichtbogenschweißen ist erstens die Identifikation der relevanten
Kenntnisse und Fertigkeiten und zweitens das Erkennen von solchen
Strukturmerkmalen der psychischen Regulation dieser Tätigkeiten,
die Einfluß auf das Lern- und Arbeitshandeln der Zielgruppe haben
und somit für die Konzeption von Qualifizierungsmaßnahmen bedeutsam sind. Beide Ausrichtungen sind erforderlich. Die eine primär
für die Festlegung der Lerninhalte, die andere primär für die
Strukturierung der Lerninhalte und für die anzuwendende Methodik
der Vermittlung. Hierfür wird eine Methode entwickelt und exemplarisch erprobt.

A 3.1   Zum Stand der qualifikatorischen Anforderungsanalyse

Die überwiegende Mehrzahl der verfügbaren Verfahren der Arbeitsanalyse /243 bis 248/ ist auf andere Zwecke als den hiesigen ausgerichtet. Die Verfahren der Arbeitsbewertung und Arbeits(platz)-
klassifizierung /249/ und weitgehend auch der psychologischen Arbeitsanalyse sind darauf abgestellt, die reale Tätigkeit auf einige wenige Skalenwerte - z.B. für Zwecke der Entgeltfindung oder
für den Vergleich von Arbeitsplätzen - zu reduzieren. Ihre Kategorien sind zudem selten näher begründet (vgl. /250, 251/). Die
Verfahren der subjektiven Arbeitsanalyse (SAA, /252/ sowie die
motivationstheoretisch (JDS, /253/) oder ergonomisch begründeten
Verfahren (AET, /254/) sind von den Analysekategorien her hier
nicht geeignet. Auch psychologische Analyseverfahren haben Grenzen: Der FAA /255/ ist nicht für curriculare Zwecke ausgelegt und
erlaubt auch in der von Witzgall entwickelten Auswertungsstrate-
gie nur relativ globale Aussagen über das Regulationsanforde-
rungsprofil /256/. Zudem kann der FAA als Breitbandinstrument
aufgrund der Item-Auswahl keinen Beitrag zur Binnendifferenzierung von Programmiertätigkeiten leisten. Das Verfahren VILA/VERA
/257/ erscheint für unsere Zwecke als zu speziell und zu aufwendig. Der TAI /258/ ist ebenfalls recht aufwendig und bedarf angesichts seiner Skalenbildung und teilweisen Nähe zum FAA der Ergänzung durch andere Instrumente, um konkrete Inhalte qualifizie-
rungsrelevant erfassen zu können. Das TBS /259/, ist für Bedien-,
Montage- und Überwachungstätigkeiten ausgelegt /260/. Es versteht Programmiertätigkeiten nur als ein Beispiel von Vorberei-
tungstätigkeiten /261/ und ist nicht für Tätigkeiten mit "domi-
nant schöpferischem Anteil" ausgelegt /262/. Seine Sammelskala D

für kognitive Leistungen /263/ erscheint demzufolge allenfalls als Klassifizierungs-, nicht aber als Differenzierungshilfe geeignet. Trotz differenziert vorliegender Gütekriterien des Verfahrens /264/ erscheint das TBS hier also nicht angemessen zu sein, zumal seine Gestaltungsorientierung auf die Ausführungsbedingungen und den Arbeitsauftrag /265/ und nicht auf die individuellen Leistungsvoraussetzungen zielt. Ansätze aus der Pädagogik wie der Leitfaden von Ferner /266/ oder die kognitive Taxonomie von Bloom /267/ sind für die Erfassung der Lehrinhalte bzw. ihrer Strukturierung zwar hilfreich, aber nicht ausreichend differenzierungsfähig.

Der Stand der Qualifikationsanforderungsanalyse für die hier vorliegende Fragestellung ist also vor dem Hintergrund von theoretischen Abwägungen (vgl. /12/) so zu bewerten, daß
1. kein direkt geeignetes Analyseverfahren verfügbar ist,
2. handlungstheoretisch fundierte Ansätze zwar Strukturierungshilfen zur Identifikation von Regulationsprozessen, aber kaum direkt einsetzbaren Skalen liefern, und daß
3. pädagogische Verfahren nur bestimmte Aspekte abdecken.

Es wird deshalb im folgenden versucht, einen eigenen Ansatz im genannten theoretischen Rahmen zu entwickeln, der dem Gegenstand (IR-Lichtbogenschweißen) und der Zielsetzung (adäquate Qualifizierungsmaßnahmen) angemessen ist und vom Erhebungs- und Auswertungsaufwand her vertretbar ist.

A 3.2   <u>Analyse von Kenntnisanforderungen</u>

Zweck der Analyse der Kenntnisanforderungen beim Lichtbogenschweißen mit IR ist die möglichst vollständige Sammlung und sachlogisch korrekte Strukturierung der für eine forderungsgerechte Arbeitsausführung erforderlichen Kenntnisinhalte im Hinblick auf die Entwicklung eines geräte- und fabrikatsübergreifenden Kurses der Anpaßqualifizierung an IR. Es kommt also nicht darauf an, einen speziellen Fall sehr vertieft zu analysieren oder Statistik über eine Vielzahl von Fällen hinweg zu treiben. Dies auch deshalb, weil ein betriebs- und fabrikatsübergreifender Kurs schon aus ökonomischen Gründen nicht die ganze Breite des Spek-

trums an Kenntnisanforderungen beim IR-Lichtbogenschweißen abdecken könnte.

Wichtig ist vielmehr, die Vereinigungsmenge all der Kenntnisinhalte zu identifizieren, die für die forderungsgerechte Bewältigung von Lichtbogenschweißarbeiten mittels Industrierobotern erforderlich sind, sofern nicht Besonderheiten des Werkstoffes, des
Werkstücks oder der Qualitätsanforderungen auftreten. Deshalb
wurde für die Analyse ein Werkstück zugrunde gelegt, wie es in
der BI-Prüfung verwendet wird.

Die Analyse der Kenntnisanforderungen ist also primär auf den
Aufbau einer aufgabenbezogenen Sachlogik auszurichten. Eine Klas-
sifizierung oder gar Quantifizierung von Kenntnisinhalten wird
nur insoweit als zweckmäßig angesehen, als sie hilfreich ist,
Schwerpunkte der Kenntnisanforderungen zu identifizieren. Eine
Taxonomisierung nach Art von Lernzielanalysen (z.B. bei Bloom)
wird hier nicht für zweckmäßig gehalten, da die Strategie der
Qualifizierung über die Definition von Aufgaben entsprechende
Strukturierungen leistet.

Voraussetzung einer derartigen Analyse ist die Kenntnis einer Anzahl entsprechender Arbeitsaufgaben. Dies ist hier durch die Vorarbeiten im Projekt QIR /32/ gegeben. Aufgrund dieser Vorarbeiten wurde ein typischer Arbeitsablauf beim IR-Schweißen entwickelt (Bild 3.4), der alle notwendigen Arbeitsschritte für das
IR-Schweißen von Teilen enthält, die in ihren Anforderungen einem
Werkstück entsprechen, wie es von der SLV-Fellbach für die BI-
Prüfung zugrunde gelegt wird. Bei Besonderheiten des Werkstoffes,
des Werkstückes oder der Qualitätsanforderungen verschieben sich
die Analyseergebnisse u.U.. Es wird aber nicht als Aufgabe dieser
Arbeit gesehen, hier eine breitere produkt- und betriebsspezi-
fische Differenzierung einzuführen. Ziel ist vielmehr, eine Methodik zu entwickeln und diese exemplarisch für eine Problemlösung anzuwenden.

Vor dem Hintergrund dieser Sachlage wurde die folgende Vorgehensweise für die Analyse der Kenntnisanforderungen entwickelt, die
sich als zweckmäßig erwiesen hat:

1. Festlegung einer typischen Arbeitsaufgabe mit den Randbedingungen ihrer Bewältigung. Die Aufgabe soll ganzheitlich und von mittlerer Komplexität und Schwierigkeit sein, damit einerseits alle wichtigen Anforderungen auftauchen und andererseits nicht extreme Probleme in die Analyse eingebaut werden.

2. Gliedern der Arbeitsaufgabe in eine Folge von nicht zu klein bemessenen Teiltätigkeiten oder Arbeitsschritten der Aufgabenbewältigung, wobei weniger deren genaue Sequenz als vielmehr deren inhaltliche Abgeschlossenheit wichtig ist.

3. Zuordnung der offensichtlich erforderlichen Kenntnisse zu den einzelnen Schritte der Problembearbeitung; am einfachsten mit Überprüfung durch Selbstbeobachtung bei der eigenen Arbeitsausführung. Problemspezifisch werden hier u.U. andere Unterteilungen des Bearbeitungsablaufes zweckmäßig sein als im hiesigen Beispiel des Lichtbogenschweißens. Es sind verfahrens- und gerätebezogene Kenntnisanforderungen zu berücksichtigen.

4. Systematisierung der Kenntnisinhalte unter sachlogischen Gesichtspunkten und Zuordnung von erforderlichen und/oder wünschenswerten Grundlagenkenntnissen. Dazu sind selbstverständlich zusätzliche Informationsquellen wie z.B. Bedienungsanleitungen oder Lehrbücher zu nutzen. Es wird eine hierarchische Struktur aufgebaut, die in Stichworten bis zu operational nutzbaren Kenntnisbestandteilen ausdifferenziert ist. Die Arbeitstechnik der "Spinne" (Bild 3.9) ist nicht zwingend; es genügt auch eine normale Dezimalgliederung, ggf. mit Verweisen auf Bedienungsanleitungen, Handbücher oder firmeninterne technische Unterlagen wie z.B. Einrichteanweisungen.

5. Für die weitere Bearbeitung wird die sachlogische Systematik in abgeschlossene, in etwa gleichgewichtige Kenntnisfelder gegliedert. Dabei kommt es weniger auf die gleichmäßige Belegung der hierarchischen Struktur als vielmehr auf die Identifikation von Blöcken an, die inhaltlich geschlossen sind.

6. Inhaltliche Analyse und numerische Einstufung der einzelnen
   Arbeitsschritte oder auch Arbeitsfelder danach, wie differenziert die einzelnen Kenntnisfelder für eine forderungsgerechte Arbeitsausführung erforderlich sind und wie intensiv sie
   genutzt werden. Diese Analyse ist auch eine Kontrolle, ob bestimmte Kenntnisse tatsächlich erforderlich sind und inwieweit eine Routinisierung der Kenntnisanwendung anzustreben
   ist.

7. Identifikation von Schwerpunkten der Kenntnisanforderungen
   nach Arbeitsfeldern und Kenntnisfeldern, Aufstellen des Maximalprofils der Kenntnisanforderungen.

In der Analyse der Kenntnisanforderungen kommt es deshalb sehr
auf Differenziertheit und Konkretheit an.

Für die numerische Einstufung gilt folgendes:

1. Pro Arbeitsschritt und pro Element eines Kenntnisfeldes wird
   eingestuft.
2. Eingestuft wird auf einer Sammelskala von 0 (trifft nicht zu,
   völlig unwesentlich) bis 5 (sehr wichtig).
3. Die Einstufung berücksichtigt primär die Wichtigkeit und Erfordernis der Verfügbarkeit und Anwendung der jeweiligen
   Kenntnisse für den betreffenden Arbeitsschritt. Sofern das
   fragliche Kenntnisgebiet sehr umfangreich oder kompliziert
   ist oder wenn die Kenntnisse sehr exakt und differenziert
   verfügbar sein müssen, ist eher höher (um eine Stufe) einzustufen (und vice versa).

Diese Art der Einstufung mag zwar eine gewisse Unschärfe mit sich
bringen (die im übrigen bei Verfahren wie FAA oder AET ebenfalls
gegeben und dort explizit zulässig ist); sie vermeidet aber das
wesentlich schwierigere Problem der Gewichtung der verschiedenen
Kenntnisgebiete nach Kriterien wie Umfang, Abstraktheit/Konkret-
heit, Exaktheit, Differenziertheit. Für die Interpretation bedeutet dies, daß man die Daten nicht mit Scheingenauigkeiten arith-
metisch verknüpfen sollte. Es kommt darauf an, durch Aggregation
Strukturen zu erkennen, nur diese sind wichtig. Eine Interpretation von numerischen Differenzen ist also nur dann zulässig, wenn

diese mehrere Skalenwerte betragen. Die Einzelheiten der Arithmetik werden zusammen mit der Arithmetik der Strukturmerkmale behandelt.

A 3.3 Qualifizierung, psychologisches Handlungsmodell und Qualifikationsanforderungsanalyse

Qualifizierungsmaßnahmen für industrielles Arbeiten zielen darauf ab, die individuellen Leistungsvoraussetzungen für ein forderungsgerechtes Arbeitshandeln herzustellen oder zu verbessern. Bei kraft- und geschicklichkeitsbetonten Tätigkeiten zielt die Qualifizierung eher auf den Erwerb von Fertigkeiten, bei kognitiv bestimmten Tätigkeiten zielt sie eher auf eine Verbesserung der psychischen Regulationsgrundlagen vor allem auf der intellektuellen, z.T. auf der perzeptiv-begrifflichen Regulationsebene ab. Für die Entwicklung, Begründung und theoretische Anbindung der im folgenden verwendeten analytischen Kategorien wurde deshalb ein erweitertes Modell der psychischen Regulation entwickelt, das für unsere Zielsetzung besser geeignet zu sein scheint als die verfügbaren. Ausgangspunkt der Überlegungen ist die psychologische Handlungstheorie.

"Die wirksame Funktionseinheit der (Arbeits-)Tätigkeit ist der Rückkopplungskreis" /268/, darstellbar als TOTE- oder VVR-Einheit (vgl. Bild A 3.1).

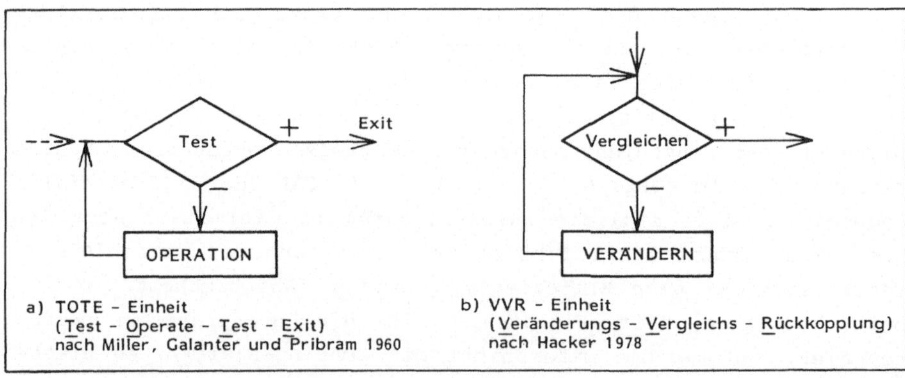

Bild A 3.1: TOTE- und VVR-Einheit /269/

Der in den VVR- bzw. TOTE-Einheiten wesentliche "Vergleich" ist realiter komplexer, als die Grafiken dies nahelegen. Es wird deshalb ein erweitertes Modell vorgeschlagen, in dem der "Vergleich" differenziert wird in "Analyse und Diagnose" sowie "Entscheidung und Beurteilung". Dieses erweiterte Modell der psychischen Rückkopplung steht im Kontext von operativem Abbildsystem und übergeordneten Regulationsprozessen (vgl. Bild A 3.2).

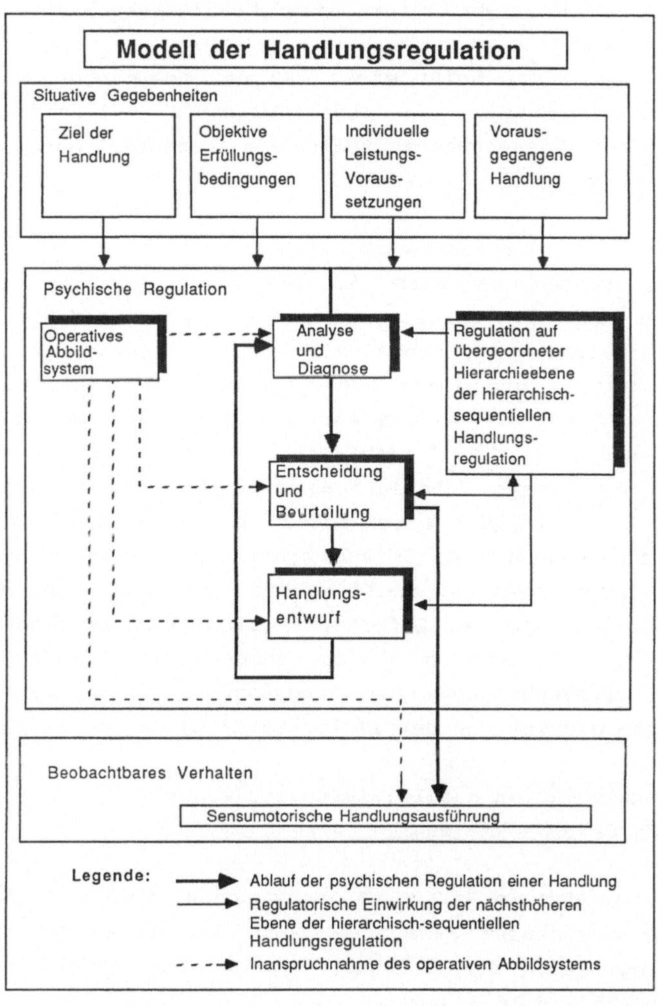

<u>Bild A 3.2</u>: Vorschlag für erweitertes Modell der psychischen Regulation

Das Modell besagt im wesentlichen folgendes:

Das _Ziel_ der Handlung entstammt der nächsthöheren Ebene der Zielhierarchie. Die psychische Regulation entwickelt unter Berücksichtigung der objektiven Erfüllungsbedingungen (also z.B. Betriebsmittel, Arbeitsorganisation), der individuellen Leistungsvoraussetzungen (Motivation, Kompetenz, Kraft, Geschicklichkeit)
und vorausgegangener Handlungen einen Handlungsentwurf.

Konstruktiv gewendet heißt dies, daß bei geeigneter Stufung von
Umfang und Schwierigkeit der regulatorischen Teilvorgänge und der
erforderlichen Wissensbestandteile ein besserer Lernfortschritt
zu erwarten ist.

Für die Qualifikationsanforderungsanalyse der zu lehrenden Arbeitstätigkeit bedeutet dies, daß sie sowohl auf die Anforderungen an die konkreten Inhalte des OAS als auch auf die regulatorischen Anforderungen der Handlungen selbst (Analyse, Entscheidung,
Handlungsentwurf) und ihrer übergeordneten Regulation ausgerichtet sein muß. Für die Zwecke der Qualifizierung reicht es dabei
aus, die entsprechenden Merkmale zu identifizieren und zu klassifizieren. Die nähere Untersuchung der genaueren regulatorischen
Algorithmen und Abläufe erscheint hier nachgeordnet, da sie erstens in dem entstehenden Umfang nicht mehr praktisch vermittelbar sind und da zweitens nicht zuletzt aufgrund interindividuel-
ler Unterschiede und der Erfordernis situationsbezogener Flexibilität des Handelns eine zunehmende Selbstregulation des Lernenden
auf allen Hierarchieebenen der Regulation anzustreben ist. Dem
widerspräche die Vorgabe detailliertester Algorithmen.

A 3.4   Analytik von qualifizierungsrelevanten
         Strukturmerkmalen

Ausgehend von dem in A 3.2 vorgeschlagenen Modell wurde deshalb
eine relativ einfache Kategorisierung von Strukturmerkmalen der
Handlungsregulation bei stärker kognitiv bestimmten Tätigkeiten
entwickelt (vgl. _Bild A 3.3_).

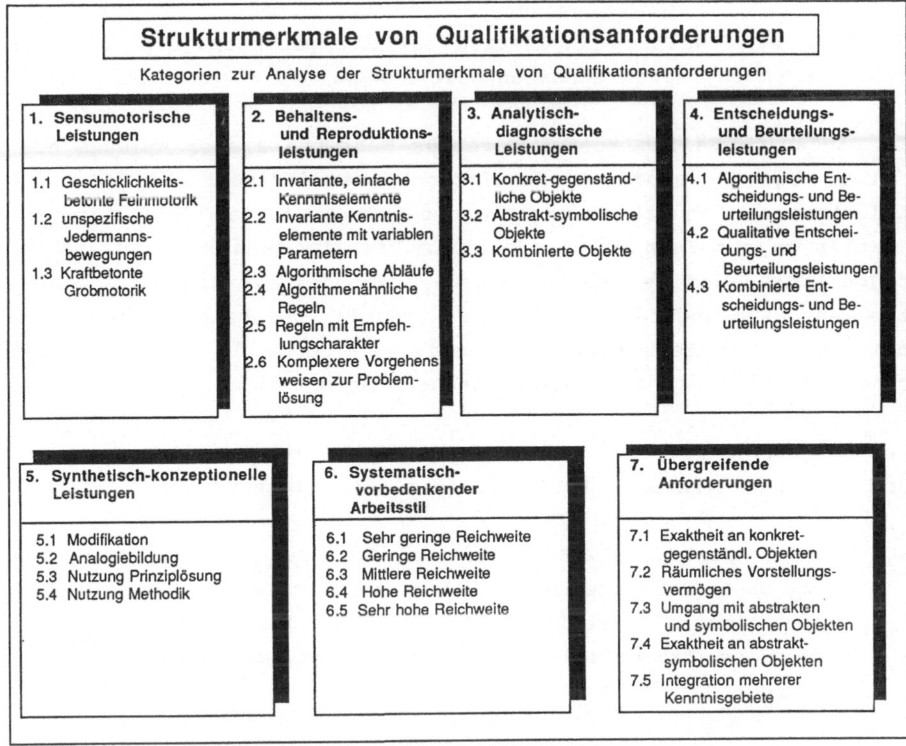

<u>Bild A 3.3</u>: Kategorien zur Analyse der Strukturmerkmale von Qualifikationsanforderungen

Dies geschieht durch eine Analyse der Sachlage, der Ziel-Mittel--Weg-Verhältnisse und der Identifikation von Rahmenbedingungen der Handlung (<u>"Analyse und Diagnose"</u> der vorgefundenen Sachlage). Dazu werden Wissensbestandteile über die Arbeit etc. aus dem OAS herangezogen. Aufgrund der Analyse werden im allgemeinen <u>Entscheidungen und Bewertungen</u> über Relevanz, Richtigkeit oder Merkmalsausprägungen von Elementen der Arbeit getroffen. Aufgrund dieser geistigen Strukturierung der vorgefundenen Sachverhalte im Hinblick auf die Zielsetzung wird - zunächst hypothetisch - die auszuführende <u>Handlung entworfen.</u> Diese wird im Vergleich mit den Wissenbestandsteilen aus dem OAS auf Machbarkeit, Zweckmäßigkeit, Risiken, Ökonomie und Notwendigkeit weiterer Detaillierung geprüft (<u>Analyse und Diagnose</u> des Handlungsentwurfs). Danach wird über die motorische Handlungsausführung <u>entschieden</u>, die dann durchaus eine weitere Regulation auf der perzeptiv-begrifflichen oder sensumotorischen Ebene enthalten kann.

In einfachen Fällen können durchaus Schritte dieses Ablaufs entfallen. Die übergeordnete Regulation, wie differenziert diese intellektuelle Regulation unmittelbar bevorstehender Handlungen nun jeweils zu erfolgen hat, erfolgt im Prinzip nach einem gleichartigen Prozeß auf der nächsthöheren Ebene der hierarchisch-sequentiellen Handlungsregulation. Das Modell beinhaltet also eine hierarchische Iteration, deren unterste Ebene durch die praktische, motorische Handlungsausführung bestimmt ist.

Der qualifizierungspraktische Vorteil dieses Modells gegenüber dem einfachen VVR-bzw. TOTE-Einheiten ist folgender:

1. In der Qualifikationsanforderungsanalysen müssen keine zusätzlichen Prozesse bzw. Kategorien ("Orientieren", "Richten", "Kontrollieren", /270/) herangezogen werden, da die verwendete Kategorisierung Analyse/Entscheidung/Handlungsentwurf sehr weit trägt.

2. Die entsprechende Strukturierung des Arbeitshandelns macht dieses kommunikabel und erleichtert es dem Trainer in Qualifizierungsmaßnahmen zu erkennen, worauf Fehler in der Handlungsausführung zurückzuführen sind.

A 3.4.1 <u>Kategorie "Systematisch-vorbedenkender Arbeitsstil"</u>

Die Kategorie "Systematisch-vorbedenkener Arbeitsstil" beschreibt alle diejenigen Regulationsvorgänge auf den Ebenen oberhalb der unmittelbaren Handlungsregulation, also die "Meta-Regulation" oder die übergeordnete, weiterreichende Regulation im Modell der hierarchisch-sequentiellen Handlungsregulation.

Anforderungen an einen systematisch-vorbedenkenden Arbeitsstil liegen dann vor, wenn ein unreflektierter, naturwüchsiger Handlungsentwurf in der Ausführung mit hoher Wahrscheinlichkeit nicht zum Erfolg führt. Mit zunehmender Erfahrung und bestimmten Aufga-

benstellungen können derartige Regulationsvorgänge durchaus habi-
tualisiert werden, bleiben aber bewußtseinsfähig.

Die Kategorie entspricht der "Regulation auf übergeordneten Hierarchieebenen" im Modell in Abschnitt A 3.3.

Entsprechend dem hierarchisch-sequentiellen Modell der Handlungsregulation wird die Kategorie nach der Reichweite der erforderlichen Antizipation von (Teil-)Handlungen und der damit im allgemeinen verbundenen Zunahme an Anzahl und Vernetztheit der zu berücksichtigenden Einflußfaktoren auf Analyse, Entscheidungen und
Handlungsentwürfe unterteilt.

Im vorliegenden Fall werden fünf Abstufungen unterschieden, die
nach dem Grad der Wichtigkeit eines systematisch-vorbedenkenden
Arbeitsstils für die Effektivität und Effizienz des Handelns (Leistungsdifferenzierung) in jeweils fünf Ausprägungen eingestuft
werden. Entsprechend dem hierarchisch sequentiellen Modell der
Handlungsregulation setzt damit bei eine Handlungsregulation höherer Reichweite und Komplexität eine solche niedrigerer voraus,
so daß die jeweils niedrigere Stufe immer mit einzustufen ist.

0: Ein eigenständiges Handlungsziel ist bei üblichem Handlungsab-
    lauf nicht erkennbar; eine differenzierte intellektuelle Regu-
    lation ist nicht erforderlich.
    Beispiel: Griff nach einem einfach zu erreichenden und zu
    greifenden Gegenstand des täglichen Gebrauchs, Drücken eines
    Bedienknopfes.

1: <u>Sehr geringe Reichweite</u>

    Die intellektuelle Handlungsregulation erstreckt sich nur auf
    unmittelbar bevorstehende Handlungsvollzüge, es sind nur weni-
    ge Parameter der Situation aus dem Gedächtnis zu beachten, ei-
    ne Habitualisierung kann recht schnell erfolgen (Regulations-
    hierarchieebene 1).
    Beispiel:
    Verfahren der Achsen eines Industrieroboters mit Tasten oder
    mit joy-stick.
    Ziel der Regulation ist die Richtung des Verfahrens. Achsbe-
    zeichnungen und Verfahrrichtungen müssen reproduziert oder er-
    kannt werden. Es ist zu analysieren, welche Achsbezeichnung
    der gewünschten Richtung entspricht. Der Handelnde muß sich
    auf eine bestimmte Achsbezeichnung festlegen (Entscheidung).
    Die Handlungsausführung beinhaltet die Betätigung der Tasten
    bzw. des joy-sticks. Eine schriftliche Fixierung dieser Regu-
    lation wäre unökonomisch. Für eine Selbstinstruktion beim Er-
    lernen derartiger Tätigkeiten oder in besonders kritischen Si-
    tuationen kann sie zur Selbstinstruktion eingesetzt werden.

2: Geringe Reichweite

Planung und vorwegnehmende Beschreibung mehrerer Handlungs-
schritte. Es bestehen kaum Handlungsalternativen, da Fehlhandlungen im Handlungsvollzug sofort korrigiert werden können und
müssen (Ebene 2).
Beispiel: Einschaltroutine am Industrieroboter: es besteht ein
fester Algorithmus.

3: Mittlere Reichweite

Planung und vorwegnehmende Beschreibung mehrerer Handlungs-
schritte unter Benennung von Hilfsmitteln, Randbedingungen und
Risiken. Es sind wesentliche Handlungsalternativen zu bedenken. Je nach Qualität des Vorbedenkens kommt es zu einer deut-
lichen Leistungsdifferenzierung (Ebene 3) der Regulation.
Beispiel: Vorbereiten eines Werkstücks, Entwurf einer Programmstruktur ohne diese im einzelnen aufzufüllen. Schriftliche Fixierung ist hier hilfreich, aber nicht zwingend.

4: Hohe Reichweite

Hohe Reichweite des systematisch-vorbedenkenden Arbeitsstils
liegt vor, wenn Entscheidungsalternativen mit separaten Analysen vorliegen und/oder das Verhalten von Variablen im Handlungsvollzug zu berücksichtigen ist, wenn der Erfolg einer
Handlungssequenz also erst nach Vollzug der letzten Teilhandlungen beurteilt werden kann.
Beispiel: Konzeption eines längeren Programmablaufs unter Berücksichtigung des Verhaltens von Ein- und Ausgängen. Schriftliche Fixierung ist im allgemeinen notwendig.

5: Sehr hohe Reichweite

Wenn zusätzlich mögliche Entscheidungsalternativen sich nach
dem Handlungserfolg von Handlungssequenzen richten, wenn Informationen beschafft werden müssen oder Strategien zu entwer-
fen sind, deren Eignung die Regulation nachfolgender Regula-
tionsschritte massiv beeinflußt, ist von einer sehr hohen
Reichweite auszugehen. Schriftliche Fixierung ist hier erforderlich. Eine sehr hohe Reichweite tritt in unserem Gegenstandsbereich nur auf, wenn sehr komplexe Bauelemente u.U. unter Anpassung von Vorrichtungen zu konzipieren sind.

Die Einstufung auf den Unterkategorien erfolgt jeweils mit Ausprägungen 0 bis 5 danach, inwieweit die Wichtigkeit und/oder die
Häufigkeit der Anforderung für eine forderungsgerechte, effiziente Arbeitsausführung leistungsdifferenzierend bzw. leistungsbestimmend ist.

A 3.4.2 Kategorie "Behaltens- und Reproduktionsleistungen"

Unumgängliche Basis der geistigen Vorwegnahme von Handlungen und
ihrer Folgen ist die Reproduktion von Gedächtnisinhalten, die als

operatives Abbildsystem den Gegenstandsbereich der Handlung mit seinen Elementen, Verknüpfungen und Verarbeitungsleistungen abbilden. Es wird deshalb die Kategorie der <u>Behaltens- und Reproduktionsleistungen</u> eingeführt. Sie wird in Anlehnung an die kognitive Taxonomie von Bloom /267/ und die Aufgabentypen bei Landa /271, 272/ nach dem Grad der Festgelegtheit und Komplexität der Kenntniselemente in sechs tendenziell ordinal geordnete Objektbereiche unterteilt. Die Ausprägungen werden in 5 Stufen nach Umfang und erforderlicher Exaktheit der Behaltens- und Reproduktionsleistungen eingestuft. Die Kategorie bezieht sich auf das operative Abbildsystem im Modell aus Abschnitt A 3.3.

Reproduktionsleistungen beinhalten das innere (gedachte) oder äußere (sprachlich oder schriftliche) Präsentmachen von gelernten Gedächtnisinhalten (im Unterschied zur Verarbeitungsleistungen, wo vorhandene Gedächtnisinhalte zu neuen verknüpft werden). Nach dem Inhalt der Reproduktionsleistungen unterscheiden wir (in Anlehnung an Bloom /267/) sechs Klassen von Inhalten:

1. <u>Invariante, einfache Kenntniselemente:</u>
   Einfache Definitionen, Begriffe, Fakten (z.B. vor allem die einstelligen Programmierbefehle). Derartige Reproduktionsleistungen werden mit hoher Exaktheit vor allem bei der Arbeit am Programmiersystem und bei der eigentlichen Programmerstellung gefordert.

2. <u>Invariante Kenntniselemente</u> mit variablen Parametern, also komplexere Festlegungen, die zwar fest definiert sind, bei denen aber ein oder mehrere Parameter in der Anwendung wahlfrei festzulegen sind. Typisch sind hier Programmbefehle mit Parameterliste. Auf mehr qualitativem Niveau treten sie aber auch bei vorbereitenden Arbeiten auf.

3. <u>Algorithmische Abläufe.</u>
   Das sind exakt anzuwendende Handlungsregeln ohne leistungsbestimmenden Freiheitsgrad. Typisch ist z.B. die Einschaltroutine am Industrieroboter oder die Korrekturabläufe bei Syntaxfehlern (z.B. Fehlermeldung interpretieren, Editor aufrufen, Zeile anspringen, Korrektur eingeben, Editor verlassen).

4. <u>Algorithmenähnliche Regeln.</u>
   Das sind Regeln, die zwar sehr exakte Vorschriften beinhalten, die in ihrer Anwendung aber auf sehr unterschiedlich erscheinende Gegenstände treffen. Typisch sind hier z.B. die formalen Regeln von Programmiersprachen zur Definition der Makrostruktur der Programme (z.B. Blockstrukturen oder die Wahl der Schweißparameter). Teilweise werden derartige Reproduktionsleistungen auch bei der Festlegung der Teachpunkte (z.B. Wahl der Hilfspunkte) verlangt.

5. <u>Regeln mit Empfehlungscharakter.</u>
   Das sind Regeln aus dem Erfahrungswissen, die situative Freiheitsgrade in ihrer Anwendung beinhalten. Sie sind typisch
   für die Arbeiten am Werkstück, für die konzeptionellen Anteile der Programmerstellung und die Vorgehensweisen bei Tests
   und Optimierung der Programme.

6. <u>Methoden.</u>
   Unter Methoden verstehen wir hier komplexere, fixierte Vorgehensweisen zur Problemlösung in mehreren Teilschritten, die
   durchaus leistungsbestimmende Freiheitsgrade enthalten
   können. Die Kenntnis von derartigen Methoden ist am Industrieroboter z.B. bei der Festlegung der Schweißparameter wesentlich (z.B. Arbeitspunktbestimmung); die Grenze zu 4. ist
   u.U. fließend.

Metamethoden sind in der Kategorie "systematisch-vorbedenkender
Arbeitsstil" implizit mit enthalten. Die Stufung von der Metho-
denreproduktion bis zum Strategieentwurf macht das Kategorienschema kompatibel mit der Gagnéschen Lernhierarchie und den Ansätzen der Problemlösungsforschung

Typisch für Tätigkeiten am Industrieroboter ist bei den Reproduktionsleistungen vor allem die sichere Reproduktion von Kenntniselementen (im wesentlichen der Befehlsumfang der Programmiersprache) und algorithmisierten Abläufen. Beides ist häufig verbunden mit abstrakt-symbolischen analytisch-diagnostischen Anforderungen (siehe A 3.4.3), algorithmisierten Entscheidungsleistun-
gen (siehe A 3.4.4) und teilweise verbunden (vor allem bei umfangreichen Programmiervorhaben) mit der Anforderung systematisch-vorbedenkenden Handelns (siehe A 3.4.1).

Die Einstufung erfolgt jeweils mit Ausprägungen von 0 bis 5 danach, in welchem Umfang und mit welcher Exaktheit die entsprechenden Wissenselemente für eine forderungsgerechte, effiziente
Arbeiktsausführung reproduziert werden müssen bzw. inwieweit sie
leistungsbestimmend oder leistungsdifferenzierend wirken.

A 3.4.3 <u>Kategorie "Analytisch-diagnostische Leistungen"</u>

Nach dem entwickelten Regulationsmodell (A 3.3) beziehen sich
analytisch-diagnostische Leistungen sowohl auf äußere Objekte
(z.B. Werkstücke) als auch auf innere Objekte (z.B. Handlungsentwürfe). Da aber für den geistigen Prozeß der Analyse äußere in
innere Objekte abgebildet werden müssen, erscheint eine andere
Unterscheidung wesentlicher und zweckdienlicher, nämlich die nach
konkret-gegenständlichen (z.B. Werkstücke) und abstrakt-symbolischen (z.B. Rechnerprogramme) Objekten. Für die beiden Objekt-
klassen erfolgt der Prozeß der Analyse - also die Strukturierung
nach wesentlichen Elementen und kausalen oder logischen Zuammen-
hängen, Erkennen von Eingriffspunkten und Handlungsalternativen
für die Zielerreichung - unterschiedlich.

Da im vorliegenden Gegenstandsbereich häufig Kombinationen auftreten - z.B. bei der Analyse von Schweißfehlern -, die zusätzliche Anforderungen stellen, wird als dritte Unterkategorie "kombinierte Objekte" eingeführt.

Ein Beispiel ist die Festlegung der Schweißparameter. Hier treten
beide Arten analytischer Anforderungen auf, da sowohl der materielle Schweißprozeß als auch die abstrakten Regeln der Schweiß-
parameterwahl zu berücksichtigen sind.

Die Kategorie entspricht dem Block "Analyse und Diagnose" im
Modell in A 3.3.

Die Einstufung erfolgt in fünf Ausprägungen von 0 bis 5 nach der
Schwierigkeit der Analyse aufgrund der Anzahl der zu berücksichtigenden Elemente, der Vielfalt und Komplexität von Beziehungen
zwischen ihnen und der Vermitteltheit von zu erkennenden Zusammenhängen.

A 3.4.4 <u>Kategorie "Entscheidungs- und Beurteilungsleistungen"</u>

Die erforderlichen Entscheidungs- und Beurteilungsleistungen werden - ähnlich wie die analytisch-diagnostischen - in zunächst
zwei Unterkategorien aufgeteilt. Algorithmisierte Entscheidungs-
und Beurteilungsleistungen sind gekennzeichnet durch vollständi-

ge Information und vollständige Regeln der Entscheidungsfindung
ohne leistungsdifferenzierende Freiheitsgrade. Sie treten typisch
auf im Zusammenhang mit den formalen, syntaktischen Anforderungen
der Programmierung. Bei qualitativen Entscheidungs- und Beurteilungsleistungen sind feste Regeln nur begrenzt verfügbar, z.T.
ist auch von fehlender Information auszugehen. Es kommt deshalb
auf geschickte Kombination der verfügbaren Information z.B. anhand von Erfahrungswissen und auf die Würdigung gradueller Unterschiede an. Qualitative Entscheidungs- und Beurteilungsleistungen
treten typisch auf im Zusammenhang mit der Beurteilung von Werkstücken. Da Kombinationen beider Kategorien - z.B. bei der Parameteroptimierung - besondere Anforderungen stellen, wird als
dritte Unterkategorie die Kombination der beiden obigen eingeführt.

Die Einstufung erfolgt in Ausprägungen von 0 bis 5 nach der Komplexität der zu treffenden Entscheidung, nicht nach ihrer Wichtigkeit für das Arbeitsergebnis, denn damit hätte ein syntakti-
scher Leichtsinnsfehler ein höheres Gewicht für die Anforderungsstruktur als eine Entscheidung für eine ungünstige Programmstruktur. Merkmale der Komplexität der Entscheidung sind die Anzahl
der zu berücksichtigenden Elemente, die Vielfalt und Komplexität
der Beziehungen zwischen ihnen, die Vermitteltheit von zu berücksichtigenden Zusammenhängen und die Anzahl von Entscheidungsstu-
fen.
Die Kategorie entspricht dem Block "Entscheidung- und Beurteilung" im Modell in A 3.3.

A 3.4.5 <u>Kategorie "Synthetisch-konzeptionelle Leistungen"</u>

Die "synthetisch-konzeptionellen Leistungen" beinhalten die Erstellung einer neuen Struktur oder eines neuen Ablaufs, die sowohl als konkrete Problemlösung (z.B. Anpassung einer Vorrichtung) als auch als abstraktes Konzept (z.B. Unterprogrammstruktur) auftauchen kann. Beiden ist gemeinsam, daß Elemente und Beziehungen zwischen Elementen zielorientiert neu geschaffen oder
zusammengefügt werden. In analytischer Trennung eines schwer faß-
baren Kontinuums unterscheiden wir in Anlehnung an Bloom /267/
und Landa /272/ fünf Unterkategorien:

Die _Imitation_ gilt als Vorstufe, die für das Lernen zweckmäßig sein kann.

Bei der _Modifikation_ werden ein oder mehrere Merkmale eines vorhandenen Objektes (hier im allgemeinen eines Programms) zielorientiert verändert oder ersetzt, die Mehrzahl der Merkmale und die Strukturen bleiben unverändert.

Bei der _Analogiebildung_ wird zwar etwas Neues erstellt, dieses orientiert sich jedoch an wesentlichen Prinzipien und Elementen an einer konkreten Vorlage.

Bei der _Entwicklung nach Prinziplösung_ wird die Neuerstellung anhand einer selbst nicht im Detail ausgearbeiteten, relativ abstrakten Prinziplösung vorgenommen.

Bei der _Entwicklung nach einer Methodik_ liegen keine Vorlagen der Problemlösung, sondern lediglich eine Folge von Anweisungsschritten zum Vorgehen vor.

Die Anforderungshöhe der synthetisch-konzeptionellen Leistungen in den einzelnen Unterkategorien wird nach der Komplexität des erstellten Objektes (vgl. bei A 3.4.3 und A 3.4.4) in Ausprägungen von 0 bis 5 eingestuft.

Die realiter auftretende Anforderungshöhe hängt sehr stark von den anfallenden Schweißaufgaben ab.

Die Kategorie entspricht dem Block "Handlungsentwurf" im Modell.

A 3.4.6 _Kategorie "Sensumotorische Leistungen"_

Beobachtbare Äußerung der skizzierten geistigen Prozesse sind letztlich körperliche Bewegungen, die vom zentralen Nervensystem geregelt werden. Es wird deshalb die Kategorie der _sensumotorischen Leistungen_ eingeführt. Da sensumotorische Leistungen am Industrieroboter im Großen und Ganzen wenig leistungsbestimmend sind - sofern sie nicht falsche oder ungenaue Eingaben über die Tastaturen nach sich ziehen - wird die Kategorie lediglich in drei Unterkategorien nach dem erforderlichen Grad an Kraft bzw. Geschicklichkeit differenziert. Dabei werden lediglich Feinmotorik, Grobmotorik und eine unspezifische Motorik ("Jedermanns-Bewegungen") unterschieden. Die Einstufung erfolgt in Ausprägungen von 0 bis 5 nach Schwierigkeit der Ausführung; also nach Genauigkeit bei der Feinmotorik, nach Kraftaufwand bei der Grobmotorik, und nach sachlicher Korrektheit (Möglichkeit von Fehlleistungen) bei der unspezifischen Motorik.

Im Modell in A 3.3 entsprechen diese Kategorien dem Block "sensumotorische Handlungsausführung".

A 3.4.7 Kategorie "Übergreifende Anforderungen"

Die nähere Betrachtung der Tätigkeiten am Industrieroboter hat gezeigt, daß neben den genannten Strukturmerkmalen der Qualifikationsanforderungen einige weitere Anforderungen wesentlich sind.

Sie werden in einer Restkategorie zusammengefaßt, die im Modell keine direkte Entsprechung hat und eher den individuellen Leistungsvoraussetzungen zuzuordnen ist.

Die einzelnen Anforderungen sind:

Das räumliche Vorstellungsvermögen beinhaltet die Strukturierung der visuellen Wahrnehmung und die geistige Vorstellung der räumlichen Lage, Orientierung und Bewegung von Objekten in drei-dimensionalem Raum. Die Anforderungshöhe hängt unter anderem ab von der Anzahl der Objekte, der Art und Verbundenheit ihrer Bewegungen (Koordinatensystem und kinematische Kette) und den vorliegenden Sehgewohnheiten. Sie wird in Ausprägungen von 0 bis 5 nach Wichtigkeit eingestuft.

Der Umgang mit abstrakt-symbolischen Objekten beinhaltet die Benennung, Kommunikation, Nutzung und Manipulation von abstrakten und symbolischen Objekten wie Raumpunkten, Programmierbefehlen, Programmstrukturen. Die Einstufung erfolgt nach Abstraktionsgrad und Komplexität der Objekte und Operationen in fünf Stufen.

Die Exaktheit im Umgang mit gegenständlich konkreten bzw. abstrakt-symbolischen Objekten wird danach eingestuft, inwieweit besondere Sorgfalt und Detailbeachtung erforderlich ist, um Fehler oder Mängeln im Arbeitsergebnis z.B. durch Nichteinhaltung von Toleranzen oder Syntaxvorschriften zu vermeiden. Die Einstufung erfolgt in Stufen von 0 bis 5.

Die Integration mehrerer Kenntnisgebiete beschreibt in fünf Ausprägungen, inwieweit Wissensbestandteile aus unterschiedlichen, sachlich an sich unabhängigen Sachgebieten zur Analyse oder Problemlösung berücksichtigt oder aufeinander bezogen werden müssen.

A 3.5   <u>Praktisches Vorgehen</u>

A 3.5.1 <u>Empirische Grundlage</u>

Die Entwicklung der hier vorgestellten Methodik baut auf den Qualifikationsanforderungsanalysen in Vorbereitung des Kurses QIR,
der Vorbereitung und Durchführung der Kurse in QIR und Selbstqualifizierungen an verschiedenen IR-Fabrikaten auf.

Aus der Aufnahme von Tätigkeiten des IR-Schweißens mit ihren
Kenntnisanforderungen wurden entwickelt:
-   die Systematik von Arbeitsschritten;
-   unter Einbeziehung der Theorie der Regulation des Arbeitshan-
    delns das Modell des Arbeitshandelns und das Kategorienschema
    der Strukturmerkmale der psychischen Regulation;
-   unter Einbeziehung von Expertengesprächen und technischen Do-
    kumenten die Systematisierung von Kenntnisanforderungen.

Die empirische Grundlage dazu bildeten:

1. Dokumentenanalyse (Programmierhandbücher, Verfahrensbeschrei-
    bungen, Arbeitsauftragsdokumente etc.),
2. Expertengespräche bei IR Herstellern und Anwendern entlang
    eines Leitfadens (10 Firmen),
3. Beobachtungsinterviews an Arbeitsplätzen nach Leitfaden (10
    Fälle),
4. Selbstqualifizierung: Teilnahme an Schulungskursen verschie-
    dener IR-Hersteller (Fa. Kuka, Jungheinrich/Cloos, Asea,
    Zahnradfabrik Friedrichshafen),
5. Nachherige Aufarbeitung der Erfahrungen aus der Lehrstoffauf-
    bereitung und der praktischen Kursdurchführung.

Für die zugrundegelegten Expertengespräche und Beobachtungsinterviews war ein qualitativer Leitfaden eingesetzt worden. Die Auswertung war ebenfalls qualitativ. Eine Quantifizierung - z.B.
welche Kenntniselemente wie oft angetroffen wurden - erschien
nicht sinnvoll, da es hier darum ging, einen sachlogisch korrekten, firmenunabhängigen Kurs zu entwickeln und nicht um eine Re-
präsentativerhebung.

3.5.2 Anwendung des Kategoriensystems

Das vorgeschlagene Kategoriensystem wird bei in sich heterogenen, komplexen Tätigkeitsabfolgen zweckmäßig auf Teiltätigkeiten oder Arbeitsschritte angewandt, um die Analysesicherheit zu erhöhen und um gegebenenfalls Schwerpunkte bzw. Defizite der Anforderungsstrukturen feststellen zu können.

Für die Anwendung des vorgeschlagenen Instruments in der Erhebung werden folgende praktische Schritte vorgeschlagen:

1. Gespräche mit Werkstattführungspersonal, Qualitätswesen und Arbeitsvorbereitung zur Identifikation des Qualifizierungsbedarfs und der für die nähere Analyse in Frage kommenden Aufgaben.
2. Bearbeitung der Aufgabe durch einen oder gemeinsam mit einem erfahrenen IR-Schweißer, der mit differenzierten verbalen Äußerungen Auskunft über den Zweck und Grund seiner einzelnen Aktivitäten gibt. Dazu unstandardisierte Protokollierung.
3. Durchführung der eigentlichen Analyse, ggf. in Rücksprache mit den o.a. Personen.

Bild A 3.4 und A 3.5 zeigen beispielhaft Einstufungsformulare.

A 3.5.3 Numerische Verdichtung der Daten

Die numerische Verdichtung der Daten folgt zwei einfachen Prinzipien: Mittelwertbildung über Kategorien bzw. Arbeitsschritte hinweg, Normierung auf den jeweiligen Maximalwert. Die Arithmetik wird im folgenden entlang den Verarbeitungs- und Interpretationsschritten erläutert. Auf eine mathematische Notation wird verzichtet, da bei derartig einfachen Vorgängen eine Darstellung mit Summenzeichen mit 2 oder 3 Laufindices eher weniger als mehr Klarheit schaffen würden.

Die Interpretation von arithmetischen Operationen mit den nachfolgenden Einstufungen hat im übrigen mit großer Vorsicht zu erfolgen, da es sich um Ordinalskalen handelt, für die die Arithmetik von Kardinalzahlen strenggenommen nicht gilt.

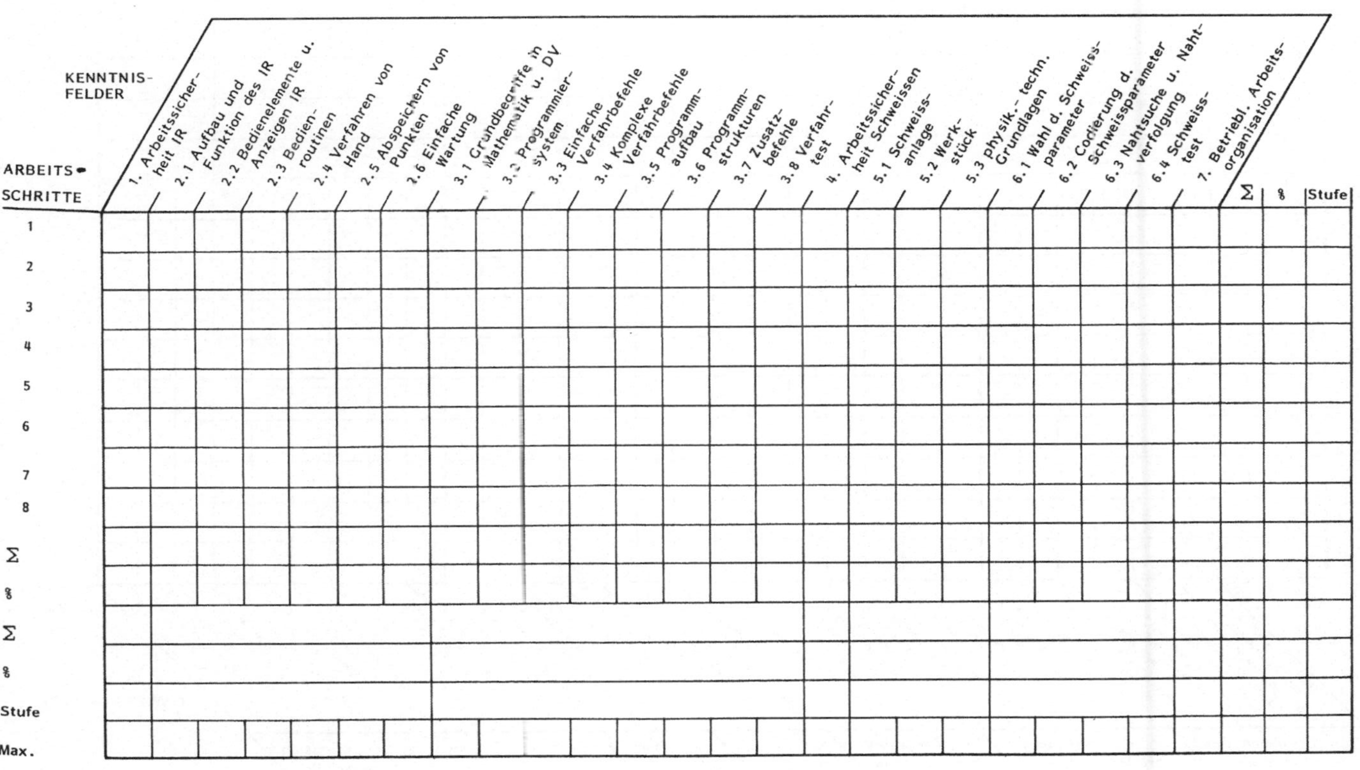

Bild A 3.4: Formular für die Analyse der Kenntnisanforderungen

Bild A 3.5: Formular für die Analyse der Regulationserfordernisse

Bild A 3.4 und A 3.5 zeigen Formulare für die Analyse. Die Tabellen werden bei der Erhebung (A 3.5.1) ausgefüllt. Zunächst die Auswertungsschritte pro Arbeitsschritt:

1. Zeilensumme der Einstufungen pro Arbeitsschritt in die Summenspalte.
2. Prozentuierung auf den Maximalwert, also Spaltenanzahl mal 5.
3. Stufung der Prozentwerte in 11 Klassen (0 bis 10) nach den Regeln der arithmetischen Rundung (0 bis unter 5 % = 0, ..., 95 % und mehr = 10).

Der so gewonnene Index pro Zeile (= Arbeitsschritt) gibt an, wie intensiv in den jeweiligen Arbeitsschritten Kenntnisse bzw. regulatorische Leistungen eingebracht werden müssen. In diese Intensität gehen vor allem die Vielfalt, aber natürlich auch die Höhe der Anforderungen ein. Die Intensität der Kenntnis- bzw. Regulationsanforderungen ist also ein Hinweis auf die kognitive Beanspruchung in der Arbeit.

Die Auswertung nach Spalten über mehrere oder alle Arbeitsschritte hinweg ergibt eine Aussage darüber, in welchem Maß bestimmte Kenntnisse bzw. regulatorische Leistungen in diesen Arbeitsschritten benötigt worden. Es lassen sich so Anforderungsschwerpunkte in den verschiedenen Arbeitsfeldern feststellen.
Die numerische Auswertung folgt zunächst dem gleichen Prinzip wie in der Auswertung pro Zeile:
1. Spaltensumme der Einstufungen pro Kenntniselement bzw. Strukturmerkmal der psychischen Regulation.
2. Prozentuierung auf den Maximalwert, also Zeilenzahl mal 5.
3. Stufung der Prozentwerte in 11 Klassen (0 bis 10) nach den Regeln der arithmetischen Rundung.

Der so erhaltene Index pro Spalte (also Kenntniselement oder Strukturmerkmal) gibt an, wie stark dieses in der betrachteten Folge von Arbeitsschritten in Anspruch genommen wird. Für die weitere Aggregation wird wie folgt verfahren:

4. Anteilige Zeilensummen der Spaltensumme der Einstufungen über ein Kenntnisfeld oder eine Kategorie der psychischen Regulation (also z.B. Kenntnisse 2.1 bis 2.6).

5. Prozentuierung auf den Maximalwert, also Zeilenzahl mal Spaltenzahl mal 5.
6. Stufung des Prozentwertes wie oben.

Damit erhält man eine etwas höher aggregierte Aussage darüber, wie bedeutsam ganze Kenntnisfelder bzw. Strukturmerkmale für ein Arbeitsfeld sind.

Für die Abwägung, welche Kenntnisse überhaupt erforderlich sind, ist aber noch eine andere Auswertung erforderlich: Selbst eine Anforderung, die nur ein einziges Mal im ganzen Arbeitsablauf erforderlich ist, muß beherrscht werden, da sonst der Arbeitsablauf nicht vollständig beherrscht werden kann. Beispiel: Die Anforderung, den NOT-AUS-Knopf bedienen zu können und anschließend wieder entriegeln zu können, ist zwar relativ trivial, aber notwendig.

Aus diesem Grund wird noch das Maximalprofil der Anforderungen ermittelt. Dazu werden über alle Arbeitsschritte hinweg die maximalen Werte pro Spalte ermittelt. Das Maximalprofil ergibt den insgesamt erforderlichen Umfang an Kenntnissen und regulatorischen Leistungen bei einer bestimmten Tätigkeitsaufgabe.

A 3.6   Expemplarische Qualifikationsanforderungsanalyse an einem typischen Arbeitsablauf

A 3.6.1 Empirische Grundlage

Im Rahmen des Projektes QIR /32/ wurden Fallstudien in folgenden Einsatzbereichen durchgeführt:

1	Werkstückhandhabung an CNC; Bearbeitungszentrum	Motorenherstellung
2	Bahnschweißen (Dickblech)	Waggonbau
3	Bahnschweißen (Dünnblech)	Schaltschrankgehäuse
4	Bahnschweißen (Dünnblech)	Apparatebau
5	IR-Hersteller	Schulungskurs

6	IR-Hersteller	Schulungskurs
7	Schweißen, Handling, Montage	Feinwerktechnik, Elektronik
8	Punktschweißen, Bahnschweißen Lackieren, Montage	Fahrzeugbau
9	IR-Hersteller und -Anwender	Schulungskurs; Gerätebau
10	Montage, Lackieren, Kleben	Fahrzeugbau

Aus den Fällen des Bahnschweißens und aufgrund von Expertengesprächen wurde der dem Kurs zugrundegelegte typisierte Arbeitsablauf (vgl. Bild 3.4) entwickelt.

A 3.6.2 <u>Überblick über die Analyse</u>

Die Gesamttätigkeit IR-Lichtbogenschweißen ist in fünf Arbeitsfelder mit 34 Arbeitsschritten gegliedert (Bild 3.4). Die insgesamt erforderlichen Kenntnisse sind in sieben Kenntnisgebiete mit 24 Kenntnisfeldern gegliedert (Bild 3.9). Die regulatorischen Anforderungen sind in sieben Strukturmerkmale mit 29 Unterkategorien gegliedert (Bild 3.3). Für die 34 Arbeitsschritte wird die Anforderungshöhe in den 24 Kenntnisfeldern und den 29 Unterkategorien der Strukturmerkmale mit Skalenwerten von 0 - 5 eingestuft. Für die Darstellung und die Interpretation werden folgende Indikatoren gebildet:

1. Die Inanspruchnahme der 7 Kenntnisgebiete und der 7 Strukturmerkmale der psychischen Regulation für die 5 Arbeitsfelder.
2. Für jeden Arbeitsschritt der 5 Arbeitsfelder wird angegeben, wie kenntnisintensiv und regulationsintensiv er ist.

Die Indikatoren entsprechen den Spalten- bzw. Zeilensummen in den Matrizen (Arbeitsschritte x Kenntnisse bzw. Arbeitsschritte x Strukturmerkmale); sie sind über eine Prozentuierung auf den jeweils erreichbaren Maximalwert in 10 Klassen skaliert (Details siehe oben. Da diese Indikatoren letzten Endes Mittelwerte darstellen und somit nur relative Indikatoren sind, nicht aber das insgesamt erforderliche Kenntnis- bzw. Regulationsprofil repräsentieren, werden zwei weitere Profile betrachtet:

3. Profil der Maximalausprägung der 24 Kenntnisfelder und der 29 regulatorischen Strukturmerkmale pro Arbeitsfeld.

Die Interpretation von arithmetischen Operationen mit den nachfolgenden Einstufungen hat im übrigen mit größer Vorsicht zu erfolgen, da es sich um Ordinalskalen handelt, für die die Arithmetik von Kardinalzahlen strenggenommen nicht gilt. Deshalb und weil keine Validierung vorliegt, wird im Hauptteil lediglich die Grobstruktur der Maximalprofile (Bild 3.5 und 3.10 sowie 3.11) interpretiert.

A 3.6.3   Anforderungen im Arbeitsfeld 1: Herstellen der
          Arbeitsfähigkeit

Arbeitsfeld 1 umfaßt im wesentlichen das Anlegen der Schutzkleidung und die Routineprüfung der Anlagen auf Betriebsfähigkeit.

Die Kenntnisanforderungen beschränken im wesentlichen auf einige wenige Kenntnisse der Anlagen und der Arbeitssicherheit. Die regulatorischen Anforderungen sind sehr gering und beschränken sich im wesentlichen auf einfache Kenntnisreproduktion und Entscheidungen über das Einschalten der Energiezufuhr für die Anlagen. Nennenswert ist lediglich die Erfordernis einer gewissen Exaktheit und Sorgfalt bei der Überprüfung der Anlagen. Diese Anforderungen mögen sich im Detail nach Fabrikat des IR bzw. der Schweißanlage unterscheiden, dürften aber für eine Qualifizierung kaum große Probleme bereiten.

- 267 -

ARBEITSSCHRITTE \ KENNTNISFELDER	1. Arbeitssicherheit IR	Grundkenntnisse IR						Kenntnisse Verfahrprogrammierung								4. Arbeitssicherheit Schweissen	Grundkenntnisse Schweißen			Kenntnisse Schweißprogrammierung				7. Betriebl. Arbeitsorganisation	Σ	∅	Stufe
	1. Arbeitssicherheit IR	2.1 Aufbau und Funktion des IR	2.2 Bedienelemente u. Anzeigen IR	2.3 Bedienroutinen	2.4 Verfahren von Hand	2.5 Abspeichern von Punkten	2.6 Einfache Wartung	3.1 Grundbegriffe in Mathematik u. DV	3.2 Programmiersystem	3.3 Einfache Verfahrbefehle	3.4 Komplexe Verfahrbefehle	3.5 Programmaufbau	3.6 Programmstrukturen	3.7 Zusatzbefehle	3.8 Verfahrtest	4. Arbeitssicherheit Schweissen	5.1 Schweissanlage	5.2 Werkstück	5.3 physik.-techn. Grundlagen	6.1 Wahl d. Schweissparameter	6.2 Codierung d. Schweissparameter	6.3 Nahtsuche u. Nahtverfolgung	6.4 Schweisstest	7. Betriebl. Arbeitsorganisation	Σ	∅	Stufe
1.1 Schutzkleidung anlegen																1		0						1	2	1,7	0
1.2 Arbeitsauftrag entgegennehmen																								1	1	0,8	0
1.3 Schweissanlage überprüfen																3	3		1						7	5,8	1
1.4 IR überprüfen	2	1	2	2			2																		9	7,5	1
Σ	2	1	2	2	0	0	2	0	0	0	0	0	0	0	0	4	3	0	1	0	0	0	0	2	19	4,0	0
∅	10	5	10	10	0	0	10	0	0	0	0	0	0	0	0	20	15	0	5	0	0	0	0	10			
Σ	2	7						0								4	4			0				2			
∅	10	5,8						0								20	6,6			0				10			
Stufe	1	1						0								2	1			0				1			
Max.	4	2	4	4	0	0	4	0	3	0	0	0	0	0	0	6	6	0	2	0	0	0	0	2			

Bild A 3.6: Einstufung der Kenntnisanforderungen

STRUKTURMERKMALE	Sensumotorische Leistungen			Behaltens- und Reproduktionsleistungen						Analytisch-diagnost. Leistungen			Entsch.- u. Beurteil.-leistungen			Synthetisch-konzeptionelle Leistungen				Systematisch-vorbedenkendes Handeln					Übergreifende Leistungen							
ARBEITSSCHRITTE	1.1 Feinmotorik	1.2 unspezifische Motorik	1.3 Grobmotorik	2.1 Einfache Kenntniselemente	2.2 Kenntniselemente mit Parametern	2.3 Algorithmische Abläufe	2.4 Algorithmen ähnl. Regeln	2.5 Regeln mit Empfehlungscharakter	2.6 Komplexere Vorgehensweisen	3.1 Konkret gegenst. Objekte	3.2 Abstrakt-symbol. Objekte	3.3 Kombinierte Objekte	4.1 Algorithmisierte E.- u. B.-Leistungen	4.2 Qualitative E.- u. B.-Leistungen	4.3 Kombinierte E.- u. B.-Leistungen	5.1 Modifikation	5.2 Analogiebildung	5.3 Nutzung Prinziplösung	5.4 Nutzung Methodik	6.1 Sehr geringe Reichweite	6.2 Geringe Reichweite	6.3 Mittlere Reichweite	6.4 Hohe Reichweite	6.5 Sehr hohe Reichweite	7.1 Exaktheit bei konkretgegenständl. Objekten	7.2 Räumliches Vorstellungsvermögen	7.3 Umgang mit abstrakt-symb. Obj.	7.4 Exaktheit bei abstr.-symbolischen Obj.	7.5 Integration von Kenntnisgebieten	Σ	%	Stufe
1.1 Schutzkleidung anlegen	0	1	0	1				0																						2	1,4	0
1.2 Arbeitsauftrag entgegennehmen				1																										1	0,7	0
1.3 Schweissanlage überprüfen		1		2	2	1				2				2						1	1				3					15	10,3	1
1.4 IR überprüfen		1		2	2	1				2				2						1	1				2					14	9,6	1
Σ	0	3	0	6	4	2	0	0	0	4	0	0	0	4	0	0	0	0	0	2	2	0	0	0	5	0	0	0	0	32	5,5	1
%	0	15	0	30	20	10	0	0	0	20	0	0	0	20	0	0	0	0	0	10	10	0	0	0	25	0	0	0	0			
Σ	3			12						4			4			0				4					5							
%	5,0			10,0						6,7			6,7			0				4,0					5,0							
Stufe	1			1						1			1			0				0					1							
Max.	0	2	0	4	4	2	0	0	0	4	0	0	0	4	0	0	0	0	0	2	2	0	0	0	6	0	0	0	0			

Bild A 3.7: Einstufung der Regulationsanforderungen

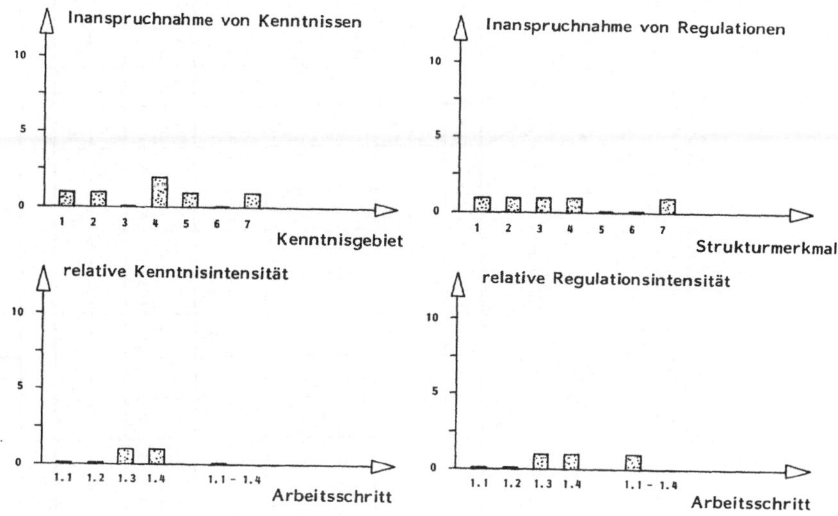

<u>Bild A 3.8</u>:   Anforderungsstrukturen im Arbeitsfeld 1

A 3.6.4   Anforderungen im Arbeitsfeld 2: Vorbereitende
          <u>Tätigkeiten</u>

Das Arbeitsfeld 2 umfaßt die Vorbereitung von Werkstück und Anlage für die Programmierung.

Die Kenntnisanforderungen konzentrieren sich im wesentlichen auf
schweißtechnische Sachverhalte bei der Werkstückvorbereitung. Die
Beachtung der Arbeitssicherheit am IR ist wichtig. Die regulatorischen Anforderungen sind gering; von Bedeutung sind handwerk-
liche Fertigkeiten, die Reproduktion einfacher Kenntniselemente,
die Exaktheit an konkreten Objekten sowie räumliches Vorstellungsvermögen. Die Anforderungen sind stark werkstückabhängig;
bei komplexen Werkstücken oder falls z.B. noch Vorrichtungen op-
timiert werden müssen können sie stark ansteigen. Für die Qualifizierung von Schweißern dürfte wesentlich sein, daß ein Orientierungswissen über Aufbau und Funktion des IR vorhanden ist, das
soweit mit den schweißtechnischen Kenntnissen in Beziehung gesetzt werden kann, daß Nahtvorbereitung, Spannen und Heften IR-
gerecht erfolgen können.

Bild A 3.9: Einstufung der Kenntnisanforderungen

KENNTNISFELDER

Grundkenntnisse IR

ARBEITSSCHRITTE	1. Arbeitssicherheit IR	2.1 Aufbau und Funktion des IR	2.2 Bedienelemente u. Anzeigen IR	2.3 Bedienroutinen	2.4 Verfahren von Hand	2.5 Abspeichern von Punkten	2.6 Einfache Wartung
2.1 Arbeitsauftrag erfassen							
2.2 Bedienelemente u. Anzeigen IR							
2.3 Werkstück vorbereiten							
2.4 IR in Betrieb nehmen	3	2	2	2			
2.5 Schweissanlage in Betrieb nehmen							
2.6 Werkstück vorlaufig spannen	2						
2.7 Heften	2						
2.8 Werkstück endgültig spannen	2	3					
Σ	12	5	2	2	0	0	0
%	30	12,5	5,0	5,0	0	0	0
Σ (Gruppe)	12	9					
% (Gruppe)	30	3,75					
Stufe	3	0					
Max.	6	6	4	4	0	0	0

Kenntnisse Verfahrprogrammierung

ARBEITSSCHRITTE	3.1 Grundbegriffe in Mathematik u. DV	3.2 Programmiersystem	3.3 Einfache Verfahrbefehle	3.4 Komplexe Verfahrbefehle	3.5 Programmaufbau	3.6 Programmstrukturen	3.7 Zusatzbefehle	3.8 Verfahrtest
2.1 Arbeitsauftrag erfassen								
2.2 Bedienelemente u. Anzeigen IR								
2.3 Werkstück vorbereiten								
2.4 IR in Betrieb nehmen	3					3		
2.5 Schweissanlage in Betrieb nehmen								
2.6 Werkstück vorlaufig spannen								
2.7 Heften								
2.8 Werkstück endgültig spannen								
Σ	3	0	0	0	0	3	0	0
%	7,5	0	0	0	0	7,5	0	0
Σ (Gruppe)	6							
% (Gruppe)	1,9							
Stufe	0							
Max.	6	0	0	0	0	6	0	0

Grundkenntnisse Schweißen / Kenntnisse Schweißprogrammierung

ARBEITSSCHRITTE	4. Arbeitssicherheit Schweissen	5.1 Schweissanlage	5.2 Werkstück	5.3 physik.-techn. Grundlagen	6.1 Wahl d. Schweissparameter	6.2 Codierung d. Schweissparameter	6.3 Nahtsuche u. Nahtverfolgung	6.4 Schweisstest	7. Betriebl. Arbeitsorganisation	Σ	%	Stufe
2.1 Arbeitsauftrag erfassen		2	1	1						4	3,3	0
2.2 Bedienelemente u. Anzeigen IR										2	1,7	0
2.3 Werkstück vorbereiten		3	2	2	2		2			11	9,2	1
2.4 IR in Betrieb nehmen										18	15,0	2
2.5 Schweissanlage in Betrieb nehmen	3	2		1						6	5,0	1
2.6 Werkstück vorlaufig spannen		3	3	1	2					11	9,2	1
2.7 Heften		3		3	2					10	8,3	1
2.8 Werkstück endgültig spannen		3	3	3						14	11,7	1
Σ	6	8	11	11	7	0	2	0	4	76	7,9	1
%	15	20	27,5	27,5	17,5	0	5,0	0	10,0			
Σ (Gruppe)	6	30			9				4			
% (Gruppe)	15,0	25,0			5,6				10,0			
Stufe	2	3			1				1			
Max.	6	6	6	6	4	0	4	0	4			

Bild A 3.9: Einstufung der Kenntnisanforderungen

Bild A 3.10: Einstufung der Regulationsanforderungen

Spaltengruppen (STRUKTURMERKMALE) und ihre Untermerkmale:

- **Sensu-motorische Leistungen:** 1.1 Fein-motorik · 1.2 unspezifische Motorik · 1.3 Grob-motorik
- **Behaltens- und Reproduktionsleistungen:** 2.1 Einfache Kenntniselemente · 2.2 Kenntniselemente mit Parametern · 2.3 Algorithmische Abläufe · 2.4 Regeln/Algorithmen ähnl. · 2.5 Regeln mit Empfehlungscharakter · 2.6 Komplexere Vorgehensweisen
- **Analytisch-diagnost. Leistungen:** 3.1 Konkret-gegenst. Objekte · 3.2 Abstrakt-symbol. Objekte · 3.3 Kombinierte Objekte
- **Entsch.- u. Beurteil.-leistungen:** 4.1 Algorithmisierte · 4.2 Qualitative E.- u. B.-Leistungen · 4.3 Kombinierte E.- u. B.-Leistungen
- **Synthetisch-konzeptionelle Leistungen:** 5.1 Modifikation · 5.2 Analogiebildung · 5.3 Nutzung Prinziplösung · 5.4 Nutzung Methodik
- **Systematisch-vorbedenkendes Handeln:** 6.1 Sehr geringe Reichweite · 6.2 Geringe Reichweite · 6.3 Mittlere Reichweite · 6.4 Hohe Reichweite · 6.5 Sehr hohe Reichweite
- **Übergreifende Leistungen:** 7.1 Exaktheit bei konkret. gegenständl. Objekten · 7.2 Räumliches Vorstellungsvermögen · 7.3 Umgang mit abstrakt-symb. Obj. · 7.4 Exaktheit bei abstr. symbolischen Obj. · 7.5 Integration von Kenntnisgebieten

ARBEITSSCHRITTE	1.1	1.2	1.3	2.1	2.2	2.3	2.4	2.5	2.6	3.1	3.2	3.3	4.1	4.2	4.3	5.1	5.2	5.3	5.4	6.1	6.2	6.3	6.4	6.5	7.1	7.2	7.3	7.4	7.5	Σ	ø	Stufe
2.1 Arbeitsauftrag erfassen				2	2			2		2	1	1		2											3	2				17	11,7	1
2.2 Bedienelemente u. Anzeigen IR		2	1	1																2										6	4,1	0
2.3 Werkstück vorbereiten		3	3	3	3			3		3				2		1	1			3	3				3	2			2	35	24,1	2
2.4 IR in Betrieb nehmen		1		2	2	3				1				1		2				2	2				2	2	2	2	1	25	17,2	2
2.5 Schweissanlage in Betrieb nehmen		1		2	1	2				1										2					2					11	7,6	1
2.6 Werkstück vorläufig spannen		2	1	2	3					3				2		2	2	1		3	2				2	2				27	18,6	2
2.7 Heften	2			2	3					2				2						2					2					15	10,3	1
2.8 Werkstück endgültig spannen		2		2	3					3				2		2				3	3				2	3			1	26	17,0	2
Σ	2	11	5	16	17	5	0	5	0	15	1	1	0	11	0	7	3	1	0	17	10	0	0	0	16	11	2	2	4	162	14,0	1
ø	5	27,5	12,5	40	42,5	12,5	0	12,5	0	37,5	2,5	2,5	0	27,5	0	17,5	7,5	2,5	0	42,5	25,0	0	0	0	40,0	27,5	5,0	5,0	10,0			
Max.	4	6	6	6	6	6	0	6	0	6	2	2	0	4	0	4	4	2	0	6	6	0	0	0	6	6	4	4	4			

Gruppen-Zusammenfassung (Σ, ø, Stufe je Spaltengruppe):

	Sensu-motorische Leistungen	Behaltens- und Reproduktionsleistungen	Analytisch-diagnost. Leistungen	Entsch.- u. Beurteil.-leistungen	Synthetisch-konzeptionelle Leistungen	Systematisch-vorbedenkendes Handeln	Übergreifende Leistungen
Σ	18	43	17	11	11	27	35
ø	15,0	17,9	14,2	9,2	6,9	13,5	17,5
Stufe	2	2	1	1	1	1	2

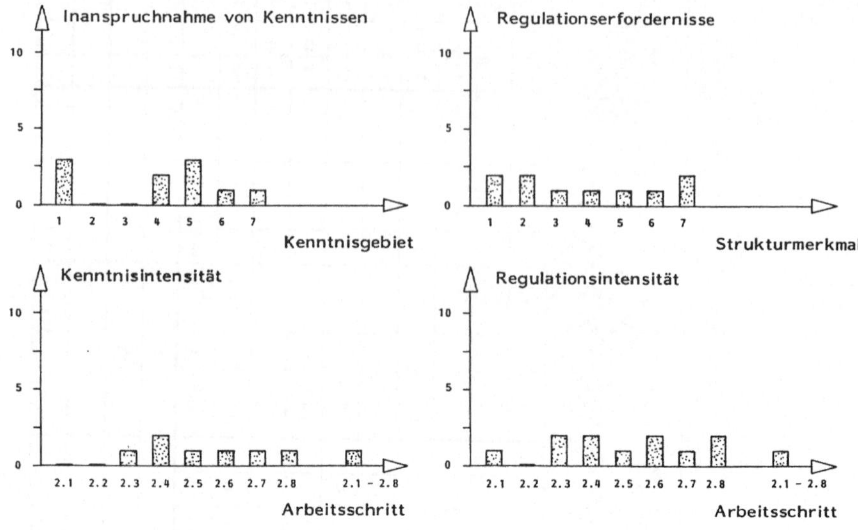

Bild A 3.11: Anforderungsstrukturen im Arbeitsfeld 2

A 3.6.5 <u>Anforderungen im Arbeitsfeld 3: Verfahrprogrammierung</u>

Das Arbeitsfeld 3 umfaßt die Erstellung und Erprobung eines Verfahrprogramms, ohne daß die schweißtechnischen Erfordernisse schon detailliert berücksichtigt würden; sie werden aber als Orientierungswissen benötigt. Die strikte Trennung von Verfahr- und Schweißprogrammierung ist fabrikatsspezifisch und z.T. werkstückspezifisch unterschiedlich gut möglich; teilweise mag es günstiger sein, abschnittsweise Verfahr- und Schweißprogrammierung zu verschachteln. Entsprechend sind gegebenenfalls fabrikats- und werkstückspezifische Differenzierungen der Anforderungsstrukturen zu beachten.

Die Kenntnisanforderungen konzentrieren sich auf roboter- und programmierspezifische Inhalte. Sie erscheinen im Profil als relativ gering, da die Arbeitsschritte unterschiedlich kenntnisintensiv sind. Das Maximalprofil (vgl. Bild 5.11) weist aber aus, daß die Breite der IR-bezogenen und programmiertechnischen Kenntnisse praktisch vollständig benötigt wird. Dabei kommt es auf die sichere Reproduktion vor allem der syntaktisch relevanten Kenntnisse an. Bei einer Bedienerführung durch Menü (z.B. am Asea S 2) sind diese Anforderungen allerdings wesentlich geringer als beim hier zugrunde gelegten Fall einer textuellen Programmierung (z.B. Cloos ROLF).

Ähnliches gilt für die Exaktheit im Umgang mit abstrakt-symbolischen Objekten. Das räumliche Vorstellungsvermögen wird vor allem beim Teachen gefordert. Dabei kommt es auf eine sichere Verbindung der anschaulichen Vorstellung des Raumes mit der Kenntnis von Koordinatensystemen, IR-Kinematik und Bedienvorgängen und -elementen an. Leistungsbestimmend wird neben der mnemotechnischen Bewältigung der Programmierkenntnisse ein Strukturwissen über den Aufbau von Dienst- und Bewegungsprogrammen. Das sichere Navigieren zwischen den verschiedenen Betriebszuständen des IR - also das Wissen um die jeweilige "Position", das "Ziel" und die erforderlichen und zulässigen Schritte - wirkt leistungsdifferenzierend. Beim Aufnehmen der Punkte kommt noch - z.T. unterschiedlich nach HPG (Tasten oder joy-stick) - eine feinmotorische Geschicklichkeit hinzu.

Die Kenntnisintensität und auch die regulatorischen Anforderungen sind am höchsten beim Verfahrtest mit anschließender Korrektur, da hier praktisch alle Anforderungen aus der vorausgegangenen einzelnen Arbeitsschritten in konzentrierter Form zusammenfließen.

Eine Qualifizierung, die entlang der Arbeitsschritte fortschreitet, würde den Lerner nur sehr langsam auf ganzheitliche Problemstellungen führen. Zudem würden die Mehrzahl der Kenntnisanforderungen und viele der handlungsregulatorischen Anforderungen in den letzten Arbeitsschritten Programmcodierung sowie Syntax- - und Verfahrtest mit Korrektur konzentriert. Dies würde zu Überforderungen führen. Da zudem gerade in diesem Arbeitsfeld erstmals in großem Maße der Umgang mit abstrakt-symbolischen Objekten gefordert ist, sind hier - und die Erfahrungen aus der Praxis bestätigen dies - erhebliche Lernprobleme zu erwarten. Für eine erfolgreiche Qualifizierung wird es also sehr darauf ankommen, diesen Bereich lernergerecht zu strukturieren.

<table>
<tr>
<th rowspan="2">ARBEITSSCHRITTE</th>
<th rowspan="2">1. Arbeitssicherheit IR</th>
<th colspan="6">Grundkenntnisse IR</th>
<th colspan="8">Kenntnisse Verfahrprogrammierung</th>
<th colspan="4">Grundkenntnisse Schweißen</th>
<th colspan="5">Kenntnisse Schweißprogrammierung</th>
<th rowspan="2">Σ</th>
<th rowspan="2">%</th>
<th rowspan="2">Stufe</th>
</tr>
<tr>
<th>2.1 Aufbau und Funktion des IR</th>
<th>2.2 Bedienelemente u. Anzeigen IR</th>
<th>2.3 Bedienroutinen</th>
<th>2.4 Verfahren von Hand</th>
<th>2.5 Abspeichern von Punkten</th>
<th>2.6 Einfache Wartung</th>
<th>3.1 Grundbegriffe in Mathematik u. DV</th>
<th>3.2 Programmiersystem</th>
<th>3.3 Einfache Verfahrbefehle</th>
<th>3.4 Komplexe Verfahrbefehle</th>
<th>3.5 Programmaufbau</th>
<th>3.6 Programmstrukturen</th>
<th>3.7 Zusatzbefehle</th>
<th>3.8 Verfahrtest</th>
<th>4. Arbeitssicherheit Schweissen</th>
<th>5.1 Schweissanlage</th>
<th>5.2 Werkstück</th>
<th>5.3 physik.- techn. Grundlagen</th>
<th>6.1 Wahl d. Schweissparameter</th>
<th>6.2 Codierung d. Schweissparameter</th>
<th>6.3 Nahtsuche u. Nahtverfolgung</th>
<th>6.4 Schweisstest</th>
<th>7. Betriebl. Arbeitsorganisation</th>
</tr>
<tr>
<td>3.1 Entwickeln des Bewegungsablaufs IR</td>
<td>3</td><td>3</td><td>3</td><td>2</td><td>3</td><td></td><td></td><td>3</td><td></td><td>1</td><td>1</td><td>1</td><td>1</td><td>1</td><td></td><td></td><td>1</td><td>3</td><td>2</td><td>2</td><td></td><td>1</td><td></td><td></td>
<td>31</td><td>25,8</td><td>3</td>
</tr>
<tr>
<td>3.2 Bewegungsablauf Peripherie</td>
<td>2</td><td>2</td><td></td><td></td><td></td><td></td><td></td><td></td><td></td><td></td><td></td><td></td><td></td><td>1</td><td></td><td></td><td>3</td><td>3</td><td>2</td><td>2</td><td></td><td>1</td><td></td><td></td>
<td>16</td><td>13,3</td><td>1</td>
</tr>
<tr>
<td>3.3 Entwerfen der Programmstruktur</td>
<td></td><td></td><td></td><td></td><td></td><td></td><td></td><td>3</td><td>1</td><td></td><td></td><td>3</td><td>3</td><td></td><td></td><td></td><td></td><td></td><td></td><td></td><td></td><td></td><td></td><td></td>
<td>10</td><td>8,3</td><td>1</td>
</tr>
<tr>
<td>3.4 Aufnehmen der Punkte</td>
<td>3</td><td>3</td><td>4</td><td>2</td><td>4</td><td>4</td><td></td><td>4</td><td>2</td><td>1</td><td>1</td><td></td><td></td><td></td><td></td><td></td><td></td><td>2</td><td>2</td><td>2</td><td></td><td></td><td></td><td></td>
<td>34</td><td>28,3</td><td>3</td>
</tr>
<tr>
<td>3.5 Codieren u. Eingeben des Verfahrprogramms</td>
<td>1</td><td></td><td>3</td><td>2</td><td></td><td>1</td><td></td><td>2</td><td>5</td><td>5</td><td>5</td><td>4</td><td>4</td><td>4</td><td></td><td></td><td></td><td></td><td></td><td></td><td>2</td><td></td><td></td><td></td>
<td>38</td><td>31,7</td><td>3</td>
</tr>
<tr>
<td>3.6 Syntaxtest und Korrektur</td>
<td>1</td><td></td><td></td><td></td><td></td><td></td><td></td><td>4</td><td>5</td><td>5</td><td>5</td><td>4</td><td>4</td><td>4</td><td></td><td></td><td></td><td></td><td></td><td></td><td>2</td><td></td><td></td><td></td>
<td>34</td><td>28,3</td><td>3</td>
</tr>
<tr>
<td>3.7 Verfahrtest und Korrektur</td>
<td>4</td><td>2</td><td>5</td><td>4</td><td>4</td><td>4</td><td></td><td>4</td><td>5</td><td>5</td><td>5</td><td>5</td><td>5</td><td>4</td><td>5</td><td></td><td>4</td><td>3</td><td>2</td><td>2</td><td>2</td><td>1</td><td></td><td></td>
<td>75</td><td>65,5</td><td>6</td>
</tr>
<tr>
<td>Σ</td>
<td>14</td><td>10</td><td>15</td><td>10</td><td>11</td><td>9</td><td>0</td><td>20</td><td>18</td><td>17</td><td>17</td><td>17</td><td>17</td><td>14</td><td>5</td><td>0</td><td>8</td><td>11</td><td>8</td><td>8</td><td>6</td><td>3</td><td>0</td><td>0</td>
<td>238</td><td>28,3</td><td>3</td>
</tr>
<tr>
<td>%</td>
<td>40,0</td><td>28,6</td><td>42,8</td><td>26,6</td><td>31,4</td><td>25,7</td><td>0</td><td>57,1</td><td>51,4</td><td>48,6</td><td>48,6</td><td>48,6</td><td>48,6</td><td>40,0</td><td>14,3</td><td>0</td><td>22,6</td><td>31,4</td><td>22,6</td><td>22,6</td><td>17,1</td><td>8,6</td><td>0</td><td>0</td>
<td></td><td></td><td></td>
</tr>
<tr>
<td>Σ</td>
<td>14</td><td colspan="6">55</td><td colspan="8">125</td><td>0</td><td colspan="3">27</td><td colspan="4">17</td><td>0</td>
<td></td><td></td><td></td>
</tr>
<tr>
<td>%</td>
<td>40</td><td colspan="6">26,2</td><td colspan="8">44,6</td><td>0</td><td colspan="3">25,7</td><td colspan="4">12,1</td><td>0</td>
<td></td><td></td><td></td>
</tr>
<tr>
<td>Stufe</td>
<td>4</td><td colspan="6">3</td><td colspan="8">4</td><td>0</td><td colspan="3">3</td><td colspan="4">1</td><td>0</td>
<td></td><td></td><td></td>
</tr>
<tr>
<td>Max.</td>
<td>8</td><td>6</td><td>10</td><td>8</td><td>8</td><td>8</td><td>0</td><td>8</td><td>10</td><td>10</td><td>10</td><td>10</td><td>10</td><td>8</td><td>10</td><td>0</td><td>8</td><td>6</td><td>4</td><td>4</td><td>4</td><td>2</td><td>0</td><td>0</td>
<td></td><td></td><td></td>
</tr>
</table>

Bild A 3.12: Einstufung der Kenntnisanforderungen

Column (STRUKTURMERKMALE) codes used in the table below:

- 1.1 Fein-motorik
- 1.2 unspezifische Motorik
- 1.3 Grob-motorik
- 2.1 Einfache Kenntniselemente
- 2.2 Kenntniselemente mit Parametern
- 2.3 Algorithmische Abläufe
- 2.4 Algorithmen ähnl. Regeln
- 2.5 Regeln mit Empfehlungscharakter
- 2.6 Komplexere Vorgehensweisen
- 3.1 Konkret-gegenst. Objekte
- 3.2 Abstrakt-symbol. Objekte
- 3.3 Kombinierte Objekte
- 4.1 Algorithmisierte E.- u. B.-Leistungen
- 4.2 Qualitative E.- u. B.-Leistungen
- 4.3 Kombinierte E.- u. B.-Leistungen
- 5.1 Modifikation
- 5.2 Analogiebildung
- 5.3 Nutzung Prinziplösung
- 5.4 Nutzung Methodik
- 6.1 Sehr geringe Reichweite
- 6.2 Geringe Reichweite
- 6.3 Mittlere Reichweite
- 6.4 Hohe Reichweite
- 6.5 Sehr hohe Reichweite
- 7.1 Exaktheit bei konkret-gegenständl. Objekten
- 7.2 Räumliches Vorstellungsvermögen
- 7.3 Umgang mit abstrakt-symb. Obj.
- 7.4 Exaktheit bei abstr. symbolischen Obj.
- 7.5 Integration von Kenntnisgebieten

ARBEITSSCHRITTE	Sensu-motorische Leistungen			Behaltens- und Reproduktionsleistungen						Analytisch-diagnost. Leistungen			Entsch.- u. Beurteil.-leistungen			Synthetisch-konzeptionelle Leistungen				Systematisch-vorbedenkendes Handeln					Über-greifende Leistungen					Σ	%	Stufe
	1.1	1.2	1.3	2.1	2.2	2.3	2.4	2.5	2.6	3.1	3.2	3.3	4.1	4.2	4.3	5.1	5.2	5.3	5.4	6.1	6.2	6.3	6.4	6.5	7.1	7.2	7.3	7.4	7.5			
3.1 Entwickeln des Bewegungsablaufs IR	3			3	3	2	3	3	2	2				2		2	2	3	2	3	4	3	2		3	4	2		2	55	37,9	4
3.2 Bewegungsablauf Peripherie	3			3	3	2	3	3	2	2				2		2	2	3	2	3	4	3	2		3	4	1		2	54	37,2	4
3.3 Entwerfen der Programmstruktur				3	4	3	3	4	1		4			4		3	2	2	3	2	2	2	3			4	4	2	4	59	40,7	4
3.4 Aufnehmen der Punkte	4			3	3	2				2				2						4	2				5	4	2	3	1	37	25,5	3
3.5 Codieren u. Eingeben des Verfahrprogramms	1			5	5	4	4	3			3		4							2							4	5		40	27,6	3
3.6 Syntaxtest und Korrektur	1			5	5	4	4	4	3		5		5			5	3	3	3	3	3						5	5		66	45,5	5
3.7 Verfahrtest und Korrektur	1			5	5	4	4	4	4	4	4	4	4	4	4	5	3	3	3	3	3	3			5	4	4	5	2	94	64,8	6
Σ	13	0	0	27	28	21	21	21	12	10	16	4	13	14	4	17	12	14	13	20	18	11	7	0	16	20	22	20	11	405	39,9	
%	37,1	0	0	77,1	80,0	60,0	60,0	60,0	34,2	28,6	45,7	11,4	37,1	40,0	11,4	48,6	34,3	40,0	37,1	57,1	51,4	31,4	20,0	0	45,7	57,1	62,9	57,1	31,4			
Max.	8	0	0	10	10	8	8	8	8	8	8	8	8	8	8	10	6	6	6	8	8	6	6	0	10	8	10	10	8			

Gruppenweise Zusammenfassung (je Leistungsgruppe):

	Sensu-motorische Leistungen	Behaltens- und Reproduktionsleistungen	Analytisch-diagnost. Leistungen	Entsch.- u. Beurteil.-leistungen	Synthetisch-konzeptionelle Leistungen	Systematisch-vorbedenkendes Handeln	Über-greifende Leistungen
Σ	13	130	30	31	56	56	89
%	12,4	61,9	28,6	29,5	40,0	32,0	50,9
Stufe	1	6	3	3	4	3	5

Bild A 3.13: Einstufung der Regulationsanforderungen

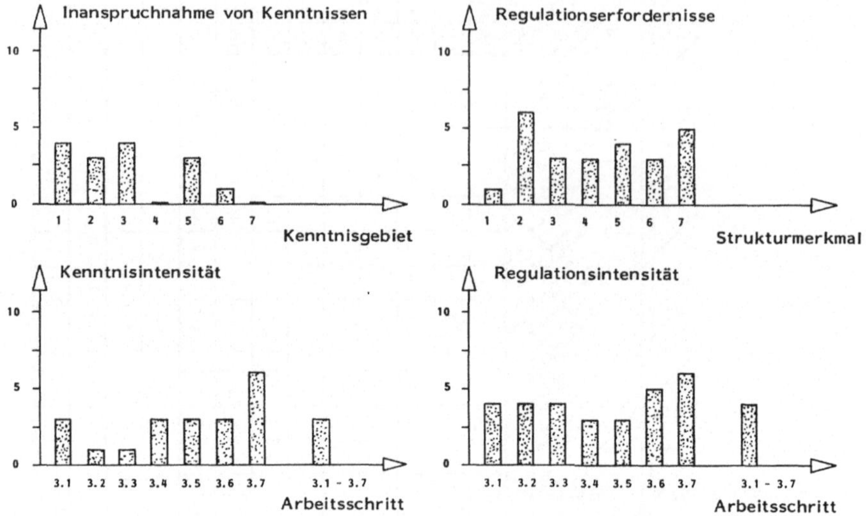

Bild A 3.14:   Anforderungsstrukturen im Arbeitsfeld 3

A 3.6.6   Anforderungen im Arbeitsfeld 4: Schweißprogrammierung

Arbeitsfeld 4 umfaßt den Ausbau des lauffähigen Verfahrprogramms zum schweißfähigen Programm. Dazu sind im wesentlichen die Schweißparameter zu bestimmen und einzugeben sowie nach einem eventuellen weiteren Verfahrtest und einem Schweißtest entsprechende Korrekturen vorzunehmen, bis ein lauffähiges Produktionsprogramm mit entsprechender Produktqualität vorliegt.

Zu den programmier- und robotertechnischen Kenntnissen treten jetzt noch erhebliche schweißtechnische Kenntnisse für die Wahl und Optimierung der Schweißparameter. Da Programmänderungen zur Korrektur von Schweißparametern oder Geometriedaten immer auch IR- und programmtechnische Kenntnisse erfordern, ist die Schweißprogrammierung das kenntnisintensivste Arbeitsfeld. Entspechend sind auch die regulatorischen Erfordernisse höher, lediglich die Anforderungen an synthetisch-konzeptionelle Leistungen sind geringer, da die wesentliche Strukturen im Programm ja schon im vo-

KENNTNISFELDER / ARBEITSSCHRITTE	Grundkenntnisse IR							Kenntnisse Verfahrprogrammierung								Grundkenntnisse Schweißen				Kenntnisse Schweißprogrammierung							
	1. Arbeitssicherheit IR	2.1 Aufbau und Funktion des IR	2.2 Bedienelemente u. Anzeigen IR	2.3 Bedienroutinen	2.4 Verfahren von Hand	2.5 Abspeichern von Punkten	2.6 Einfache Wartung	3.1 Grundbegriffe in Mathematik u. DV	3.2 Programmiersystem	3.3 Einfache Verfahrbefehle	3.4 Komplexe Verfahrbefehle	3.5 Programmaufbau	3.6 Programmstrukturen	3.7 Zusatzbefehle	3.8 Verfahrtest	4. Arbeitssicherheit Schweissen	5.1 Schweissanlage	5.2 Werkstück	5.3 physik.-techn. Grundlagen	6.1 Wahl d. Schweissparameter	6.2 Codierung d. Schweissparameter	6.3 Nahtsuche u. Nahtverfolgung	6.4 Schweisstest	7. Betriebl. Arbeitsorganisation	Σ	%	Stufe
4.1 Festlegen der Schweissparameter																	2	4	4	5	1	5			21	17,5	2
4.2 Codierung der Schweissparameter									3			4									2	5	5			19	15,8	2
4.3 Verfahrtest und Korrektur	4	2	5	4	4	4		4	5	5	5	5	5	5	5		5	3	3	5	5	5			88	73,3	7
4.4 Schweissanlage einstellen																4	4		2	3			1		14	11,7	1
4.5 Schweisstest (mit Korr.)	4	2	5	4	4	2		2	5	4	4	4	4	4	5	4	4	4	5	5	5	5	5		90	75,0	7
4.6 Nahtbeurteilung																		4	4	3					11	9,2	1
4.7 Korrekturen	3	2	5	4	3	2		2	4	4	4	4	3	3	5		4	4	5	5	5	5			76	63,3	6
4.8 Programm sichern									3															2	5	4,2	0
Σ	11	6	15	12	11	8	0	8	20	13	13	17	12	12	15	8	19	19	23	28	21	25	6	2	324	33,8	3
%	27,5	15,0	37,5	30,0	27,5	20,0	0	20,0	50	32,5	32,5	42,5	30,0	30,0	37,5	20,0	47,5	47,5	57,5	70,0	52,5	62,5	15,0	5,0			
Σ	11	52						110								8	61			80				2			
%	27,5	21,7						34,4								20,0	50,8			50,0				5,0			
Stufe	3	2						3								2	5			5				1			
Max.	8	4	10	8	8	8	0	8	10	10	10	10	10	10	10	8	10	8	10	10	10	10	13	4			

Bild A 3.15: Einstufung der Kenntnisanforderungen

Bild A 3.16: Einstufung der Regulationsanforderungen

STRUKTURMERKMALE (Spaltengruppen und Einzelmerkmale):

- **Sensu-motorische Leistungen:** 1.1 Fein-motorik · 1.2 unspezifische Motorik · 1.3 Grob-motorik
- **Behaltens- und Reproduktions-leistungen:** 2.1 Einfache Kenntnis-elemente · 2.2 Kenntniselementen mit Parametern · 2.3 Algorithmische Abläufe · 2.4 Algorithmen Regeln · 2.5 Regeln mit Empfehlungscharakter · 2.6 Komplexere Vor-gehensweisen
- **Analytisch-diagnost. Leistungen:** 3.1 Konkret-gegenst. Objekte · 3.2 Abstrakt-symbol. Objekte · 3.3 Kombinierte Objekte
- **Entsch.- u. Beurteil.-leistungen:** 4.1 Algorithmisierte E.- u. B.-Leistungen · 4.2 Qualitative E.- u. B.-Leistungen · 4.3 Kombinierte E.- u. B.-Leistungen
- **Synthetisch-konzeptionelle Leistungen:** 5.1 Modi-fikation · 5.2 Analogie-bildung · 5.3 Nutzung Prinzip-lösung · 5.4 Nutzung Methodik
- **Systematisch-vorbedenkendes Handeln:** 6.1 Sehr geringe Reichweite · 6.2 Geringe Reichweite · 6.3 Mittlere Reichweite · 6.4 Hohe Reichweite · 6.5 Sehr hohe Reichweite
- **Über-greifende Leistungen:** 7.1 Exaktheit bei konkret-gegenständl. Objekten · 7.2 Räumliches Vor-stellungsvermögen · 7.3 Umgang mit abstrakt-symb. Obj. · 7.4 Exaktheit bei abstr.-symbolischen Obj. · 7.5 Integration von Kenntnisgebieten

ARBEITSSCHRITTE:
4.1 Festlegen der Schweissparameter · 4.2 Codierung der Schweissparameter · 4.3 Verfahrtest und Korrektur · 4.4 Schweissanlage einstellen · 4.5 Schweisstest (mit Korr.) · 4.6 Naht-beurteilung · 4.7 Korrekturen · 4.8 Programm sichern

ARBEITSSCHRITTE	1.1	1.2	1.3	2.1	2.2	2.3	2.4	2.5	2.6	3.1	3.2	3.3	4.1	4.2	4.3	5.1	5.2	5.3	5.4	6.1	6.2	6.3	6.4	6.5	7.1	7.2	7.3	7.4	7.5	Σ	%	Stufe
4.1 Festlegen der Schweissparameter				5	5		4	4	3	4	4	4	2	5	4	4	4	3	4	2	2	2			4	4	4	3	2	82	56,6	6
4.2 Codierung der Schweissparameter	1			4	3	3					2		3	2		2				2							3	4	3	32	22,1	2
4.3 Verfahrtest und Korrektur	1			5	5	4	4	4	4	4	5	4	4	5	4	5	3	3	3	3	3	2			5	4	5	5	4	98	67,6	7
4.4 Schweissanlage einstellen		1		3	3					3				3		4				2	2				4				2	27	18,6	2
4.5 Schweisstest (mit Korr.)	1	1		5	5	4	4	4	5	5	5	5	4	5	4	5	3	3	3	3	3	3			5	4	5	5	5	104	71,7	7
4.6 Naht-beurteilung				5	5		3			4	4	5	4	4	5	5	3			3	3				5	4	3	4	5	74	51,0	5
4.7 Korrekturen	1	1		5	5	4	4	4	5	4	4	5	4	4	4	5	3	2	2	3	3					4	5	5	5	91	62,8	6
4.8 Programm sichern		1		3	3	3					2			2		3	2			2					1		2	4		28	19,3	2
Σ	4	4	0	35	34	18	19	16	17	24	26	23	21	30	21	33	18	11	12	20	16	7	0	0	24	20	27	30	26	536	46,2	5
%	10	10	0	87,5	85,0	45,0	47,5	40,0	42,5	60,0	65,0	57,5	52,5	75,0	52,5	82,5	45,0	27,5	30,0	50,0	40,0	17,5	0	0	60,0	50,0	67,5	75,0	65,0			
Max.	2	2	2	10	10	8	8	8	10	10	10	10	8	10	10	10	8	6	8	6	6	6	0	0	10	8	10	10	10			

Zusammenfassung nach Spaltengruppen:

	Sensu-motorische Leistungen	Behaltens- und Reproduktions-leistungen	Analytisch-diagnost. Leistungen	Entsch.- u. Beurteil.-leistungen	Synthetisch-konzeptionelle Leistungen	Systematisch-vorbedenkendes Handeln	Über-greifende Leistungen
Σ	8	139	73	72	74	43	127
%	6,6	57,9	60,8	60,0	46,3	21,5	63,5
Stufe	1	6	6	6	5	2	6

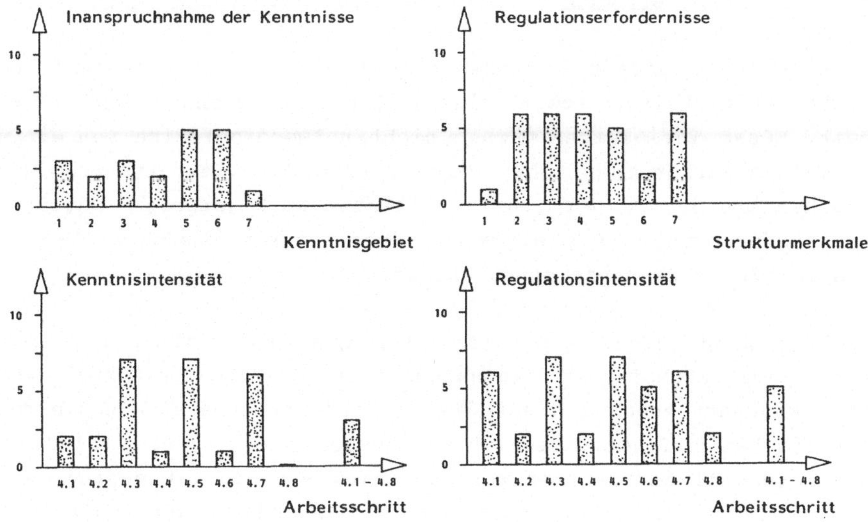

Bild A 3.17:   Anforderungsstrukturen im Arbeitsfeld 4

rigen Arbeitsfeld festgelegt wurden.

Am kenntnisintensivsten sind die verschiedenen Tests mit ihren Korrekturen. Allerdings sollte Arbeitsschritt 4.1 (Festlegen der Schweißparameter) nicht unterschätzt werden. Die hohe Ausprägung der regulatorischen Erfordernisse zeigt, daß das Spektrum der schweißtechnischen Kenntnisse nicht einfach einzusetzen ist. Das Problem liegt darin, daß die Kenntnis der verschiedenen schweißtechnischen Parameter und ihrer Wechselwirkungen für eine konkrete Schweißaufgabe numerisch exakt umgesetzt werden muß. Die Regulationsintensität der relevanten Arbeitsschritte ist recht hoch, vor allem in den korrigierenden Arbeitsschritten.

Die Betrachtung des Maximalprofils zeigt, daß bei der Schweißprogrammierung - mehr noch als bei der Verfahrprogrammierung - praktisch alle Anforderungen gemeinsam auftreten. Sicher sind die Anforderungen je nach Werkstück, Material und Fabrikat des IR unterschiedlich in den konkreten Inhalten und der Anforderungshöhe. Aber schon das hier zugrunde gelegte relativ einfache Werkstück zeigt, daß die Vermittlung der Schweißprogrammierung sehr sorgfältig strukturiert sein muß.

A 3.6.7 <u>Anforderungen im Arbeitsfeld 5: Automatikbetrieb</u>

Arbeitsfeld 5 umfaßt im wesentlichen einfache Einlege- und Überwachungstätigkeiten sowie die Qualitätsüberwachung und Nacharbeit. Diese Tätigkeiten müssen nicht notwendigerweise von ein und
derselben Person ausgeführt werden, so daß aus arbeitsorganisatorischen Gründen in der Praxis teilweise noch geringere Qualifikationsanforderungen für einzelne Arbeitspersonen anzutreffen sind
als im hier zugrundegelegten Ablauf.

Wichtig sind primär Kenntnisse der Arbeitssicherheit und (ggf.)
der schweißtechnischen Produktqualität (Nahtbeurteilung). Letztere konzentrieren sich auf die Nacharbeit, genauso wie die regulatorischen Erfordernisse, die insgesamt sehr gering sind. Das
Maximalprofil der regulatorischen Erfordernisse ist geprägt durch
die manuelle Nacharbeit. Die gesamte Anforderungsstruktur derartiger Tätigkeiten ist weniger von qualifikatorischen als von den
physischen Anforderungen der zeitlich dominierenden Einlegetätig-
keiten bestimmt, die sich zusammen mit der meist gegebenen Orts-
und Zeitbindung und den minimalen Handlungsspielräumen eher be-
lastend auswirken. Für die Qualifizierung von Schweißern ist dieses Arbeitsfeld von nachgeordneter Bedeutung.

ARBEITSSCHRITTE \ KENNTNISFELDER	1. Arbeitssicherheit IR	2.1 Aufbau und Funktion des IR	2.2 Bedienelemente u. Anzeigen IR	2.3 Bedienroutinen	2.4 Verfahren von Hand	2.5 Abspeichern von Punkten	2.6 Einfache Wartung	3.1 Grundbegriffe in Mathematik u. DV	3.2 Programmiersystem	3.3 Einfache Verfahrbefehle	3.4 Komplexe Verfahrbefehle	3.5 Programmaufbau	3.6 Programmstrukturen	3.7 Zusatzbefehle	3.8 Verfahrtest	4. Arbeitssicherheit Schweissen	5.1 Schweissanlage	5.2 Werkstück	5.3 physik.-techn. Grundlagen	6.1 Wahl d. Schweissparameter	6.2 Codierung d. Schweissparameter	6.3 Nahtsuche u. Nahtverfolgung	6.4 Schweisstest	7. Betriebl. Arbeitsorganisation	Σ	%	Stufe
(Gruppen)	Grundkenntnisse IR							Kenntnisse Verfahrprogrammierung									Grundkenntnisse Schweißen			Kenntnisse Schweißprogrammierung							
5.1 Beschicken, Entnehmen	2	1	1													2		3						0	9	7,5	1
5.2 Programm laden	1	1	2	2				2																	8	6,7	1
5.3 Auslösen Automatikbetrieb	2	1	1	2												2									8	6,7	1
5.4 Überwachen Schweissvorgang	2															2			3					1	8	6,7	1
5.5 Überwachen IR	2	2	2													1								1	8	6,7	1
5.6 Überwachen Produktqualität																		3	3						6	5,0	1
5.7 Nacharbeit																		3	3						6	5,0	1
Σ	9	5	6	4	0	0	0	2	0	0	0	0	0	0	0	7	0	9	9	0	0	0	0	2	53	6,3	1
%	25,7	14,3	17,1	11,4	0	0	0	5,7	0	0	0	0	0	0	0	20,0	0	25,7	25,7	0	0	0	0	5,7			
Σ (Gruppe)	9	15						2								7	18			0				2			
% (Gruppe)	25,7	7,1						0,7								20	17,1			0				5,7			
Stufe (Gruppe)	3	1						0								2	2			0				1			
Max.	4	4	4	4	0	0	0	4	0	0	0	0	0	0	0	4	0	6	6	0	0	0	0	4			

Bild A 3.18: Einstufung der Kenntnisanforderungen

ARBEITSSCHRITTE / STRUKTURMERKMALE	Sensu-motorische Leistungen			Behaltens- und Reproduktionsleistungen						Analytisch-diagnost. Leistungen			Entsch.- u. Beurteil.-leistungen			Synthetisch-konzeptionelle Leistungen				Systematisch-vorbedenkendes Handeln					Über-greifende Leistungen					Σ	%	Stufe
	1.1 Feinmotorik	1.2 unspezifische Motorik	1.3 Grobmotorik	2.1 Einfache Kenntniselemente	2.2 Kenntnis mit Parametern	2.3 Algorithmische Abläufe	2.4 Algorithmen ähnl. Regeln	2.5 Regeln mit Empfehlungscharakter	2.6 Komplexere Vorgehensweisen	3.1 Konkret-gegenst. Objekte	3.2 Abstrakt-Symbol. Objekte	3.3 Kombinierte Objekte	4.1 Algorithmisierte E.- u. B.-Leistungen	4.2 Qualitative E.- u. B.-Leistungen	4.3 Kombinierte E.- u. B.-Leistungen	5.1 Modifikation	5.2 Analogiebildung	5.3 Nutzung Prinziplösung	5.4 Nutzung Methodik	6.1 Sehr geringe Reichweite	6.2 Geringe Reichweite	6.3 Mittlere Reichweite	6.4 Hohe Reichweite	6.5 Sehr hohe Reichweite	7.1 Exaktheit bei konkret-gegenständl. Objekten	7.2 Räumliches Vorstellungsvermögen	7.3 Umgang mit abstrakt-symb. Obj.	7.4 Exaktheit bei abstr. symbolischen Obj.	7.5 Integration von Kenntnisgebieten	Σ	%	Stufe
5.1 Beschicken, Entnehmen	1	2	1	1						1				1		1				1					2	1				12	8,3	1
5.2 Programm laden		1		1	1	1					1			1		1				1							1	2		11	7,6	1
5.3 Auslösen Automatikbetrieb				1										1																2	1,4	0
5.4 Überwachen Schweissvorgang				2	1			2		2				2						2	1				2					14	9,7	1
5.5 Überwachen IR				2	1			2		1	1		2	1						1					2	2				15	10,3	1
5.6 Überwachen Produktqualität								1		3				2						1	2				3					12	8,3	1
5.7 Nacharbeit	2	2	2	3	2			2		3				3						3	2				4					27	18,6	2
Σ	3	5	3	10	5	1	0	7	0	10	2	0	2	11	0	2	0	0	0	9	5	0	0	0	13	3	1	2	0	94	9,3	1
%	8,6	14,3	8,6	28,6	14,3	2,9	0	20	0	28,6	5,7	0	5,7	31,4	0	5,7	0	0	0	25,7	14,3	0	0	0	37,1	8,6	2,9	5,7	0			
Σ	11			23						12			13			2				14					19							
%	10,5			11,0						11,4			12,4			1,4				8,0					10,9							
Stufe	1			1						1			1			0				1					1							
Max.	4	4	4	6	4	2	0	4	0	6	2	0	4	6	0	2	0	0	0	6	4	0	0	0	8	6	2	4	0			

Bild A 3.19: Einstufung der Regulationsanforderungen

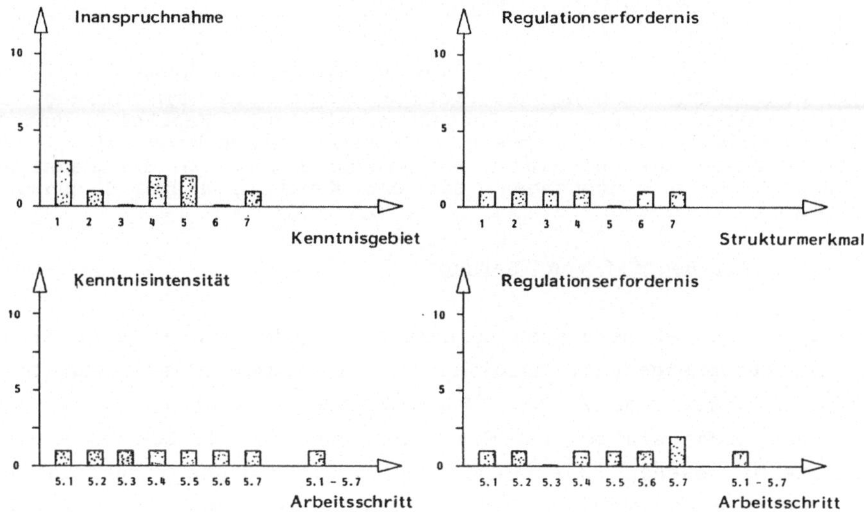

Bild A 3.20: Anforderungsstrukturen im Arbeitsfeld 5

A 4   Begründungen und Erläuterungen zu den Begriffsbildungen
           der pädagogischen Methodik

In diesem Teil 4 des Anhanges werden die eingeführten Prinzipien
der Makro- und Mikrostrukturierung sowie die Typisierung der
Lernanforderungen und das Phasenkonzept (vgl. Kapitel 4 und 5)
näher begründet und erläutert. Einleitend wird kurz auf den Begriff des Lernens und einige empirische Ergebnisse der Denk- und
Lernpsychologie eingegangen, die den Kapiteln 4 bis 6 zugrunde
liegen.

A 4.1   Zum Begriff von "Lernen"

Die Vielfalt der bekannten Lernarten hat Edelmann in vier Grundformen zusammengefaßt: assoziatives, instrumentelles, kognitives
und Handlungslernen /273/. "Handeln" und "Verhalten" werden bei
Edelmann nicht als polarer Gegensatz, sondern als Eckpunkte eines
Kontinuums gesehen, das durch "gewohnheitsmäßiges Verhalten" und
"partialisierte Handlung" näher beschrieben ist /274/. Wichtig
ist an diesem Denkansatz, daß gerade planvolles Handeln eine bestimmte kognitive Struktur /275/ voraussetzt, also die Kenntnis
von Begriffen, Regeln und Heurismen. Der Begriff des Lernens von
Handeln sollte deshalb nicht auf das Erlernen der Handlungen ver-
engt werden, sondern auf dem Erlernen der notwendigen Voraussetzungen aufbauen.

Für die Thematik des Lernens an programmierbaren Betriebsmitteln
ist Lernen als ein vielschichtiger Prozeß zu sehen:
o   Lernen ist zunächst Begriffs- und Regellernen.
     Begriffe und Regeln sind wesentliche Grundlagen von kogniti-
     ven Verarbeitungen und von praktischen Handlungen. Begriffe
     (nicht Wörter) und Regeln sind im Hinblick auf die praktische
     Anwendung zu lehren, da kognitives Lernen im Wechselspiel von
     kognitiven zu aktionalen und abstrakten zu konkreten Reprä-
     sentationen des Wissens besonders effektiv ist.
o   Lernen ist aber auch Handlungslernen, da erst im Wechselspiel
     verschiedener Repräsentationsformen (aktional/imaginitiv/sym-
     bolisch bzw. visuell/sprachlich) das Wissen fixiert und ver-
     fügbar wird. Die Rolle von Sprache in diesem Wechselspiel ist
     sehr wichtig, da Sprache ordnend und fixierend auf die Denk-
     prozesse wirkt.

o   Handlungslernen ist auch Problemlösungslernen, d.h. Lernen an
    Aufgaben mit abgestufter Problemhaltigkeit. Dies ist vor al-
    lem für die Sicherung der Nutzbarkeit des Begriffslernens und
    die Herausbildung von praktischem Anwendungswissen und von
    Metakompetenzen über Methodenwahl und Methodeneinsatz wich-
    tig.

o   Lernen ist aber auch die Einbindung von mehr oder weniger
    strukturierter Erfahrung in vorhandene kognitive Strukturie-
    rungen. Es sind Mehrfachbezüge zwischen den Elementen des
    vermittelten Wissens zu schaffen, um über ein "reiches seman-
    tisches Netz" vielfältige Anlagerungsmöglichkeiten des neuen
    an das alte Wissen zu schaffen.

o   Lernen ist aber auch die Strukturierung und Umstrukturierung
    von Wissen. Zunächst relativ ungeordnet angelagertes Wissen
    ist durch Zusatzinformationen zu strukturieren.

D.h., es sollte nicht von einem monistischen Begriff des Handlungslernens ausgegangen werden, sondern von einer Stufung von
Lernarten, die in ihrer Pluralität für das Handlungslernen erforderlich sind.

A 4.2   <u>Psychologische Empirie des Denkens und Lernens</u>

Während im Kapitel 2 des Hauptteils einige mehr oder minder geschlossene Theoriekonzepte und Erklärungsversuche nach ihren Autoren geordnet skizziert wurden, werden hier empirische Ergebnisse der Denk- und Lernpsychologie in thematischer Anordnung zusammengestellt, die tendenziell für das Begriffslernen und für
die Problembearbeitung wichtig sein könnten. Zum Stand der Forschung noch eine Anmerkung: Selbst eine von der Anlage im Vergleich zu vielen Alltagserfahrungen her so klare Aufgabe wie das
Schachspiel ist weder psychologisch noch mathematisch soweit
durchdrungen, als daß sie - wie z.B. das Dame- oder Mühlespiel -
vollständig und abschließend hätte formalisiert werden können.
Die Ergebnisse der Denkpsychologie beruhen deshalb vielfach auf
Aufgabenstellungen, die man im Alltagssprachgebrauch als "Denksportaufgaben" bezeichnen könnte. Die folgende Darstellung orientiert sich an der Darstellung bei Oerter /276/. Soweit nicht anders vermerkt, beziehen sich die Seitenangaben im Abschnitt A 4.2
auf dieses Werk.

A 4.2.1 <u>Begriffsbildung</u>

"Begriff" wird verstanden als eine Regel oder System von Regeln, mit deren Hilfe Ereignisse (Eindrücke, Reize, Erlebnisse) oder Objekte nach Merkmalen klassifiziert werden (S. 19, S. 31). Für die Klassifizierung ist eine kognitive Leistung an geistigen Repräsentationen der Gegenstände erforderlich. Es werden aktionale, imaginative und symbolische Repräsentationen unterschieden (S. 20). Sprache ist ein Mittel der Symbolisierung, andere sind möglich. Die Herausbildung ikonischer und symbolischer Repräsentationen und damit von Begrifflichkeit wird durch Leistungen wie Diskriminieren, Benennen, Ordnen, Gruppieren, Klassifizieren, Sequenzieren gefördert, da so Abstraktion, Ordnungsprinzipien und Klassifikationsregeln herausgebildet werden (S. 29 f).

Begriffe werden konstruiert durch konjunktive, disjunktive oder relationale Verknüpfungen, z.B. über Attribute. Die Begriffsbildung erfolgt über notwendige und wahrscheinliche Merkmale (S. 33 f). Eine Hilfestellung bei der Begriffsbildung ist zunächst eine klare Zielangabe (Instruktionsverstehen), z.B. mit expliziter Darlegung der logischen Beziehungen des zu erlernenden Begriffs (Oberbegriff, Unterbegriff) (S. 59). Die Problemsituation sollte über Wahrnehmungshilfen, Strukturierungshinweise oder Ziel-Mittel-Weg-Informationen strukturiert werden (S. 61). Falsch ist es, den Begriffsnamen nur möglichst oft zu benennen - entscheidend ist die Erarbeitung seiner bestimmenden Merkmale (S. 63). Informationsdarbietung und Aufgabe sollten sinnvoll, d.h. mit identifizierbaren sachlogischen Bezügen, Bezug zu vorhandenen Wissensbestandteilen und mit Handlungsbezug, strukturiert werden. Störende Eindrücke der sinnlichen Wahrnehmung durch Spezifitäten oder Komplexität der realen Objekte können über Modelle oder Wahrnehmungshilfen (z.B. Markierungen) vermieden werden (ebd.).

A 4.2.2 <u>Begriffsbildung und Sprache</u>

Sprachliche Etikettierung hilft bei der Begriffsbildung, wobei die ausschließliche Nutzung der imaginativen Repräsentationsebenen über konkrete Materialisation eher stört denn hilft. Es kommt vielmehr darauf an, aktionale, imaginative und symbolische Repräsentationsebene zu verbinden (S. 72 f). Die sprachliche Etikettierung soll Objekte, wichtige Relationen und Operationen einschließen. Über die Anzahl der Operationen werden Invariante, also wesentliche Sach- und Problemstrukturen, deutlich (S. 75). Irrelevante Benennungen wirken störend (S. 97). Schon siebenjährige Kinder lernen bei bestimmten Aufgaben ohne sprachliche Unterstützung genauso gut wie mit ihr (S. 98). Die Experimente "beweisen nicht schlüssig, daß die Sprache wesentlich an der Begriffsbildung beteiligt ist, wohl aber, daß Probanden, die rasch Begriffe bilden, leicht eine Verbalisierung der gefundenen Merkmale vornehmen können" (S. 98).

Die regulierende Funktion der Sprache ist bei Kindern entwicklungsabhängig (S. 101 f). "Da die innere Sprache fluktuierend und inkonsistent (Wygotski, V.K.) ist, erfüllt sie oft nicht mehr ihre regulierende Funktion. Zwingt man den Denkenden, seine Denkschritte sprachlich zu formulieren oder wenigstens durch sprachliche Äußerungen zu begleiten, so gewinnt sehr oft das Denken an Klarheit und der Proband steigert seine Denkleistungen." (S. 103) Verbalisierung scheint aber nur unter bestimmten Bedingungen wirksam zu sein, z.B. kaum in von Haus aus verbalen Tests (S. 106). Als reine Benennung bleibt sie wirkungslos; sie wirkt positiv über die Benennung von Strukturmerkmalen von Objekten oder Strategien, da so reines Versuchs-Irrtums-Verhalten herausgestellt wird (S. 107). "Die Umsetzung von Denken in Sprache beinhaltet auch Konstruktionsprozesse und kann selbst ein Denkakt sein" /277/. "Umgekehrt gelingt es durchaus nicht immer, zu einem sprachlich gefaßten Inhalt die entsprechenden Vorstellungen zu erzeugen." /278/. Das Wechselspiel von "Bildcode" zum "verbalen Code" verändert das Gedankengebäude und kann als Denkmittel eingesetzt werden /277/.

Sprachliche Codierung gilt als notwendige Voraussetzung für einen geordneten Denkablauf (ebd.). "Bildhafte Vorstellungen... sind instabil, variieren leicht, gleiten ineinander", die sprachliche Codierung wirkt stabilisierend und fixierend (ebd.).

Das im Gedächtnis gespeicherte Wissen ist in einem semantischen Netz mit zwei zentralen, transitiven Relationen (Merkmals- und Oberbegriffsrelation) hierarchisch organisiert. Diese Ordnungsstruktur ist individuell unterschiedlich und variiert über der

Zeit. Neues Wissen sollte zuerst qualitativ, dann quantitativ-formelmäßig eingeführt werden, da zunächst mangels Sinnverstehens keine "reiche Semantik" für die Anlagerung dieses Wissens an die vorhandenen kognitiven Strukturen entwickelt ist. Dazu ist eine "primäre Begriffsbildung aus unmittelbarer sinnlicher Wahrnehmung und Betonung des qualitativen Gehaltes" zweckmäßig. "Eine ... von außen vorgegebene hierarchische Strukturierung des Lernangebotes erhöht die Aufnahmekapazität und hilft dabei, einzelne Teile des semantischen Netzes miteinander zu verbinden, hat also sinnstiftende Wirkung" /279/. Das erworbene Wissen wird im Gedächtnis umstrukturiert. Bewährtes Wissen wird zum einen generalisiert auf andere Bereiche mit dem Risiko, daß es dort nicht mehr stimmt. Diese Umstrukturierung kann für Transferleistungen genutzt werden. Zum anderen werden differenzierende Merkmale weggelassen. Es scheint sich hier um ein Ökonomisierungsprinzip des Gedächtnisaufwandes zu handeln /280/.

Sprachlich codierte Information wird besser erinnert und ist leichter verfügbar (S. 108). Entscheidend ist aber nicht die schlichte Kopplung von bildlicher Darstellung und Wort, sondern der im Bild gegebene Sinnzusammenhang der einzelnen Elemente (S. 109). Sprache wirkt im Denkprozeß über Ordnungsprinzipien (Syntax, Begriffshierarchien, Sachlogik, Subjekt/Objekt/Attribut-Beziehungen, Assoziation) und Superzeichenbildung informationsreduzierend und erleichtert so die Gedächtnisleistung (S. 110).

Sprachfreies Begriffsverstehen ist nachgewiesen (S. 122). Denken ist nicht an sprachliche Symbole gebunden, wird aber durch sie erleichtert.
"Nach unserem heutigen Wissen sind Denkleistungen von einem gewissen Niveau an ohne Sprache nicht möglich. Der Hauptgrund hierfür liegt aber nicht darin, daß das Denken auf dieser Ebene gleichsam ein inneres Sprechen ist, sondern daß die Sprache bei adäquater Verwendung Funktionen verlangt, die auch für das Denken unentbehrlich sind." (S. 122)

Für den Unterricht, in dem es immer um den Erwerb von Ordnungsprinzipien für Wissensbestände und Problemlöseverhalten geht (S. 127), sind die Etikettierung von Begriffen (Wortschatzbildung) und die Codierung von Sachverhalten (Strukturen, Relationen) in

einer adäquaten Syntax zwei wichtige Schwerpunkte (S. 128). Verbalisierung ist als individuelle Denkhilfe und diagnostisches Instrument für den Lehrer nutzbar und hilfreich (S. 130).

A 4.2.3 Forschung zum Problemlösen

Die psychologisch orientierte Informationsverarbeitungstheorie
(z.B. Klix /281/) und die Problemlösungsforschung (z.B. Dörner
/282/) versuchen Denkprozesse mathematisch, insbesondere algorithmisiert zu beschreiben. Untersucht werden vor allem abgeschlossene Problemräume /284/ vom Typus Denksportaufgabe mit dem
Ziel, die interne Repräsentation des Problems und die Abhängigkeit des Lösungsverlaufes von derselben näher aufzuklären.

Der Stand ist schnell umrissen: Aufgrund der immensen methodischen Probleme existiert eine Vielzahl von Einzelergebnissen, die
wegen ihrer "zu geringen Verallgemeinerungsfähigkeit unbefriedigend" bleiben /285/.

So scheint z.B. derzeit nicht einmal eine Systematik der Strategien der Wegsuche beim Problemlösen leistbar zu sein /286/, da
diese z.B. stark von den Eigenschaften der jeweiligen Aufgaben
bestimmt sind /287/. Insbesondere ist wenig über den Zusammenhang
von Problemlösen und Gedächtnis bekannt /288, 289/. Als Einzelaussagen mit möglichem Anwendungsbezug seien aufgeführt:

Für die Leistung beim Problemlösen scheint die präzise Formulierung der Aufgabenstellung vor allem unter dem Aspekt der Anbindung des Problems an die interne Repräsentation bei der Zielper-
son wesentlich zu sein (Instruktionsverstehen) /290/.

Die Güte der Einbindung von Information in ausgebildete Wissenstrukturen wird vom Bekanntheitsgrad der gegebenen Information
bestimmt /291/. Das bedeutet, daß die Struktur des bereits bekannten Wissens die Organisation der Gedächtnisstruktur bei der
Integration von Kontextwissen determiniert /292/. Daher bringt
die Einordnung eines neuen konkreten Sachverhaltes auf einem vorhandenen Abstraktum neue Information /293/. Für eine vielfältige
Wissensanwendung kommt es also sehr darauf an, abstrakte und konkrete Gedächtnisinhalte eng zu koppeln, z.B. über Analogieschlüsse

/293/. "Kognitive Operationen sind <u>keine</u> Computeroperationen. Sie arbeiten mit einer mitunter recht beträchtlichen Unschärfe. Sie arbeiten ungenau" /294/. Die Differenziertheit des Heurismusinventars dürfte als Merkmal der "operativen Intelligenz" sicherlich bedeutsam sein /294/. "Die Leistungsfähigkeit von Intelligenztests für die Prognose von Problemlösungsleistungen ist gering" /295/.

A 4.2.4 <u>Einzelergebnisse zum Problemlösen</u>

Über die Ähnlichkeit der Problemsituation mit vorhandenem, aktualisiertem Wissen über Sachverhalte und Mittel wird die Antizipation der Problemlösung erleichtert, was wiederum die Wissensaktualisierung fördert ("Resonanzwirkung") (S. 137). Probleme werden transformiert durch Analogiebildung, Assoziation oder Zerlegung in Teilprobleme (S. 140 f). Wahrnehmungshilfen zur Problemstrukturierung können anschaulich visuell oder strukturell-sprachlich sein (S. 147 f). Bewußte Reflexion über den Lösungsweg ist nach Piaget erst ab dem zwölften Lebensjahr möglich (S. 151); eine Tatsache, die bei der Würdigung der empirischen Fundierung von Galperins Ansatz in Betracht zu ziehen ist. Wichtig ist eine klare Zielanalyse (was ist gefordert?), und eine Konfliktanalyse (wo liegt das Problem?) (S. 151).

Es ist von einer logischen Hierarchie einzelner, sequentiell erfolgender Lösungsprozesse auszugehen (S. 155). Suchbereich ("Worin könnte die Lösung bestehen, worin sicher nicht?") und Suchmodell ("Worin besteht der prinzipielle funktionale Zusammenhang der Problemstellung?") bestimmen den Rahmen der Suchstrategie und der Aktivierung von Wissens- und Lösungsprogrammen (S. 159). Transformationsprozessen von Problemen, speziell des Suchmodells, kommt deshalb große Bedeutung zu.

Der Mensch denkt nicht in Syllogismen, sein Denken ist voll logischer Fehler (S. 197). Es werden Wahrscheinlichkeitsannahmen getroffen und logische Schlüsse oder Aussagen unzulässig umgekehrt (S. 201). Training mit formalen Syllogismen hilft hier wenig (S. 201). Prämissen von Aufgaben der Schlußfolgerung sollten sachlich und in ihrer sprachlichen und logischen Struktur an das Erfahrungswissen angeknüpft werden, da sonst unzulässige Verzerrungen der Prämissen erfolgen können (S. 203). "Wenn ... Erfahrung und Logik verschiedenartig strukturiert sind, fällt deduktives Denken schwer" (S. 204). "Die Meinung, daß Denken in seiner Hochform abstrakt und "unanschaulich" sei, ist nicht haltbar. Der Denkende benutzt Modelle aus seinem Wahrnehmungsbereich" (S. 217). Dies mag die interdisziplinäre Arbeit manchmal erschweren. Formale Modelle wie in der Mathematik können die inhärenten Mängel des Denkens nur in bestimmten Feldern kontrollieren und kompensieren, da die Voraussetzung sinnvoller Formalisierung eine klare Kategorisierung ist, die nicht in jedem Sachgebiet von vornherein vorausgesetzt werden kann.

Bei der Benutzung von anschaulichen Modellen ist der entscheidende Schritt, die konkreten, spezifischen von den abstrakten, relevanten Merkmalen und Eigenschaften des Modelles zu trennen und so von der imaginativen zur abstrakten Repräsentation des demonstrierten Sachverhaltes zu gelangen. (S. 216) Umgekehrt können die konkreten Züge eines Modells aber auch hilfreich sein, sich nicht im komplexen Geflecht abstrakter Beziehungen zu verlieren (S. 217).

Denkstrategien als "Verhaltenspläne während des Problemlösungsvorgangs" (S. 244) muß das Individuum zur Reduktion von Suchräumen und von Ungewißheit selbst entwickeln (S. 235, 237). Hilfreich hierfür ist die Ordnung und Strukturierung der in Frage kommenden Möglichkeiten (S. 236), z.B. nach Lösungsbeitrag, Lösungssicherheit, Aufwand, sachlichen Abhängigkeiten, Sequenzierung etc. "Optimale Strategien fußen auf logischen Strukturen" (S. 262). Strategiebildung scheint nicht durch eine ausgeklügelte didaktische Führung in kleinsten Schritten lehrbar zu sein (S. 237). Aufgrund des "Konservativismus-Phänomens" (subjektive Wahrscheinlichkeiten werden nur zögernd revidiert) (S. 241 f) sollten Lernsituationen und spätere Praxissituation zur Erleichterung von Lerntransfer korrespondieren, aber nicht identisch sein, um allzu mechanische Übertragungen zu vermeiden.

Das Training in der Prüfung einzelner Hypothesen ist für die Strategiebildung effektiver als eine multiple Hypothesenprüfung (S. 253). Für die Strategiebildung bringt es Vorteile, zunächst schwierigere, dann ähnliche leichtere Aufgaben zu bearbeiten. Der subjektive Schwierigkeitsgrad darf dabei aber nicht so hoch sein, daß er zur Demotivierung führt (272 f).

Wesentliche Merkmale des "theoretischen" gegenüber dem "empirischen Denken" sind in der "dialektischen Logik":
- "Orientierung auf Übergänge und Wechselbeziehungen zwischen den Objekten als Bestandteilen eines ganzheitlichen Systems; ...
- Einheit von Begriff und Methode und Methodenbewußtheit (Reflexion)."

Daraus werden für das theoretische Denken "einige Spezifika der kognitiven Prozesse abgeleitet: Dominieren von Strukturerkennung gegenüber Behalten von Beispielen, von Transformationsregeln gegenüber Klassifikationsregeln, von Operatorstrategien gegenüber Schemastrategien, von systematischer Hypothesenprüfung gegenüber vorrangiger Hypothesenbildung" /296/.

A 4.3   Erläuterung der Bezugsfelder der Makrostrukturierung

Im folgenden wurden die Bezugsfelder der Makrostrukturierung entsprechend Bild 4.2 erläutert.

A 4.3.1 Aufgabenbezug

Die Forderungen des Aufgabenbezuges nach vertikaler und horizontaler Ganzheitlichkeit ergeben sich u.a. aus der Anforderungsanalyse der Arbeitsaufgabe:

1. Das Schweißen mit IR verlangt die Integration der geräte- und programmierbezogenen Kenntnisse mit den schweißtechnischen (horizontaler Aspekt der Ganzheitlichkeit). Die in den Kursen zu bearbeitenden Aufgabenstellungen sollen demnach ebenfalls ganzheitlich sein.
2. Es sollen vollständige regulatorische Abläufe mit Zielbildung, Situationsanayse, Handlungsentwurf, Ziel-Mittel-Weg-Abwägung, Handlungsausführung, Kontrolle und Bewertung möglich sein und auch vom Lerner gefordert werden (vertikaler Aspekt der Ganzheitlichkeit). Diese Aufgaben (und möglichst auch ihre Abfolge) sollen an realen Arbeitsabläufen orientiert sein und als praxisrelevante Handlungen für eine spätere ge-

übte Tätigkeitsausführung zumindest teilweise habitualisierbar sein.

3. Die Komplexität der Arbeitsaufgabe "Schweißprogrammierung" erfordert die systematische Aktivierung vielfältigen Wissens. Es darf daher nicht geschehen, daß im Kurs Wissensvermittlung ("Theorie") und Aufgabenbearbeitung ("Praxis") voneinander getrennt werden, da dies kontraproduktiv wäre.

   Es kommt vielmehr darauf an,
   - solches Wissen zu vermitteln, das für die Aufgabenbearbeitung nutzbringend ist und
   - solche Aufgaben zu stellen, in denen dieses Wissen vielfältig aktiviert und genutzt wird.

Diese Aufhebung des - leider weithin üblichen - Gegensatzes von "Theorie" und "Praxis" zielt auch darauf ab, die Lerner dazu anzuleiten, unbekannte Situationen nicht mehr nach dem Muster von Versuch und Irrtum, sondern vielmehr systematisch-vorbedenkend anzugehen. Dieses ist für ein flexibles, eigenständiges Handeln vor Ort erforderlich.

Da hier eine handlungsorientierte Didaktik und Methodik angestrebt wird, wird der Aufgabenbezug zum Leitprinzip der Makrostrukturierung.

A 4.3.2 <u>Motivationaler Lernerbezug</u>

Ein zweiter Bezug der Kursstrukturierung ist der zur Motivation der Lerner.

Die objektive Diskrepanz von Qualifikationsanforderungen und Lernvoraussetzungen und das erforderliche subjektive Zutrauen des Lerners in die Bewältigbarkeit dieser Diskrepanz machen die Bedeutung des Faktors Motivation deutlich. Aufgrund der Praxis und Berufserfahrung der Zielgruppe darf sich eine Motivierung aber nicht in schönen Sprüchen ("das schaffen wir schon") erschöpfen. Vielmehr ist die Kursstruktur so auszulegen, daß die Teilnehmer vom Sinn und der Machbarkeit der Maßnahme überzeugt sein können.

Es ist hier lediglich auf bekannte Grundprinzipien der Motivierung wie Beachtung der verfügbaren Antizipationsweite, Förderung und Nutzung der kurz- und längerfristigen Appetenz (Motive), erkennbare und bewältigbare subjektive Lerndistanz, Förderung einer

Kausalattribuierung auf die eigene Leistung, Förderung eines positiven Selbstbildes hinzuweisen. Auf Einzelheiten der komplexen Fragen der Lern- und Arbeitsmotivation kann hier nicht detailliert eingegangen werden (vgl. z.B. /297 und 299/). Zusammenfassend führt der motivationale Lernerbezug auf folgende Punkte:

1. Lernen – speziell in darbietenden Phasen – ist für Lernungewohnte eine hohe Belastung für ihre Konzentration und Aufmerksamkeit. Zu ihrer Aufrechterhaltung bedarf es der Motiviertheit. Motivationsförderlich ist eine Perspektive für die Verwertbarkeit der Lerninhalte in der individuellen Arbeits- und Beschäftigungssituation und eine Orientierung über die Gesamtstruktur des Kurses und die jeweils nächsten Schritte.
2. Die Gesamtkomplexität des Kurses ist in eine Sequenz von Lernschritten aufzulösen, so daß die jeweils zu überbrückende Lerndistanz jeweils subjektiv bewältigbar erscheint und auch bewältigbar ist (vgl. dazu den kognitiven Lernerbezug).
3. Aufgrund der Lernvoraussetzungen ist von einer relativ geringen Antizipationsweite der Lerner auszugehen. Zur Sicherung der Lernmotivation sind daher möglichst schnell Lernerfolge zu demonstrieren. Diese Lernerfolge müssen an die Vorerfahrungen der Zielgruppe anknüpfen, also an praktischen, möglichst ganzheitlichen Lernaufgaben ermöglicht werden. Aus Gründen der Stabiliserung der Zielverfolgung und der Motiviertheit sollten diese Lernerfolge – anders als beim Skinner'schen Bekräftigungslernen /300/ – nicht zu einfach erreichbar sein.
Sie sollten vielmehr vom Lerner auf eigene Anstrengung, systematisches Vorgehen und gelerntes Wissen zurückgeführt werden können (Erfolgsorientierung, vgl. /301 bis 303/).
4. Dieses motivationale Grundprinzip, das eigene Handeln als beeinflußbar und erfolgsverursachend zu sehen, hat aus motivationalen und praktischen Gründen auch für den Kurs als Ganzes zu gelten. Der Kursablauf sollte deshalb für die Teilnehmer – in gewissen Grenzen – nach Inhalt, Trainingsmethodik und Schwerpunktsetzung beeinflußbar sein. D.h., es sind schon in der Makrostrukturierung Freiräume für Phasen mit entdecken-

dem Lernen ("Spielen") und für systematische Kurskritik vorzusehen.

5. Aus Gründen der Motivation, aber auch aus lerntheoretischen
    Erwägungen, (Aufnahmefähigkeit, Vermeidung von Interferen-
    zen), ist vom Prinzip des "verteilten Lernens" auszugehen.
    "Leichtere" und "schwierigere" Themenstellungen sollen wech-
    seln und mit der Zeitstruktur des Kurses (Dauer, zeitliche
    Lage, Pausen) abgestimmt sein.

A 4.3.3 <u>Kognitiver Lernerbezug</u>

Voraussetzung für den Erfolg der beschriebenen motivationalen
Strukturierungen des Kurses ist natürlich, daß die subjektive
Wahrnehmung und die objektiven lernanforderungen kongruent bleiben. Der Strukturierung nach dem kognitiven Lernerbezug kommt
deshalb zentrale Bedeutung zu:

1. Analog dem Prinzip der gestuften subjektiven Lerndistanz
    müssen die dargebotene Informationen und die gestellten Auf-
    gaben an die Vorerfahrung, also Wissen und Können, der Ziel-
    gruppe anknüpfen. Die Anforderungen sollen gestuft zunehmen.
    Grundprinzip ist, die real vorhandenen Anforderungssprünge
    zunächst didaktisch zu reduzieren und so dann schrittweise
    wieder auf die volle Komplexität zu reintegrieren. Dies be-
    deutet im Einzelnen die Anwendung folgender Regeln: Stufung
    des Stoffangebotes

    -   nach zunehmender Anzahl der Lernelemente und ihrer Ver-
        knüpfungen (von geringem zu großem Umfang)

    -   vom Anschaulichen (Konkreten) zum Unanschaulichen (Ab-
        strakten)

    -   vom Einfachen zum Komplexen.

2. Zur Sicherung stabil-flexiblen Handelns wie zur Sicherung der
    gelernten Wissensbestandteile ist ein möglichst unmittelbarer
    Wechselbezug zwischen "Theorie" und "Praxis" herzustellen.
    D.h., daß Wissensvermittlung immer im Hinblick (kausal oder

final) auf praktisches Handeln erfolgen sollte, und daß beim praktischen Handeln das erforderliche Wissen immer bewußt, wenn auch unterschiedlich ausführlich, aktiviert werden sollte. Letzteres empfiehlt sich auch schlicht aus Gründen der Verbesserung der Gedächtnisleistung. Praktisch bedeutet dies vor allem die zeitliche Begrenzung von rein darbietenden Lehrabschnitten.

3. Die gestellten Lernaufgaben sind so abzustufen, daß die Teilnehmer zunehmend zu einer bewußten Eigenregulation mit immer höherer Reichweite, also einem systematisch-vorbedenkenden Arbeitsstil, angeregt und angehalten werden. D.h., die Komplexität der Aufgabenstellungen soll zunehmend Prozesse der Teilzielbildung, Zielverfolgung, Ziel-Mittel-Weg-Entscheidung und Handlungskontrolle fördern und den bewußten, gezielten Einsatz von analytisch-diagnostischen, Entscheidungs- und Beurteilungs- sowie synthetisch-konzeptionellen Leistungen ermöglichen und erfordern.

A 4.3.4 <u>Praxisbezug</u>

Ein vierter und letzter Bezug ist der der betrieblichen Praxis, in der das im Kurs Gelernte anzuwenden ist.

1. Da nicht davon auszugehen ist, daß in jeder einzelbetrieblichen Praxis genau solche Aufgabenstellungen anfallen wie im Kurs - sei es durch unterschiedliche Betriebsmittel, Werkstücke oder Arbeitsorganisationen - ist ein Wissens- und Methodentransfer auf andere Problemstellungen zu fördern. D.h. es sind schon innerhalb des Kurses Transferleistungen zu verlangen.

2. Gerade aus Gründen des Transfers und des Prinzips "Lernen zu lernen" ist die Systematik der Lern- und Arbeitsmethodik dem Lerner bewußt zu machen und ihr reflektierter Einsatz zu fördern.

3. Betriebliches Arbeiten erfordert Kommunikation und Kooperation; also sind diese im Kurs gerade an diesem Gegenstand IR-Schweißprogrammierung zu entwickeln und zu üben, z.B. durch Phasen der Gruppenarbeit.

A 4.4   Erläuterungen zur Mikrostrukturierung

A 4.4.1 Prinzipien der Mikrostrukturierung

<u>Prinzip 1</u>: Handlungslernen in der Theorie-Praxis-Verflechtung.
Es ist eine enge sachliche, zeitliche und funktionale Verflechtung von Theorie und Praxis, von Wissen und Handlungsausführung anzustreben. Der Erwerb isolierter Wissensbestandteile ist genauso zu vermeiden wie isoliertes Fertigkeitstraining. Stabil-flexibles Handeln in der Praxis wird besser erreicht, wenn im Kurswissen im Hinblick auf seine Anwendung vermittelt wird und wenn das praktische Handeln dieses Wissen anwendet und aktiviert. Dieses Prinzip der Theorie-Praxis-Verflechtung ist letztlich gleich bedeutend mit einem Handlungslernen, in dem Aufgaben gestufter Problemhaltigkeit ganzheitlich von der Zielbildung über die Mittel-Weg-Abwägung bis hin zur Erfolgskontrolle und Reflektion des Handlungsablaufs bewußt und systematisch bearbeitet werden. Mit diesem Handlungslernen ist auch eine Förderung der Denkleistungen verbunden, wenn das Handlungslernen mit einer entsprechenden Methodenreflexion (Prinzip 4) einhergeht.

<u>Prinzip 2</u>: Differenzierte Methodenvielfalt.
Die Anforderungsvielfalt von Tätigkeiten an neuen Technologien, speziell beim Schweißen mit Industrierobotern, verlangt die Vermittlung sehr unterschiedlicher Wissens- und Könnensbestandteile und stellt somit sehr unterschiedliche Lernaufgaben. Diese können nicht mit einer einzigen Methode bewältigt werden. Es ist deshalb von einer Vielfalt von Lehr-Lernmethoden auszugehen, die je nach Lernziel, Lehrinhalt und Lernaufgabe in unterschiedlicher Form und Kombination einzusetzen sind. Die einzusetzenden Methoden müssen die unterschiedlichen Aggregationen des Lehr-Lernprozesses - von der Gesamtanlage einer Lehreinheit über Darbietungs- und Trainingsmethoden bis hin zur kognitiven Strukturierung informativen Feed-backs - berücksichtigen. Es ist deshalb von einer

"Schichtung" von Methoden und teilweise rekursiven methodischen Prinzipien auszugehen. Bewährte vorhandene Darbietungs- und Trainingsmethoden sind zu nutzen und gegebenenfalls anzupassen.

<u>Prinzip 3</u>: Kognitiver Vorlauf.
Die psychische Regulation von Handlungen bezieht sich auf das operative Abbildsystem bzw. die Orientierungsgrundlage. Für neu auszuführende Handlungen muß deshalb eine Orientierungsgrundlage vorab zur Verfügung stehen, die für eine Handlungsregulation zumindest ausreicht. Dieser Vorlauf darf nicht zu klein oder zu undifferenziert sein, sonst ist er nicht hinreichend für die neue Handlung. Er darf aber auch nicht zu groß oder zu umfangreich sein, sonst reicht die Gedächtnis- und Verarbeitungskapazität des Lernens u.U. für den Einsatz in der Handlung nicht aus. Es kommt in der Kursstrukturierung also erstens darauf an, Wissenserwerb und Wissensanwendung sachlich, zeitlich und kausal-final eng zu verknüpfen, und zweitens die Aufgabenstellungen so abzustufen, daß der jeweils erforderliche Zuwachs am Wissen bewältigbar bleibt. Die lernförderliche Wirkung eines kognitiven Vorlaufs ist an einer vergleichbaren Zielgruppe nachgewiesen /304/. Es ist deshalb von dem Prinzip auszugehen, daß in der Feinsequenzierung der Lehreinheiten zunächst Fakten- und Methodenwissen zu vermitteln ist, daß dieses sodann in der praktischen Handlung in Anwendung gebracht wird und daß die Anwendungserfahrung schließlich durch Reflexion strukturiert und gefestigt wird. Gemäß dem Prinzip der Theorie-Praxis-Verflechtung ist auf einen strikten Handlungsbezug, einen geringen Umfang und einen geringen zeitlichen Abstand des kognitiven Vorlaufs zu achten.

<u>Prinzip 4</u>: Methodenreflexion.
Das Prinzip der Methodenreflexion bedeutet, daß Inhalte und Verlauf von Denken, praktischer Handlung und Lernprozeß in einem informativen feed-back immer wieder bewußt zu machen sind, um sie der bewußten Regulation durch den Lernenden zugänglich zu machen. Dadurch soll auf einem Übergang von der Fremd- zur Selbstregulation hingewirkt werden und Schlüsselqualifikationen wie "Lernen zu lernen" und "Informations- und Methodenbeschaffung" gefördert werden. Der Aufbau eines solchen systematisch-vorbedenkenden Lern- und Arbeitsstils verlangt zunächst vom Trainer, später auch

vom Lernenden, einen bewußten Einsatz von Lern- und Arbeitsmethoden, insbesondere aber von vorbedenkenden und nachfolgenden Kon-
trolltätigkeiten bei allen konkreten, abstrakten und formal-symbolischen Operationen. Das Prinzip der Methodenreflexion ist vor
allem in der Phase einer "mittleren" Durchdringung des Lerngegenstandes einzusetzen: beim Einstieg in ein Thema weniger, um einem
"Tausendfüßlereffekt" vorzubeugen, bei routinisiertem Handlungsvollzug nur für spezielle Zwecke wie z.B. die Fehlerdiagnose.

<u>Prinzip 5</u>: Didaktische Reduktion und handlungspraktische
              Komplexion.
Zur Verminderung der subjektiven Lerndistanz sind neue Lerngegenstände zunächst didaktisch zu reduzieren. Wesentliche Dimensionen
sind anschaulich/abstrakt, einfach/komplex und umfangsarm/umfang-
reich. Dabei ist auf sachliches Vorwissen und die bereits erworbenen Fähigkeiten zu achten. Der Wiederaufbau der realen Komplexität ("Komplexion") soll sich an der praktischen Hand-
lungsrelevanz, nicht an der wissenschaftlichen oder technischen
Sachlogik orientieren und gezielt auf den genannten Dimensionen
erfolgen.

<u>Prinzip 6</u>: Kognitive Strukturierung.
Der Erfolg des Lernens entscheidet sich in der Feinstruktur der
Informationsaufnahme, Informationsverarbeitung und Informations-
speicherung. Dies ist ein vielschichtiger Prozeß, der wissenschaftlich noch nicht völlig verstanden ist. Gewisse Evidenz be-
sitzt das Konzept der Informationspsychologie, wonach Lernen als
Herausbildung kognitiver Strukturen beschrieben werden kann.

Deshalb ist das Prinzip der kognitiven Strukturierung des Lehrstoffes und des Lernprozesses sehr wichtig. Es beinhaltet mehrere
Komponenten:

Für den Aufbau einer kognitiven Struktur nach Art eines semantischen Netzes aus Objekten, Merkmalen und ihren Relationen sind
Mehrfachbezüge zwischen diesen Gedächtnisinhalten zu schaffen.
Statt isolierter Fakten oder Bezeichnungen sind sachlogische,
strukturelle und Anwendungsbezüge zu lehren. Die Verwendung unterschiedlicher Repräsentationsformen (aktional/imaginativ/symbo-

lisch) für den gleichen Sachverhalt erleichtert den Aufbau eines "reichen semantischen Netzes". Zusätzliche Strukturierungen durch Superzeichenbildungen oder Merkmals- und Oberbegriffsrelationen erleichtern den Einbau neuer Informationen in vorhandene kognitive Strukturen.

Für eine erhöhte Anwendungsflexibilität des Wissens ist der Wechsel der Repräsentationsform (aktional/imaginativ/symbolisch bzw. bildhafte versus verbale Codierung) und der Anwendungsform des Wissens (verbal-reproduzierend, aktional-ganzheitlich oder -selektiv) vorzusehen. Hinzu kommt eine kognitive Orientierung über den Ablauf und die Qualität des Handlungsvollzugs zur Strukturierung und Festigung von Anwendungserfahrungen. In der Feinsequenzierung beim Aufbau kognitiver Strukturen sollte zunächst qualitative Prinzipinformation gegeben werden und erst dann formalisierte, operational-nutzbare Detailinformation.

Für diese kognitive Strukturierung ist die Sprache das wichtigste Instrument. Für mehrdimensionale und komplexe Sachverhalte, die eine synoptische Repräsentation verlangen, sind anschauliche Repräsentationen als Medien oft günstig. Entscheidend bleibt aber auch hier die kognitive Strukturierung: Inhalt geht vor Grafik.

Aus diesem Prinzip wird in Kapitel 6 für die Ebene der Lernschritte eine differenziertere Methodik entwickelt.

A 4.4.2 <u>Typisierung von Lernanforderungen</u>

Vorhandene didaktische und methodische Konzepte differenzieren i.a. nicht nach unterschiedlichen Lernanforderungen aus dem Lehrstoff oder dem Anwendungsbezug des gelernten Wissens. Die Struktur der Qualifikationsanforderungen beim IR-Schweißen und die sachlogische Struktur des Lehrstoffes (s. Kap. 3) machen aber deutlich, daß Differenzierungen angebracht sind. Als heuristische Hilfe für eine solche Differenzierung der weiteren Entwicklung der Lehr- und Lernmethodik wird deshalb eine Typisierung von Lernanforderungen vorgenommen.

Als Lernanforderung gilt die Anforderung, ein bestimmtes Wissen über Sachverhalte und/oder Operationen zum verfügbaren Gedächtnisbestandteil zu machen. Als Klassifizierungsaspekt wird primär die Art des Anwendungsbezuges des zu erwartenden Wissens herangezogen. Dies begründet sich wie folgt: In einer handlungsorientierten Didaktik und Methodik zählt die Wissensanwendung, nicht schon die Diskrimination oder Reproduktion des Wissens, wie dies in manchen Formen des programmierten Unterrichts der Fall ist.

Der Anwendungsbezug hängt eng zusammen mit der kognitiven und logischen Struktur des Wissens sowie mit seinem Umfang und seiner Komplexität. Der Anwendungsbezug stellt auch die Verbindung her zwischen Wissen, Denkleistungen und Problembearbeitung. Der Aspekt von Abstraktheit oder Anschaulichkeit des zu erlernenden Wissens scheint hier nicht so sehr fruchtbar für eine Typbildung zu sein. Zum einen, weil eine schlichte Zweiteilung wenig zusätzliche Information brächte, zum zweiten, weil über das Prinzip der kognitiven Strukturierung gerade Verbindungen zwischen unterschiedlichen Abstraktionsformen und -stufen gebildet werden sollen.

Die verschiedenen Typen von Lernanforderungen sind im einzelnen wie folgt zu kennzeichnen:

<u>Typ 1:</u> Überblick
Erwerb von qualitativem sach- oder methodenbezogenem Orientierungs- und Überblickswissen, meist in Form qualitativer oder prinzipieller Aussagen, die durchaus konkret sein können, aber noch nicht operational umsetzbar sind. Sie dienen der Vorbereitung der Vermittlung bzw. Anlagerung von operativem Wissen durch die Bildung von Ankerbegriffen und von eher anschaulichen Vorstellungen und Relationen. Die Vermittlung ist auf unmittelbare Evidenz, Vereinfachung und Anschaulichkeit ausgerichtet. Ein typisches Beispiel ist die Vorführung eines Industrieroboters mit Bezeichnung seiner Komponenten und Erklärung ihres prinzipiellen funktionalen Zusammenwirkens.

<u>Typ 2:</u> Sensumotorik

Erwerb von vorwiegend sensumotorisch bestimmten Fertigkeiten
(z.B. beim genauen Teachen von Punkten) und zugeordnete Fähigkeiten (z.B. das räumliche Vorstellungsvermögen). Beim Erlernen und
bei schwierigen Aufgabenstellungen kann die intellektuelle und
die perzeptiv-begriffliche Regulationsebene angesprochen sein. Im
allgemeinen wirkt lediglich die sensumotorische Ebene. Typisches
Beispiel sind manuelle Fertigkeiten wie das Schweißen von Hand
oder das genaue Anfahren eines Punktes mit dem Industrieroboter
beim Teachen.

<u>Typ 3:</u> Routineabläufe

Erwerb von Wissen mit vorwiegend reproduktivem Anwendungsbezug.
Die Anwendung des gelernten Wissens hängt im wesentlichen von
seiner korrekten Reproduktion, nicht aber von zusätzlichen Verarbeitungsleistungen oder sensumotorischen Fertigkeiten ab. Typisches Beispiel ist die Einschaltroutine beim Industrieroboter.
Das Erlernen erfolgt durch Begriffslernen, kann aber auch bei
eher linearen Sequenzen ohne vielfältige Verzweigungen durch Imi-
tationslernen erfolgen. Die intellektuelle Regulation im Lernprozeß (Diskrimination von Signalen und Zuständen, bewußte Sequenzierung der Teiloperationen) wird mit zunehmender Übung abge-
löst durch eine routinisierte Ausführung.

<u>Typ 4:</u> Methodenanwendung

Erwerb vom Wissen mit geschlossenen Verarbeitungsleistungen
in geschlossenem Anwendungsbezug. (Keine nennenswerte Unbestimmtheit)

Eine anzuwendende Methode wird reproduziert, selbst aber nicht
modifiziert. Die Aufgabenstellung ist nach Ausgangspunkt, Zielzustand und anzuwendender Methodik klar vorgegeben. Typisches Beispiel ist das Teachen von Punkten und ihre Abspeicherung. Das Erlernen erfolgt zunächst auf der intellektuellen Regulationsebene.
In der routinisierten Anwendung wird lediglich eine eventuelle
fallbezogene Strategie intellektuell reguliert, die Einzelheiten
erfolgen aber routinisiert auf der begrifflich-perzeptiven Regulationsebene.

Bevor nun Typ 5 und 6 näher erläutert werden, sind kurz einige Anmerkungen zur Problembearbeitung zu machen.

Lange/Wilde schlagen aufgrund differenzierter Überlegungen eine bewertende Matrix von Problemlösesituationen nach der Offenheit der Problem- und Methodenvorgabe vor (vgl. <u>Bild A 4.1</u>). Aufgrund der Anforderungsstruktur beim Industrieroboter-Schweißen (vgl. Kap. 3) erscheint es zwar zweckmäßig, das Strukturierungsprinzip, nicht aber die differenzierten Skalen zu übernehmen. Aus Gründen der Reduzierung der Typenanzahl wird hier lediglich zwischen rein reproduktiven (Typ 3) und etwas komplexeren (Typ 4) Aufgaben ohne nennenswerte Problemhaltigkeit einerseits und zwei Klassen von

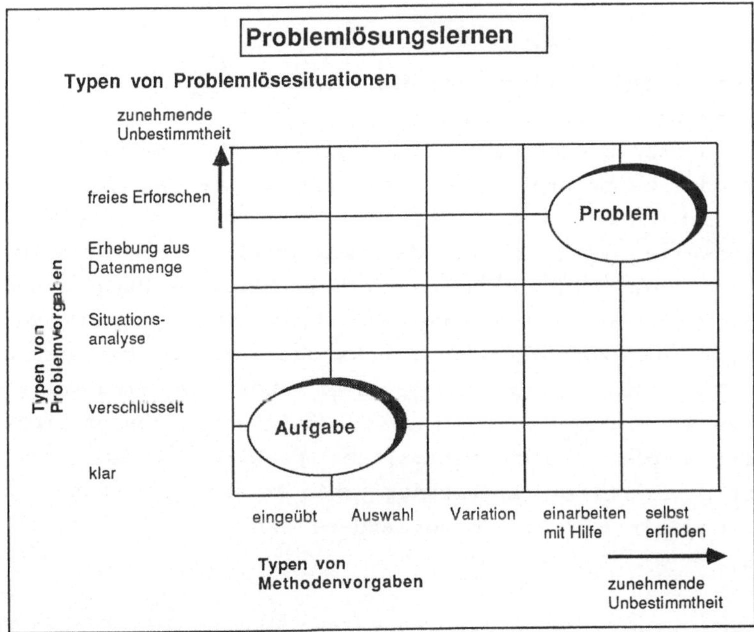

<u>Bild A 4.1</u>: Schematisierung von Problemlösesituationen nach Problem- und Methodenvorgabe /305/

Problemlösesituationen (Typ 5 und 6) andererseits unterschieden. Aufgrund dieser Vereinfachung wird terminologisch statt von "Methodik" allgemeiner von "Verarbeitungsleistungen" und statt von "Problemvorgabe" allgemeiner von "Anwendungsbezug" gesprochen. Als geschlossen gilt eine Verarbeitungsleistung bzw. ein Anwendungsbezug, wenn sämtliche Informationen auf der Situation, dem Wissensbestand oder der Instruktion verfügbar sind, als offen, wenn diese Informationen in wesentlichen Punkten unvollständig sind, wenn also wesentliche Unbestimmtheiten vorliegen.

Die Folge der Typen 2 bis 6 der Lernanforderungen erhält so den Charakter einer Lernhierarchie, die anders als der urprüngliche Gagné'sche Ansatz im hier relevanten Bereich von Problemhaltigkeit gut differenziert.

Typ 5: Methodeneinsatz
Der Aufgabe ist klar vorgegeben, die Methodik kann aber nicht einfach reproduziert werden. Aufgrund einer Metamethodik oder von Verarbeitungsleistungen ist eine angepaßte Vorgehensweise zu entwickeln oder zu beschaffen und anzuwenden. Die Regulation erfolgt auf der intellektuellen Ebene, bezieht sich aber primär auf die Vorgehensweise, weniger auf die sachlichen Inhalte und die Details. Die Vermittlung erfolgt durch praktisches Handeln und dessen kognitive Strukturierung. Ein typisches Beispiel ist das Schweißen eines komplexen Werkstücks nach exakten technischen Angaben (Schweißfolgeplan etc.), wobei aber die Programmstruktur selbst zu entwickeln ist. Derartige Tätigkeiten können nicht routinisiert werden. Durch mehrmaliges praktisches Ausführen kann ein strukturierbares Erfahrungs- und Anwendungswissen erworben werden, das einen Transfer auf andere ähnliche Problemstellungen erlaubt.

Es handelt sich also um den Erwerb von Wissen mit offenen Verarbeitungsleistungen im geschlossenen Anwendungsbezug. Entsprechend gibt es eine zweite Form des Methodeneinsatzes: Die Aufgabe ist nach Ausgangs- und Zielzustand nur ungefähr vorgegeben, die anzuwendende Methodik ist aber erlernt und kann reproduziert werden. Bei derartigen Aufgaben kommt es darauf an, eine geeignete Strategie zur Strukturierung der unscharf vorgegebenen Aufgabe und

ggf. zur Informationsbeschaffung zu entwickeln, damit die gelernten Methodiken angewendet werden können. Eine derartige Aufgabe
der Entwicklung von Problemlösestrategien ist aber von den Lernanforderungen her der oben vorgestellten Lernanforderung sehr
ähnlich, nur daß die zu erlernende Strategie sich mehr auf den
Gegenstand und weniger auf die Methode bezieht.

Aufgrund dieser Ähnlichkeit werden Lernanforderungen bei denen
entweder der Anwendungsbezug oder die Verarbeitungsleistungen bei
der Nutzung des Wissens "offen" sind, also vom Lerner noch zu
entwickeln oder zu strukturieren sind, unter Typ 5 "Methodeneinsatz" gefaßt.

Typ 6: Problembearbeitung
Erwerb von Wissen mit offenen Verarbeitungsleistungen im offenen
Anwendungsbezug.
Ähnlich Typ 5, aber, die Aufgabe ist weder nach Vorgabe von Aus-
gangs- und Zielzustand nach anzuwendender Methodik nicht exakt
spezifiziert, sondern stellt ein offenes Problem dar. Die Regula-
tion von Sach- und Methodenwissen erfolgt auf der intellektuellen
Ebene. Ein typisches Beispiel ist die Aufgabe, ein komplexes
Werkstück zu schweißen, wobei technische Angaben und konkrete
Hilfsmittel wie z.B. Vorrichtungen nur unvollständig vorliegen.
Diese müssen selbst bearbeitet oder beschafft werden. Ansonsten
wie Typ 5, nur ist die intellektuelle Inanspruchnahme umfangreicher und komplexer. Die Entwicklung einer Handlungsstrategie und
ihre systematische Kontrolle wird v.a. bei umfangreicheren Problemstellungen bedeutsam.

Typ 7: Wissenstrukturierendes Wissen.
Erwerb von Wissen über logische Strukturen des Sach- und Methodenwissens, z.B. über Oberbegriffs- oder Merkmalsrelationen (Me-
tawissen). Dieses Wissen dient primär der kognitiven Strukturierung und Organisation (Ordnungswissen) und ist nicht direkt umsetzbar, höchstens über mehrere Verarbeitungsstufen. Es hat eher
den Charakter einer Lernhilfe (bewußte, intellektuell regulierte
Perzeption) bei der Bewältigung von Lernaufgaben anderer Typen.
Während Typ 1 - Orientierungswissen - auf einen qualitativen Ein-
blick und Überblick abhebt, geht es hier um logische Beziehungen.

Ein Beispiel wäre die logische Struktur des Betriebssystems eines Industrieroboters, mit dem das Einzelwissen über Betriebszustände und Übergänge zwischen ihnen strukturiert wird. Typischer noch sind Begriffshierarchien, wie sie z.B. im Editor der Sprache ROLF oder in einem Menübaum auftreten. Wissen vom Typ 7 dient der Gedächtnisökonomie und der Logik der Verarbeitung, da es die Bildung sachlich adäquater Superzeichen erleichtert. Dieses Wissen ist auch direkt vermittelbar und sollte mit Vorsicht im Vorlauf vor dem Begriffslernen, aber in jedem Fall sehr sorgfältig im Nachlauf nach der Anwendungserfahrung eingesetzt werden.

Die vorgestellte Typisierung von Lernanforderungen wird zur Differenzierung der pädagogischen Methodik verwendet.

A 4.4.3   <u>6-Phasen-Schema</u>

<u>Phase 1</u>: Orientierung.
Die Phase 1, die Orientierung, kann sehr kurz sein und sich z.B. auf einen oder wenige Sätze beschränken. Ziel ist, den Lerner sachlich und emotional an das Thema heranzuführen, so daß er motivational bereit und kognitiv in der Lage ist, sich mit dem anstehenden Thema auseinander zusetzen. Dazu sind folgende Informationen zweckmäßig:

1. Legitimation des Themas der Einheit aus einem einsehbaren Praxisproblem oder einer Verwertungsperspektive mit konkretem Handlungsbezug.
2. Anknüpfung an das Vorwissen, speziell Orientierung über Stellung der Lehreinheit im gesamten Kontext des Kurses.
3. Zu erwartende Anforderungen aus der Lernsituation.
4. Überblick über den Ablauf der Einheit (bei nicht zu kleinen Einheiten).

Die Orientierungsphase befähigt den Lerner noch nicht, die neu anstehende Aufgabe zu bearbeiten.

<u>Phase 2</u>: Begriffs- und Regelrezeption.
Das für die Ausführung der neuen Handlung erforderliche Sach- und Methodenwissen wird - bei großem Umfang und großer Komplexität ggf. didaktisch reduziert - dargeboten ("kognitiver Vorlauf").

Zwar sind die Lernenden im Grundsatz in einer rezipierenden Position, dennoch ist auch hier aktivierenden Lehrmethoden der Vorzug zu geben. Praktisch wird dies meist die fragend-entwickelnde Methode mit kurzen Abschnitten des reinen Informationsinputs durch den Trainer sein. Bei nicht zu einfachen Themenstellungen wird folgender Ablauf empfohlen:

1. Schilderung, Entwicklung oder praktische Vorführung der Themen- oder Problemstellung in Vertiefung der Orientierungsphase. Expliziter Rückbezug auf Vorwissen, v.a. auf Ankerbegriffe und Strukturwissen. Handlungs- und Verwertungsbezug.

2. Entwicklung einer (qualitativen) Prinziplösung oder Prinzipdarstellung, die zwar die Hauptlinien der späteren Erklärung oder Anwendung zeigt, aber möglichst wenig spezifische Details enthält. Dieser Abschnitt sollte angesichts der Vorerfahrung der Zielgruppe ebenfalls recht kurz sein.

3. Operationalisierung der Darstellung oder Lösung an einem einfachen, eventuell aus anderem Zusammenhang schon bekannten Beispiel.

4. Aktivierung des soeben vermittelten Wissens über Prinzip und Operationalisierung durch Fragen und nochmalige interaktive Bearbeitung des Beispiels.

5. Zusammenfassung und Strukturierung des operationalen Wissens im Hinblick auf die praktische Anwendung.

Bei einfachen Sachverhalten können die Abschnitte 4 und 5 entfallen. Ergebnis der Phase 2 ist ein gewisses Sach- und Methodenwissen beim Lernenden, das aber noch in den Anwendungsbezug gebracht werden muß. Praktisch sollte diese Phase gesteigerter Trainerzentrierung und -aktivität nicht länger als ca. 20 Minuten dauern.

<u>Phase 3</u>: Aufgabenbearbeitung.
Für die Anwendung des erworbenen Wissens werden Aufgaben definiert, die nach Ausgangszustand und Zielzustand klar umrissen sind und die mit dem erworbenen Wissen - so es beherrscht und angewendet wird - bewältigbar sind. Die Aufgaben sollen - so von der Sache her möglich - unterschiedlichen Anwendungsbezug des erworbenen Wissens aktivieren. Im Vordergrund steht die Anwendung des erworbenen Sach- und Methodenwissens. Die Rolle der Lerner

ist eine aktive, die des Trainers eine eher beratende und nur im Zweifelsfall oder auf Anforderung anleitende.

Phase 4: Problembearbeitung.
Mit zunehmender Offenheit der Aufgabenvorgabe nach Ausgangs- und Zielzustand und nach direkter Anwendbarkeit des gelernten Wissens wird der Lernprozeß von der unmittelbaren reproduktiven Anwendung zur bewußten Regulation des Einsatzes und der Beschaffung von Methoden und Wissen gelenkt. "Einfache" Lehrinhalte und Methoden werden als Superzeichen oder Routinisierungen in dieser Phase immer mitaufgerufen und aktiviert. Es geht um den wohlüberlegten Einsatz und die Auswahl von Sach- und Methodenwissen. Die Rolle des Trainers ist wie in Phase 5 eine eher zurückhaltende.

Aufgaben- und Problembearbeitung sollten möglichst von evtl. didaktisch reduzierten Anforderungen (z.B. Bearbeitung auf dem Papier) zu praxisnahem ganzheitlichem Handlungsvollzug (also z.B. Programmierung am Gerät) geführt werden.

Phase 5: Erfolgskontrolle und Wissenstrukturierung.
Die geschlossene und v.a. die offene Wissensanwendung führen üblicherweise zur Aufdeckung einer Reihe von Lerndefiziten, die auf sehr unterschiedliche Effekte zurückgehen können.

Ergänzend zu der Traineraktivität in Phase 3 und 4 sind diese Fragen gesammelt aufzuarbeiten. Diese Kontrolle des Lernerfolgs ist eine zweckmäßige Gelegenheit, unter Rückbezug auf die vorangegangenen Schritte das Sach-, Methoden- und Strategiewissen
-   um Details zu ergänzen und zu differenzieren (z.B. weitere Spezifikationen eines Programmierbefehls),
-   Anwendungsbezüge zu klären oder zu erweitern,
-   die sachlogische Systematik des Sach- und Methodenwissens als Ganzes geschlossen darzustellen bzw. zu erarbeiten und
-   Verallgemeinerungen und Transfermöglichkeiten einzuführen.

Phase 6: Entdeckendes Lernen.
Wegen der Risikohaltigkeit von Betriebsmitteln wie dem Industrieroboter und wegen der Komplexität von Computern wird das entdeckende Lernen nicht - wie in der Schulpädagogik vielfach üblich

- an den Anfang, sondern an den Schluß einer Lernsequenz gesetzt. Es dient der Differenzierung, Erforschung und Festigung des Sach-, Methoden- und Strategiewissens in vielfältigen, dem Lerner wichtig erscheinenden Anwendungsbezügen. Praktisch wird es als freies Üben zu einem Thema in Kleingruppen durchgeführt, bei dem der Trainer nur auf Anforderung aktiv wird.

A 5   Kurzbeschreibung des Projektes "Qualifizierung an
         Industrierobotern (QIR)"

A 5.1   Projektstruktur

Das Projekt QIR wurde unter dem Titel "Qualifizierung, insbesondere von ungelernten und angelernten Arbeitnehmern beim Einsatz
von Industrierobotern - Hauptphase, Teilvorhaben: Qualifizierung
beim Einsatz von Schweißindustrierobotern" mit den Förderungs-
kennzeichen 01 VC 163 A 5 vom Bundesministerium für Forschung und
Technologie im Programm Humanisierung des Arbeitslebens gefördert. Das Projekt war als Projektgemeinschaft von zwei Instituten
und fünf Firmen organisiert. Die Projektleitung lag beim Verfasser.

A 5.2   Konzept des Projektes

Für die Kurserprobung in QIR wurde in der zweiten Piloterprobung
des entwickelten Kurses nach dem folgenden Stundenplan verfahren
(vgl. Bild A 5.1):

Das pädagogische Konzept bestand im Prinzip aus einem 4-Etappen-
Modell, innerhalb dessen verschiedene Trainingsverfahren eingesetzt wurden.

QUALIFIZIERUNG AN SCHWEISSROBOTERN

2. Pilotkurs vom 28.1. bis 15.2.1985 in der SLV in Fellbach

1. Woche

Zeit	MONTAG 28.1.	DIENSTAG 29.1.	MITTWOCH 30.1.	DONNERSTAG 31.1.	FREITAG 1.2.
7.30-8.15	Begrüßung, Formalia, Fragebogen, Betriebsbegehung; Film über IR-Anwendung	Wdhlg. Inbetriebnahme	Wdhlg. Teachen	Wiederholung Programmaufbau	Demonstration am Lichtbogenprojektor
8.15-9.00		PTP- und CP-Betrieb	Obungen am Kehlnahtmodell		
9.15-10.00	IR-Vorführung, Arbeitssicherheit	Verfahren des IR	Programmerstellung EDI; Insert	EDI-Kommandos	Verschleifen
10.00-10.45	Unfallschutz und -verhütung		Fahr-, Warte-, Pausebefehl, Obung	Obungen	Obungen
11.00-11.45	Inbetriebnahme, Abschalten	IR-Steuerung	Programmaufbau EXE	Schutzgas und Drosselwirkungen auf den Material-übergang	Unterprogramme
11.45-12.30	Referieren, NOT-AUS	IR-Hardware	Obungen		Obungen
13.15-14.00	Manuelles Schweißen incl. Nahtvorbereitung u. Vorbereitung man. Obungsstunden	Teachen üben	Elektrotechnik	manuelles Schweißen 5 mm w, h Kehl-, V-Naht	Vollkreis
14.00-14.45			Schweißstromquellen		Obungen
15.00-15.45	Manuelles Schweißen incl. Nahrvorbereitung u. Vorbereitung man. Obungsstunden	Teachen üben	Einstellen des Arbeitspunktes	manuelles Schweißen	
15.45-16.00				Vorbereitung der IR-Obungsstücke	

2. Woche

Zeit	MONTAG 4.2.	DIENSTAG 5.2.	MITTWOCH 6.2.	DONNERSTAG 7.2.	FREITAG 8.2.
7.30-8.15	Stromquelle Cloos	Einführung Positionierer; EIA-Tester	Schweißnahtfehler I	Wdhlg. Cloos Aufbau ASEA	Teachen Einführung Menü
8.15-9.00	Elektrotechnik	Obungen		Inbetriebnahme	
9.15-10.00	Oben an transist. Schweißstromquelle	Sprungbefehl Programmverzweig.	Wdhlg. Pendeln	Einschaltzustände kartes. Koord.system	Programmaufbau Grundinstruktionen
10.00-10.45		Obungen		Obung im Verfahren	Obung Programmerstellung u. Abfahren
11.00-11.45	Einführung der Parameterliste	Zählschleife	Obungen "Pendeln"	Zylindr. Koord.-system; Kippschalt.	f - g Menu (aufrufen)
11.45-12.30		Obungen		Handgelenkkoord.-system; Kippschalt.	f - g Menu (verändern)
13.15-14.00	Obung Auftragschweißen mit dem IR	Nahtgeometrie	Obung "Pendeln" am Positionierer	Schweißnahtfehler II	f - g Menü Obungen
14.00-14.45					Automatik-Menu Zusammenfassung
13.00-13.43	Teilkreis mit Verschleifen	IR-Schweißen Obung	parallel. Speichern und	Transist. Stromquelle ESAB	
15.45-16.30	Obungen Auftragsschweißen	Kehlnaht am Positionierer	Laden Master Programm	Uben Verfahren	

3. Woche

Zeit	MONTAG 11.2.	DIENSTAG 12.2.	MITTWOCH 13.2.	DONNERSTAG 14.2.	FREITAG 15.2.
7.30-8.15	Wiederholung	Hand-Menü	Bewertung von Schweißverbindungen		schriftliche Prüfung
8.15-9.00	Unterprogramme	Kreisinterpolation	Laborübung metallograph. Schliffe		
9.15-10.00	Erstellen von Schweißprogrammen	Obungen zur Kreisinterpolation	Wiederholung und Zufassung ASEA	Praktische Prüfung in Arbeitsgruppen	Schriftl. Prüfung
10.00-10.45	Obungen		Wiederholung und Zusammenfassung Cloos		Abschlußgespräch
11.00-11.45	Erweiterung der Schweißprogramme (Warten, Sprung, Ausgang, Register)	Obung Kreis schweißen	Vorbereitung der Prüfstücke und Obungsstücke		Bekanntgabe der Ergebnisse
11.45-12.30					Verabschiedung
13.15-14.00	IR-Schweißen an ASEA/ESAB	Pendeln	Obungen Cloos und ASEA in Arbeitsgruppen		
14.00-14.45				parallel ·	
15.00-15.45	IR-Schweißen an ASEA/ESAB	Pendeln Obungen	Obungen Cloos und ASEA in Arbeitsgruppen	Wartung, Sensorik	
15.45-16.30					

Bild A 5.1: Stundenplan im Projekt QIR /32/

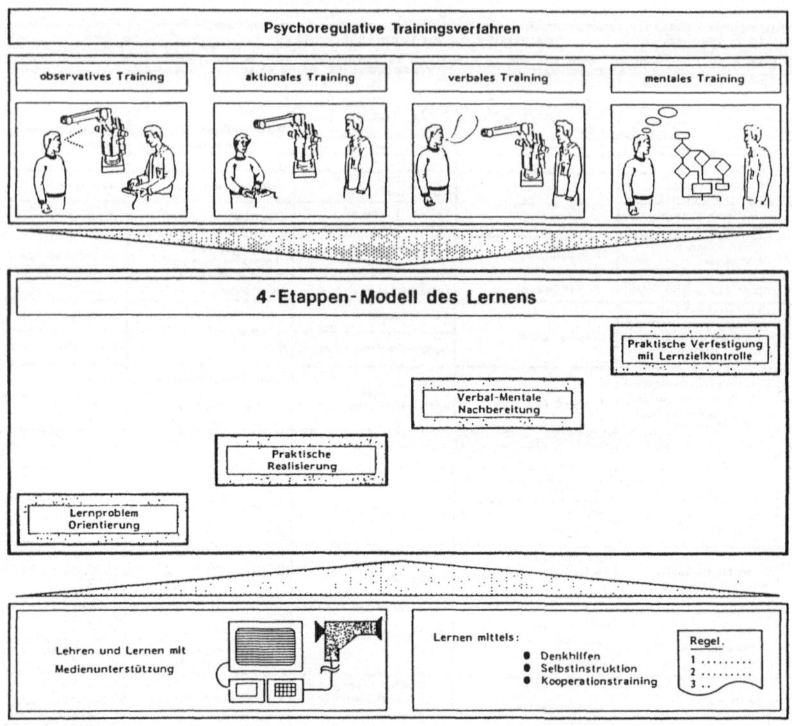

Bild A 5.2: 4-Etappen-Modell als pädagogisches Konzept im Projekt QIR /208/

A 5.3   <u>Praktische Durchführung und Ergebnisse</u>

A 5.3.1   <u>Praktische Durchführung</u>

Der Kurs wurde zweimal mit je 8 Teilnehmern mit zwischenzeitlicher Überarbeitung der Materialien durchgeführt.

Die Teilnehmerstruktur kann von ihren Lernvoraussetzungen her als heterogen gelten, wie dies auch in den Kursen der IR-Hersteller üblich ist.

Die Kurse wurden in den Räumen der SLV-Fellbach durchgeführt. Als
Lernorte standen zur Verfügung:

o   1 Hörsaal, der vorwiegend für Lehrveranstaltung zur Vermitt-
     lung der schweißtechnischen Kenntnisse genutzt wurde;
o   1 Theorieraum, in dem an zwei nicht-schweißfähigen Industrie-
     robotern programmiert werden konnte;
o   1 Praxisraum mit zwei schweißfähigen IR-Systemen, die sowohl
     zum Programmieren und Verfahren als auch zum MAG-Schweißen
     genutzt werden konnten.

Theorie- und Praxisraum grenzen direkt aneinander, so daß ein
schneller Wechsel des Raums und parallele Kleingruppenarbeit z.B.
beim Programmieren möglich waren.

An Geräten standen zur Verfügung:
o   Je ein Knickarm-Roboter der Fabrikate Cloos (Sprache ROLF)
     und Asea (Steuerung S2).
o   dto., mit Positionierer, einer transistorisierten Schweiß-
     stromquelle mit analoger Eingabe der Schweißstromparameter
     über die IR-Steuerung und einer thyristorgesteuerten Schweiß-
     stromquelle mit manueller Parametereinstellung am Gerät und
     Aufruf über digitale IR-Funktionen der IR-Steuerung.

Diese Kombination - textuelle und menügeführte Programmierung,
transistorisierte und thyristorgesteuerte Stromquelle - wurde ge-
wählt, um durch ein breites Erfahrungsspektrum der Teilnehmer den
Praxistransfer zu erleichtern.

Die Zeitdauer des Kurses betrug jeweils 3 Wochen Vollzeit, was
mit ca. 150 Unterrichtsstunden à 45 Minuten einer täglichen
Lern- und Übungszeit von 7,5 Stunden entspricht. Da der Kurs als
betriebsexterner Kurs mit entsprechender Abwesenheit der Teilnehmer zum Wohn- und Arbeitsort durchgeführt wurde, war eine günsti-
gere Zeitaufteilung nicht möglich. Des weiteren waren die Lea-
singkosten der Geräte zu berücksichtigen.

An sonstigen Materialien waren Overheadmaterial, Präsentations-
graphik, Schaumstoffmodelle von Werkstücken, ein Lichtbogen-Pro-
jektor, eine Bildschirmprojektion sowie eine Videoanlage eingesetzt.

Die erstellten Materialien für den Unterricht waren nach Funktion
aufgeteilt:

1. Ein <u>Schülerhandbuch</u> mit Arbeits-, Merk- und Kontrollblättern,
    mit dem im Kurs der Lehrstoff erarbeitet wurde (ca. 200 Sei-
    ten).
2. Ein <u>Sachbuch</u> für Lerner und Trainer, das in sachlogische sy-
    stematisierte Gliederung die wesentlichen Informationen zu
    folgenden Gebieten zusammenfaßte:
    - Allgemeine Grundlagen der IR-Technik;
    - Textuelle Programmierung (Cloos ROLF);
    - Teach-In-Programmierung in Menütechnik (ASEA S2);
    - Elektrotechnische Grundlagen;
    - Produktgerechte Schweißparameterwahl.
    Dieses Sachbuch ist primär als Nachschlagewerk, nicht aber
    zum Selbststudium konzipiert (ca. 400 Seiten).
3. <u>Trainermaterialien</u>, die im wesentlichen die Verlaufsplanungen
    und methodische Anmerkungen zu den eingesetzten Materialien
    und Medien (Folien, Arbeitsblätter etc.) enthalten (ca. 200
    Seiten).

Trainer waren - je nach Thema - Wissenschaftler der Projektgruppe
QIR, Service-Techniker der beteiligten IR-Hersteller sowie ein
Lehrschweißer und ein Ingenieur der SLV-Fellbach.

Der Kurs wurde mit einer Prüfung entsprechend der BI-Prüfung abgeschlossen. Es wurde ein Zertifikat erteilt, das Auskunft gibt
über Inhalt, Dauer, Hardware und Prüfungswerkstücke des Kurses
sowie ggf. den Erfolg als "bestanden" vermerkt.

Die Kursdurchführung wurde mit vorwiegend qualitativen Methoden
(Beobachtungsskalen, Gespräche, Kenntnistests) laufend evaluiert.

A 5.3.2 <u>Lernerfolg</u>

In der theoretischen Prüfung waren 79 Punkte erreichbar. Der be-
ste Kursteilnehmer erreichte 73,5 Punkte, der schlechteste 44,5
Punkte. Damit hat ein Teilnehmer die theoretische Prüfung nicht
bestanden (Quorum: 60 % der erreichbaren Punkte). Die praktische
Prüfung - Schweißstück nach B1-Prüfung - haben alle Teilnehmer
bestanden.

Als wesentliches Ergebnis ist festzuhalten, daß es mit der ange-
wendeten Methodik gelang, eine heterogene Zielgruppe mit zum Teil

sehr ungünstigen Lernvoraussetzungen in drei Wochen in der theoretischen und praktischen Beherrschung von zwei IR-Systemen und zwei Stromquellen soweit zu bringen, daß je ein Werkstück entsprechend einer Prüfung im manuellen Schweißen selbständig mit dem IR schweißen konnten. Dies geht in Breite und Anwendungsnähe weit über die üblichen Herstellerkurse hinaus.

A 5.3.3 Methodenbewährung

Zur Überprüfung der Methodenbewährung konnten aus forschungspraktischen Gründen, letztlich also aus finanziellen und Durchsetzungsgründen, ein strenges Design oder auch zumindest ein Vergleich von Versuchs- und Kontrollgruppe nicht realisiert werden. Realisiert werden konnte eine immanente Auswertung, die - neben dem Prüfungsergebnis als solches - durchaus eine gewisse Evidenz für die Bewährung der Methode ergibt.

Sämtliche Lektionen aus zwei Kursdurchführungen wurden pro Teilnehmer von wechselnden Beobachtern meist parallel auf mehreren Skalen qualitativ eingestuft. Die Teilnehmer wurden mehrfach befragt. Es wurden Wissens- und Könnenstests durchgeführt. Ein großer Teil der Lektionen und der Teilnehmerinterviews ist auf Video dokumentiert.

Im folgenden werden die wichtigsten Ergebnisse zusammengefaßt dargestellt /308/:

1. Personen, die
    - wenig Fehler machen und
    - die besten Prüfungsergebnisse (theoretisch und praktisch)
      haben,
    zeigen ein ausgeprägtes positives <u>Sprachverhalten</u> (Menge und Qualität der Artikulation zu lernbezogenen Sachverhalten). Beobachtungsdaten und individuelle Aussagen der Teilnehmer belegen, daß die sprachliche Formulierung des Lernstoffes geholfen hat, den Lernstoff zu behalten, zu verarbeiten und anzuwenden.

2. <u>Aufmerksamkeit und Aktivität</u> der Lerner stiegen - entgegen sonstigen Erfahrungen - über die Kursdauer nahezu kontinuierlich an.

3. Die <u>Heterogenität</u> des qualifikatorischen Vorwissens hat sich vermindert; die Leistungen der Teilnehmer haben sich angenähert. Dies dürfte vor allem auf die bewußt geforderte und strukturiert eingesetzte <u>Zusammenarbeit</u> der Lerner zurückzuführen sein.

4. Die <u>Fehlerhäufigkeit</u> wurde im Kursverlauf reduziert, obwohl die Anforderungen stiegen und ab Kursmitte ein zweites Robotersystem mit einer völlig anderen Programmiertechnik zusätzlich gelehrt wurde.

5. Die Teilnehmer übernahmen zunehmend einen systematisch-vorbedenkenden <u>Lern- und Arbeitsstil</u>. Dieser fällt mit systematischem Arbeiten, geringer Fehlerhäufigkeit und guten Prüfungsergebnissen zusammen.
Es erscheint deshalb wichtig, als Trainer auf einen solchen Lernstil hinzuarbeiten und nicht in einen Lehrstil zu verfahren, der ausschließlich einem oft geistig nicht angebundenen praktischen Handeln am Industrieroboter den Vorzug gibt. (Nach dem Motto "Praxis ist, wenn's tut und keiner weiß warum".)

6. Je <u>systematischer</u> das <u>sprachgestützte</u> Training, die <u>Stufung</u> "Orientierung-Problem-Beispiel-Modifikationsaufgabe-Problemlösungsaufgabe" und der systematisch vorbedenkende <u>Lern- und Arbeitsstil</u> in den einzelnen Lektionen durchgeführt wurde, desto höher war die subjektive <u>Zufriedenheit</u> der Teilnehmer und der <u>Lernerfolg</u>.

7. Beim <u>Trainerverhalten</u> hat sich ein kooperativer, aber fordernder Unterrichtsstil bewährt. Aufgaben- und Problemorientierung geht vor Referieren und Vormachen. Gelegentliche Wissenslücken zuzugeben steigert eher das Ansehen des Trainers und die Motivation der Teilnehmer.

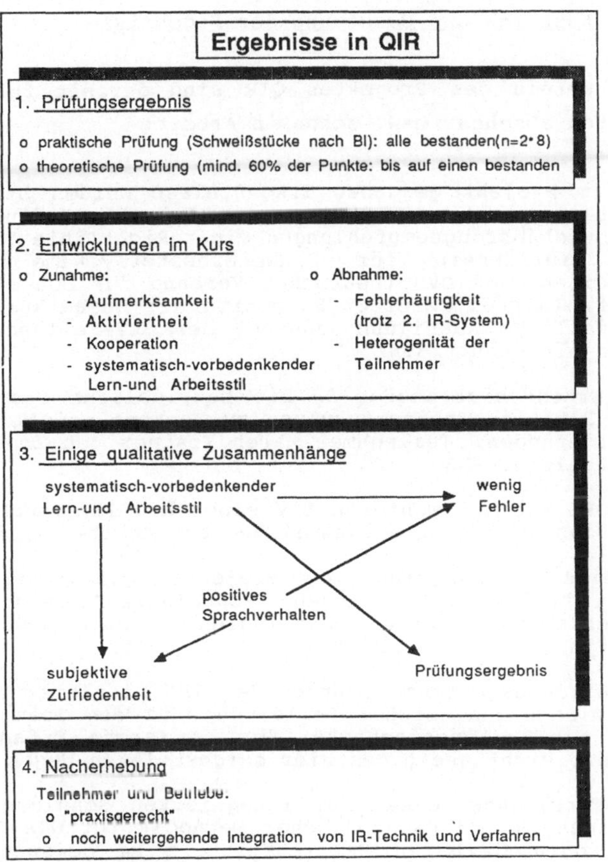

<u>Bild A 5.3</u>:   Schematisierte Darstellung der Ergebnisse zur
Methodenbewährung

A 5.3.4   Praxisbewährung

Eine Nacherhebung in den Betrieben der Teilnehmer ergab, daß der
Kurs sich sowohl im Urteil der Betriebsleitungen als auch der
Teilnehmer als weitgehend praxisgerecht erwiesen hat. Der Lerner-
folg wird besser bewertet als bei den meist einwöchigen Produkt-
schulungen der Hersteller. Häufig wurde betont, daß der eingeschlagene Weg, gegenüber den reinen Herstellerkursen die
Schweiß- und Robotertechnik integriert zu behandeln, noch weiter
verfolgt werden solle.

A 5.4   <u>Ausblick und Umsetzung der Ergebnisse</u>

Aus dem Umfeld des Projektes QIR sind derzeit folgende weitere
Aktivitäten absehbar bzw. schon in Arbeit:

1. Die im Projekt gewonnen Erkenntnisse werden bzw. wurden zur
    Formulierung der Vorausetzungen, Inhalte, Prüfungsmodalitäten
    und Durchführungsempfehlungen einer Richtlinie "Ausbildung
    von Einrichtern für Schweißrobotersysteme zum MIG-MAG-
    Schweißen" des DVS (Deutscher Verband für Schweißtechnik) ge-
    nutzt. In modifizierter Form wird der Gesamtkurs in das über-
    betriebliche Ausbildungsangebot der SLV-Fellbach und anderer
    SLVen eingehen. /306/

2. Zum Erkenntnistransfer in die betriebliche Praxis hat bisher
    eine 3-tägige Trainerschulung zu Konzept und Methodik von QIR
    stattgefunden. Teilnehmer waren Trainer von Industrieroboter-
    herstellern. /32/

3. Der DVS hat mit mehreren SLV einen Modellversuch zur Übertra-
    gung des Konzeptes auf ähnliche Lehrinhalte begonnen.

4. In einer Verlängerung des Projektes QIR wurde ein Film zum
    Thema "Pädagogik an neuen Technologien", ein weiterer zur
    Fragestellung: "Neue Technologien - Chancen und Risiken für
    Arbeitnehmer " produziert.

5. Das Bildungszentrum Grunbach der IHK Mittlerer Neckar erprobt
    mit wissenschaftlicher Begleitung aus dem Team von QIR einen
    Kurs für Wartungstechniker für IR; erste Erfahrungen weisen
    auf die Richtigkeit des hier dargestellten Weges hin. /307/

6. Ein Forschungsprojekt zur integrierten Schulung von Trainern
    in Didaktik und pädagogischer Methodik für die Qualifizierung
    an programmierbaren Betriebsmitteln am Beispiel von IR und
    CNC-Werkzeugmaschinen hat begonnen (vgl. Anm. 8).

IPA Forschung und Praxis

Schriftenreihe aus dem Institut für Produktionstechnik und Automatisierung, Stuttgart

Herausgeber: Prof. Dr.-Ing. H. J. Warnecke

Datenerfassung im Produktionsbereich
Von E. Bendeich. ISBN 3-7830-0117-8.
1977, 176 Seiten, kartoniert. — 54,— DM

Methodenauswahl für die Materialbewirtschaftung in Maschinenbau-Betrieben
Von H. Graf. ISBN 3-7830-0136-6.
1977, 144 Seiten, kartoniert. — 54,— DM

Systematische Auswahl von Förderhilfsmitteln für den innerbetrieblichen Materialfluß
Von W. Rau. ISBN 3-7830-0139-0.
1977, 103 Seiten, kartoniert. — 40,— DM

Grundlagen zur Planung von Ersatzteilfertigungen
Von E. Schulz. ISBN 3-7830-0138-2.
1977, 98 Seiten, kartoniert. — 40,— DM

Rechnerunterstützte Fabrikplanung
Von B. Minten. ISBN 3-7830-0116-1.
1977, 124 Seiten, kartoniert. — 38,— DM

Eine Planungsmethode für automatische Montagesysteme
Von H.-G. Löhr. ISBN 3-7830-0120-X.
1977, 108 Seiten, kartoniert. — 32,— DM

Planung und Bewertung von Arbeitssystemen in der Montage
Von H. Metzger. ISBN 3-7830-0131-5.
1977, 108 Seiten, kartoniert. — 40,— DM

Klassifizierungssystem für Prüfmittel der industriellen Längenprüftechnik
Von R. Czetto. ISBN 3-7830-0144-7.
1978, 181 Seiten, kartoniert. — 64,— DM

Rechnerunterstützte Montageplanung
Von O. Hirschbach. ISBN 3-7830-0149-8.
1978, 146 Seiten, kartoniert. — 52,— DM

Rechnerunterstützte Entwicklung von Simulationsmodellen für Unternehmensplanspiele
Von A. Moker. ISBN 3-7830-0147-1.
1978, 181 Seiten, kartoniert. — 64,— DM

Arbeitsplatzanalysen zur Ermittlung der Einsatzmöglichkeiten und Anforderungen an Industrieroboter
Von G. Herrmann. ISBN 37830-0151-X.
1978, 113 Seiten, kartoniert. — 40,— DM

MFSP — Ein Verfahren zur Simulation komplexer Materialflußsysteme
Von G. Stemmer. ISBN 3-7830-0118-8.
1977, 140 Seiten, kartoniert. — 60,— DM

Berührungslose Erkennung durch Positionsbestimmung von Objekten durch inkohärent-optische Korrelation
Von M. Konig. ISBN 3-7830-0137-4.
1977, 110 Seiten, kartoniert. — 40,— DM

Auslegung von Störungspuffern in kapitalintensiven Fertigungslinien
Von R. v. Stetten. ISBN 3-7830-0140-4.
1977, 154 Seiten, kartoniert. — 56,— DM

Flexible Transportablaufsteuerung
Von G. Römer. ISBN 3-7830-0114-5.
1977, 188 Seiten, kartoniert. — 60,— DM

Rechnergestützte Realplanung von Fabrikanlagen
Von T.-K. Sauter. ISBN 3-7830-0119-6.
1977, 108 Seiten, kartoniert. — 32,— DM

Systematisches Auswählen und Konzipieren von programmierbaren Handhabungsgeräten
Von R. D. Schraft. ISBN 3-7830-0115-3.
1977, 108 Seiten, kartoniert. — 32,— DM

Auslandsproduktion
Von W. Cypris. ISBN 3-7830-0145-5.
1978, 126 Seiten, kartoniert. — 42,— DM

Wirtschaftlicher Einsatz von Mehrkoordinatenmeßgeräten
Von M. Dietzsch. ISBN 3-7830-0148-X.
1978, 142 Seiten, kartoniert. — 52,— DM

Fertigungssteuerung bei flexiblen Arbeitsstrukturen
Von K.-G. Lederer. ISBN 3-7830-0146-3.
1978, 128 Seiten, kartoniert. — 42,— DM

Untersuchungen zum Polieren und Entgraten durch elektrochemisches Oberflächenabtragen
Von K. Zerweck. ISBN 3-7830-0150-1.
1978, 110 Seiten, kartoniert. — 40,— DM

Stufenweise Ableitung eines praktischen Planungssystems für den Entwicklungsbereich
Von R. Hichert. ISBN 3-7830-0149-8.
1978, 151 Seiten, kartoniert.   52,— DM

Produktionsplanung mit Auftragsfamilien
Von U. W. Geitner. ISBN 3-7830-0161.7.
1979, 110 Seiten, kartoniert.   45,— DM

Thermisch-chemisches Entgraten
Von T. Wagner. ISBN 3-7830-0164-1.
1979, 111 Seiten, kartoniert.   45,— DM

Untersuchung der Materialflußkosten bei ausgewählten Systemen der Zentralen Arbeitsverteilung
Von R. Wenzel. ISBN 3-7830-0162-5.
1979, 168 Seiten, kartoniert.   86,— DM

Anpassung und Einführung eines Planungssystems für die Ablaufplanung im Konstruktionsbereich
Von W. Dangelmaier. ISBN 3-7830-0163-3.
1979, 168 Seiten, kartoniert.   80,— DM

Längenmessungen an bewegten Teilen mit berührungslos wirkenden Aufnehmern
Von H. Lang. ISBN 3-7830-0157-9.
1979, 89 Seiten, kartoniert.   42,— DM

Untersuchung multistabiler Strömungselemente und ihr Einsatz in sequentiellen Steuerungen
Von A. Ernst. ISBN 3-7830-0157-9.
1979, 122 Seiten, kartoniert.   48,— DM

Taktile Sensoren für programmierbare Handhabungsgeräte
Von M. Schweizer. ISBN 3-7830-0158-7.
1979, 91 Seiten, kartoniert.   42,— DM

Die rechnerunterstützte Prüfplanung
Von P. Bläsing. ISBN 3-7830-0152-8.
1979, 100 Seiten, kartoniert.   44,— DM

Verfahren zur Fabrikplanung im Mensch-Rechner-Dialog am Bildschirm
Von W. Ernst. ISBN 3-7830-0156-0.
1979, 218 Seiten, kartoniert.   72,— DM

Rechnerunterstütztes Verfahren zur Leistungsabstimmung von Mehrmodell-Montagesystemen
Von M. Görke. ISBN 3-7830-0155-2.
1979, 139 Seiten, kartoniert.   50,— DM

Standortbezogene Betriebsmittel
Von G. Pflieger. ISBN 3-7830-0167-6.
1979, 127 Seiten, kartoniert.   52,— DM

Die betriebswirtschaftliche Beurteilung neuer Arbeitsformen
Von B.-H. Zippe. ISBN 3-7830-0168-4.
1979, 350 Seiten, kartoniert.   98,— DM

Untersuchung des Arbeitsverhaltens programmierbarer Handhabungsgeräte
Von B. Brodbeck. ISBN 3-7830-0169-2.
1979, 117 Seiten, kartoniert.   48,— DM

Untersuchung eines kohärent-optischen Verfahrens zur Rauheitsmessung
Von N. Rau. ISBN 3-7830-0174-9.
1979, 117 Seiten, kartoniert.   48,— DM

Entwicklung einer programmierbaren, pneumatischen Steuerung
Von D. Klemenz. ISBN 3-7830-0171-4.
1979, 93 Seiten, kartoniert.   42,— DM

IPA Forschung und Praxis

Berichte aus dem Fraunhofer-Institut für Produktionstechnik und
Automatisierung, Stuttgart, und dem Institut für Industrielle Fertigung
und Fabrikbetrieb der Universität Stuttgart

Herausgeber: Prof. Dr.-Ing. H. J. Warnecke

IPA-IAO Forschung und Praxis

Berichte aus dem Fraunhofer-Institut für Produktionstechnik und
Automatisierung (IPA), Stuttgart, Fraunhofer-Institut für Arbeitswirtschaft
und Organisation (IAO), Stuttgart, und Institut für Industrielle Fertigung
und Fabrikbetrieb der Universität Stuttgart

Herausgeber: Prof. Dr.-Ing. H. J. Warnecke und Prof. Dr.-Ing. H.-J. Bullinger

---